陆上风电场EPC项目履约创新与实践

中国电建集团华东勘测设计研究院有限公司
浙江华东工程建设管理有限公司
任金明　周垂一　朱　鹏　郭　晨　胡小坚　著

Innovation and Practice of Onshore Wind Power EPC Project Performance

内 容 提 要

2017年，深圳能源集团南控公司投资建设深能高邮东部100MW风电场工程，中国电建集团华东勘测设计研究院有限公司作为深能高邮东部100 MW风电场工程EPC总承包单位，具体负责项目设计、采购和施工管理内容。本书以项目履约实践为基础，从工程总承包角度阐述了项目实施各阶段开展的重要活动，首先介绍项目概况、工程特点以及项目需求，以工程总承包管理规范为依据，系统性阐述了各阶段项目策划、项目实施等多维度管理要素，同时针对项目技术难点，重点叙述了项目技术及科研创新实施，最后介绍了项目取得的综合成效及成果荣誉。

本书可供以设计为龙头的工程总承包项目管理及技术人员在履约策划和实践过程中使用，特别是对有创建优质工程需求的风电项目具有参考价值。也可供工程建设企业分管技术质量的管理人员参考，本书具有一定的实践指导意义。

图书在版编目（CIP）数据

陆上风电场EPC项目履约创新与实践 / 任金明等著. —北京：中国电力出版社，2023.5
ISBN 978-7-5198-7569-5

Ⅰ. ①陆… Ⅱ. ①任… Ⅲ. ①风力发电–发电厂–工程项目管理 Ⅳ. ①TM614

中国国家版本馆CIP数据核字（2023）第022225号

出版发行：中国电力出版社
地　　址：北京市东城区北京站西街19号（邮政编码100005）
网　　址：http://www.cepp.sgcc.com.cn
责任编辑：畅　舒（010-63412312）
责任校对：黄　蓓　常燕昆
装帧设计：王英磊
责任印制：吴　迪

印　　刷：三河市万龙印装有限公司
版　　次：2023年5月第一版
印　　次：2023年5月北京第一次印刷
开　　本：787毫米×1092毫米　16开本
印　　张：14.5
字　　数：298千字
印　　数：0001—1000册
定　　价：90.00元

前 言

“十三五”时期我国风电产业获得了不俗发展成就，装机规模持续位居全球第一， 根据国家能源局最新数据。截至 2022 年 6 月底，全国风电累计装机 3.42 亿 kW，其中陆上风电累计装机 3.16 亿 kW、海上风电累计装机 2666 万 kW。在从陆上、海上国家补贴取消跨入平价上网时代的 2020—2021 年，我国风电装机容量经历了巨大飞跃，两年间并网装机容量近 120GW，风电市场大幅提升。更成为我国实现可持续发展的有力支撑。习近平主席在第七十五届联合国大会一般性辩论上的讲话中提出“二氧化碳排放力争于 2030 年前达到峰值，努力争取 2060 年前实现碳中和”，指明我国面对气候变化问题要实现的“双碳”目标。“十四五”是我国实现碳达峰的关键时期，确保风电年均新增装机不低于 5000 万 kW，是落实双碳目标的最低要求，也为风电产业创造了历史性发展机遇。预计从 2021—2025 年，中国每年需要新增 50GW 以上的风电装机容量，从 2026 年起，每年需要新增 60GW 以上的风电装机容量；至 2030 年装机总量达到 8 亿 kW，到 2060 年至少达到 30 亿 kW 才能在 2060 年前实现碳中和。

近年来我国风能资源丰富的“三北”地区由于电力消纳能力不足等问题，导致“弃风限电”，经济发达的东部地区电力需求持续上升，地方政府加快推动新能源产业发展，解决可再生能源配额，促使东部地区风电能源大力发展。2017 年 4 月，江苏省发展和改革委员会下发了《省发展改革委关于深能高邮东部风电场项目核准的批复》（苏发改能源发〔2017〕364 号），深能高邮东部 100MW 风电场工程通过核准，项目由深能南京能源控股有限公司投资建设，2017 年 7 月，中国电建集团华东勘测设计研究院有限公司（简称华东院）中标深能高邮东部 100MW 风电场工程 EPC 总承包项目，具体负责项目设计、采购和施工管理内容。2018 年 10 月项目按期全容量并网发电。作为国内首个 140m 级超高钢混塔筒规模化应用示范工程，项目开创了低风速区域大规模风电开发的先河，是高效利用低风速高切变风电资源的典型工程。2020 年 5—12 月，项目通过申报、资料初审、现场复查、评审、审定、公示等环节，最终荣获国家优质工程奖，国家优质工程奖是经国务院确认的中国工程建设领域设立最早，规格最高，跨行业、跨专业的国家级质量奖，有幸荣获此项荣誉是对该项目建设的高度肯定，建设单位非常满意。

本书以深能高邮东部 100MW 风电场工程总承包项目为典型案例，共分 16 章编写。第 1 章介绍项目基本情况、合同要求及项目特点、重难点。第 2～10 章是以工程总承包管理规范及华东院原履约 12 条（现履约 20 条）的基础，详细介绍了项目组织、项目策划、进度控制、质量管理、HSE 管理、创优实施、智慧化信息化、电力手续、项目收尾等内容。第 11～14 章为项目主要设计施工技术和技术创新内容，包括风机基础施工技术、风机混塔设计、生产及吊装技术、塔筒振动监测技术。第 15、16 章为项目建设和投产运行期间取得综合效益和项目荣获各类荣誉展示。

本书在编写期间，深能南京能源控股有限公司、北京天杉高科风电科技有限责任公司、江苏永荣建设工程有限公司、浙江华东工程建设管理有限公司、山东电建第三工程有限公司、东南大学、河海大学等单位、院校提供了诸多原始资料、图片等素材，同时得到中国电力建设股份有限公司科技与工程管理部副主任李福生、处长王建伟和专家徐璐对创建优质工程的指导，以及中国电建集团华东勘测设计研究院有限公司总经济师吴世东、深圳能源集团新疆公司副总经理许千寿、北京天杉高科风电科技有限责任公司总工程师徐瑞龙、深能南京能源控股有限公司开发部副部长曹洪伟等领导专家的大力支持。本书经历了确立选题、编制提纲、收集资料、撰写初稿、统稿、评审和定稿等阶段，在出版过程中得到汪敏、陈金军、张宇浩、余勇、叶国雨、毛艳、万海峰、姜宇、池寅凯、陆宽虎、黎燕卿、赵小宇、朱景山、邵利刚、张哲、张琳、黄生霞、王延鹏等的帮助，在此一并表示衷心的感谢。

著者从深能高邮东部 100MW 风电场工程招投标到项目竣工验收及收尾全过程参与项目实践，对项目的情况较为了解，本书从自身角度在全过程的经历编制而成，因此编制内容侧重工程实践与操作。由于著者水平以及所掌握的资料等有限，不妥、错误和疏漏在所难免，希望广大读者提出宝贵意见和建议。

著　者

2022 年 12 月

目　录

第1章

项 目 概 述

1.1 项 目 简 介

深能高邮东部100MW风电场工程由深能高邮新能源有限公司投资建设，项目位于江苏省高邮市东部乡镇，单台风机装机容量2.0MW，共50台风机，总装机容量100MW，新建一座110kV升压站，通过17km的110kV架空线送出，接入220kV秦邮变电站。根据《风电场工程等级划分及设计安全标准》（NB/T 10101—2018）有关规定，项目规模等级为中型。

项目主要里程碑节点：

（1）2017年4月10日，项目通过江苏省发展与改革委员会项目立项核准。

（2）2017年6月25日，经公开招标确定工程总承包单位。

（3）2017年12月31日，首批风机并网发电。

（4）2018年10月30日，全部风机并网发电。

（5）2019年5月4日，项目竣工移交。

该工程以“追求卓越，铸就经典”为建设理念，充分发挥示范引领作用，高水平、高标准通过了达标投产验收，确保获得中国电力优质工程奖，争创国家优质工程奖为创优目标。工程全景见图1-1。

1.2 项目管理模式及主要干系人

项目从初步设计阶段开始采用工程总承包管理模式进行实施。工程总承包单位为中国电建集团华东勘测设计研究院有限公司。项目主要参建方见表1-1。

图 1-1　工程全景

表 1-1　主要参建单位

序号	参建方	单位名称
1	建设单位	深能高邮新能源有限公司
2	勘察单位	中国电建集团华东勘测设计研究院有限公司
3	工程总承包单位	中国电建集团华东勘测设计研究院有限公司
4	设计单位	中国电建集团华东勘测设计研究院有限公司
5	风机厂家	柔塔厂家
6		北京天杉高科风电科技有限责任公司
7	主要施工单位	江苏永荣建设工程有限公司
8		山东电力建设第三工程有限公司

1.3 合同目标

建设单位在工程总承包合同中约定明确项目履约必须实现的目标，主要包括质量目标、进度目标、安全目标、环境保护目标、廉政目标等，同时可能还约定未实现目标时的违约责任。

1.4 总承包合同

建设单位与工程总承包单位签订 EPC 总承包合同，总承包合同采用的由住房和城乡建设部和国家市场监督管理总局制定的建设项目工程总承包合同示范文本（GF－2011－0216），以此为基础签订总承包合同。合同价格采用固定总价形式。

1.5　项目特点、重难点分析

1.5.1　项目特点

项目安装单机容量 2.0MW 风力发电机组，共计 50 台，其中选用 25 台风机的塔筒结构形式采用钢混结构，总轮毂高度 140m，分为 55m 的混凝土段和 85m 的钢塔段，项目是国内首个大规模 140m 超高混塔应用示范工程（见图 1－2）。

项目 25 台塔筒采用与柔塔厂家相配套的全钢柔性塔筒设计，塔筒高度 137m，是江苏省同期同类型机型轮毂高度最高的风电场工程（见图 1－3）。

结合建设单位在扬州地区的风电场投资布局，实现对周边已投产的高邮协合风电场以及计划投资建设的扬州小纪镇风电场、高邮临泽风电场、高邮甘垛风电场集中管控，项目的升压站兼具有升压和集控中心的双重功能。

项目地处江苏高邮河网平原地区，是国内第四类风资源地区，100m 处高度年平均风速低于 5m/s，当高度较低时，风资源可开发程度较低，考虑项目的高切变特点，通过增高轮毂高度，实现高效利用低风速风电资源。

图 1－2　混塔风电机组

图 1－3　柔塔风电机组

1.5.2 项目重难点

1. 风机施工难度大

风机塔筒高在 137m，国内可参考和借鉴的相关工程较少。从风机基础施工，到混凝土塔筒的预制，再到风机的吊装，整个施工过程中应用到的新技术新工艺能否快速、安全、高效协同作业也影响到工程进度，存在较大风险。

风机各部件为超重、超大、超长部件，各部件吊装要求各不相同，吊装施工难度大。

吊装过程中受风速影响大，但塔筒的自振频率与漩涡的引起振动频率相接近，易产生涡激振动，可能导致风机倒塔、吊车倾覆等安全施工隐患。

采用分片分段预制的混凝土塔筒共计 15 段，吊装施工相对常规钢塔筒增加近 3 倍，吊装施工工艺复杂。

2. 周边环境复杂

项目所在地为河网地带，原有道路为乡村道路，路面宽度及承载力无法满足，部分机位位于鱼虾塘中央，施工原材料、大直径混凝土塔筒等设备车辆无法有效通行，给运输带来了一定困难。

经与当地居民了解，风场区在 20 世纪五六十年代均为滩涂地区，后经过改造成农田、鱼塘。项目前期可行性研究阶段地质勘察发现，风机机位地下淤泥层厚度大，个别机位厚度超过 20m，极大影响风电场整体布置。

3. 项目工期短

根据总承包合同相关条件的约定，要求实现同年开工、同年实现首批风机并网的工期目标，项目从 2017 年 7 月开工到首批 5 台风机并网仅 5 个月时间，全容量并网仅 12 个月，项目工期紧张，工作量从工程勘察设计、设备采购、分包采购、现场施工等关键线路长、关键工作量大，加之项目建设中存在一系列难点和风险，按期完成合同任务具有较大挑战。

（1）安全风险大。项目吊装施工属于典型的危大工程，安全风险大。35kV 集电线路选用架空方式，铁塔数量超过 180 基，高空作业面广。

（2）合规性手续经验不足。电力工程建设项目手续一般由建设单位负责，承包方配合，该项目合同约定相关手续办理由总承包单位负责。从项目用地征地、政策协调、工程规划许可、施工许可、消防、环保等各项手续，到并网许可、调度协议、购售电合同等并网手续，手续种类多、涉及部门/单位沟通协调量大、工作经验不足等。

项目征地及工程建设过程中涉及与地方乡、村政府、村民接触，容易产生利益矛盾，影响工程正常进展。

第 2 章

项目组织管理与制度

2.1　项目组织实施模式设置

项目组织实施模式一般可分为总分包模式、联合体模式两大类。根据建设单位发布招标文件，项目不接受联合体投标，因此项目的组织模式为总分包模式。华东院作为工程总承包方，负责项目设计、主要设备采购和施工管理等内容。设计内容由华东院自行实施，设计内容包括初步设计、施工图设计及竣工图设计等内容。建筑安装施工分包给具有相应施工资质的施工单位实施，华东院负责施工管理。

主要设备供应商采用合同中约定的采购短名单进行选定，除采购风机供应商外的其他主要设备采购过程中接受建设单位监督管理。其中风机厂家采用甲供乙签模式。

华东院在征求建设单位同意后采用招投标方式采购施工单位，施工单位按单位工程分为升压站施工总承包单位、风场区施工总承包单位和预制混凝土塔筒施工总承包单位三家。施工总承包直接进行劳务分包，除主体结构以外的部分施工分包给具有相应施工资质的专业分包，专业施工分包商再进行劳务分包。项目总分包组织实施架构图如图 2－1 所示。

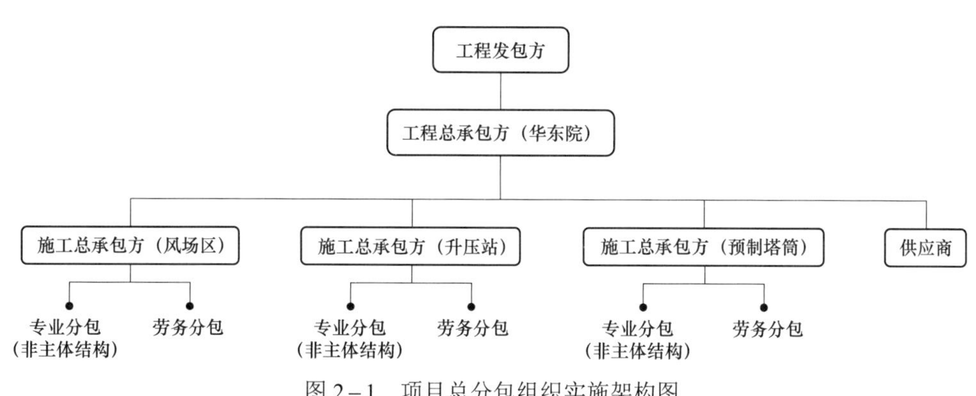

图 2－1　项目总分包组织实施架构图

2.2 项目部组织实施模式设置

总承包项目常用的组织机构模式包括矩阵式项目组织机构、职能式项目组织机构和项目型组织机构等三种模式，根据华东院总承包项目实施部门的矩阵式管理等组织架构特点，总承包项目组织的绝大部分资源都用于项目工作，项目部人员归属项目部调配，项目解散后重新分配至其他项目，属于典型项目型组织机构（见图 2－2）。

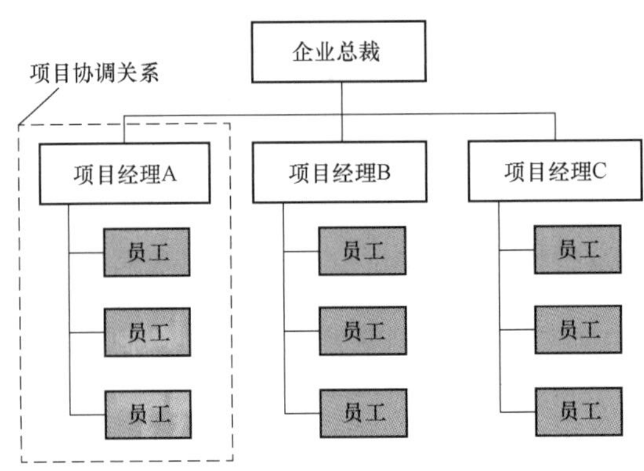

图 2－2　项目型组织机构示意图

工程总承包项目按照“决策层、管理层和作业层”的现代项目管理原则，抽调具有风电工程丰富实施经验的优秀管理、技术力量和作业队伍，组建一个技术过硬、经验丰富、管理目标明确、安全质量意识强、分工明确、敢于创新、团结协作、服务诚信优良的项目团队。成立总承包项目部，任命项目经理，对该工程进行全面管理，确保该工程项目安全、优质、按期、高效完成。

项目部决策领导层由项目经理、项目副经理、项目总工程师、安全总监组成。项目经理对本合同工程的施工质量、进度、安全、环保负全面责任，并直接向发包人负责。项目部各主管经理、工程师分管相应专业业务工作，向项目经理负责。

根据该工程特性和实际情况，工程总承包项目部领导层设经理 1 名，项目副经理 2 名，项目总工程师 1 名，安全总监 1 名。总承包项目管理部下设工程管理部、设计管理部、合同管理部、安全环保部、综合管理部、对外联络部等 6 个二级部门。项目部管理人员高峰期人员 28 人。

2.3 项目部管理岗位关键人员设置

项目部成员大部分来源于其他风电、光伏等新能源项目部，少部分由新入职人员组成。具体人员配置见表 2－1。

表 2－1　　　　项 目 人 员 设 置

序号	职位		原隶属部门	人数
1	项目经理		高邮协合风电项目部	1
2	项目副经理（含生产经理、商务经理）		高邮协合风电项目部	2
3	项目总工程师		新能源工程院	1
4	安全总监		高邮协合风电项目部	1
5	工程管理部	施工经理	天长光伏项目部	1
6		施工经理	天长光伏项目部	1
7		进度控制工程师	天长光伏项目部	1
8		试运行（开车）经理	高邮协合风电项目部	1
9		设备材料控制工程师	新入职人员	1
10		设备材料控制工程师	连云港光伏项目部	1
11		进度控制工程师	新入职人员	1
12	安环部	安全工程师	天长光伏项目部	1
13		质量工程师	天长光伏项目部	1
14	合同管理部	合同管理工程师	合同管理部	2
15	设计管理部	设计经理	新能源工程院	3
16		设计经理	新能源工程院	1
17		设计经理	新能源工程院	2
18	综合管理部	经理	高邮协合风电项目部	1
19		信息管理工程师		
20	对外联络部	联络工程师	长兴光伏项目部	1

注　各部门内的岗位设置按工作内容进行设置，但岗位数不等于人员数，项目存在个别人员一岗多人或一人多岗的现象。

2.4　项目部主要人员/部门职责

1. 项目经理

对该工程的活动全面负责，在公司授权范围内代表公司签署各种合同，并在公司文件规定的范围内行使项目管理职权，向公司提出人力资源的需求，并进行协调。其主要职责是：

（1）负责执行华东院与业主所签合同、兑现承诺，对该项目的质量、安全、进度、技术等全面负责，是项目的安全、质量的第一责任人。

（2）贯彻实施国家相关法律、地方相关法规、上级相关政策及业主相关要求。

（3）负责现场的施工管理，确保质量、工期、安全等达到合同要求。

（4）主持项目经理办公会，决定项目内部组织机构设置，负责项目部各管理部门负责人的聘任和解聘。

2. 项目总工程师

（1）贯彻执行国家有关施工管理和上级颁发的有关技术规程、规范，解决施工中的重大技术问题，参加重大质量和安全事故分析。

（2）组织编写项目施工组织设计方案，审批重要项目的施工作业指导书等技术管理文件。

（3）负责推广应用新技术、新工艺和新材料。

（4）指导工程技术人员编制工作程序和安全施工措施，组织会议评审。组织重大施工前的技术交底工作，参加或组织重要项目交底工作。

（5）负责施工技术管理，监督与检查方案执行与落实情况。

（6）组织竣工图的绘制，以及竣工文件的编制汇总和移交工作。

（7）负责组织策划、建立文档信息管理系统，批准发布受控文件清单。

（8）组织制定、修改质量保证大纲，审核大纲程序，组织评审项目部管理程序。

（9）组织质量控制工作，批准检查、试验计划。

3. 项目副经理（生产经理）

（1）根据该项目总体目标及年度计划，组织、协调工程施工项目按照预定目标实施。

（2）主持生产调度会，协调解决施工中的问题，调配施工所需的人力、机械、设施、材料供应等资源，以及参加对外工程接口与协调会议。

（3）对该项目的安全施工管理负直接领导责任，领导和协调各职能部门对安全文明施工的管理，在本单位的生产调度会上布置、安排安全文明施工工作。

（4）组织进度计划的编制和执行，审核四级进度计划，批准五级进度计划。

（5）审核人力资源配置计划。

（6）审核机械设备配置计划。

4. 安全总监

（1）对该项目的安全施工管理负直接管理责任，领导和协调各职能部门对安全文明施工的管理，在本单位的生产调度会上布置、安排安全文明施工工作。

（2）组织并参加安全施工、环境管理大检查，并组织实施整改措施。

（3）参加人身重伤、死亡事故和重大施工机械设备、火灾事故的调查处理工作，负责组织防范措施的贯彻执行。

（4）负责项目消防保卫、安全管理。

（5）审批工程项目的年度安全技术措施计划。

（6）根据业主要求与现场实际，监督与检查方案执行与落实情况，以确保达到业主要求。

5. 商务经理

（1）协助项目经理编制项目合同文件，组织对施工队伍和材料设备供货单位的资格审查工作。

（2）负责对整个项目部的项目合同交底工作，负责建立合同实施的保证体系和合同文件的沟通机制。

（3）负责建立合同管理台账，及时向项目经理汇报合同实施情况及存在问题，负责起草并提出索赔及反索赔报告。

（4）负责对项目材料、设备采购供应进行跟踪，并督促材料设备供货单位按时保质保量供应。

（5）负责制订合同变更处理程序，组织落实变更措施并建立相关资料，负责做好合同收尾工作，做好相关资料的整理归档。

（6）根据项目部对项目风险评估的研究意见，制定项目保险具体措施，并落实办理项目保险事宜。

（7）协助项目经理编制成本预算，负责编制年度成本费用控制计划。

（8）负责该项目设备、物资的采购和管理工作。

（9）负责月度结算报表的编制工作，配合有关部门做好工程结算工作。

（10）编制项目部年度财务计划，分解年度各项经济指标，检查计划的执行情况，保证年度财务计划的实现。

6. 工程管理部

（1）根据项目施工现场合理规划布局现场平面图，搞好现场布局，安排、实施、创建文明工地。

（2）全面负责该工程施工项目的施工现场勘察、测量、施工组织和现场交通安全防护设置等具体工作，安排临时设施修筑等工程任务，对施工中的有关问题及时解决，向上报告并保证施工进度。

（3）参与班组技术交底、工程质量、安全生产交底、操作方法交底。严守施工操作规程，严抓质量，确保安全，负责对新工人上岗前培训，教育督促工人不违章作业。

（4）对原材料、设备、成品或半成品、安全防护用品等做好检测复试工作；质量低或不符合施工规范规定和设计要求的，有权禁止其在工程中使用；督促施工材料、设备按时进场，并处于合格状态，确保工程顺利进行。

（5）负责施工计划安排实施，根据总工期和总施工进度计划编制月或旬施工计划进度表，根据施工计划做好各施工班组的日常工作安排，提前做好劳动力动态表，合理安排劳动力资源，合理组织实施施工，保证工程如期完成。

（6）按照安全操作规程规定和质量验收标准要求，组织班组开展质量及安全的自检、互检、交接检三检制度，努力提高工人技术素质和自我防护能力。对施工现场设置的交通安全设施和机械设备等安全防护装置，与安全员共同查验合格后方可进行工程项目的施工。

（7）认真做好隐蔽工程分项、分部及单位工程竣工验收签证工作，收集整理、保存技术原始资料，办理工程变更手续。

7. 设计管理部

（1）负责项目的设计规划、设计方案编制及审批，入驻企业的设计审批，变更设计论证与确认，设计执行与跟踪。

（2）负责项目相关测绘、地质勘查、外业见证、房屋结构安全鉴定、图纸审查及相关招投标工作及相关合同管理等工作。

（3）依据现行的规划原则和设计规范，科学思考、分析、运筹当前项目，参与建筑设计方案的审批，提供合理有效的规划设计方案。

（4）组织审核规划方案各阶段的设计文件，编制相关进度、费用计划。

（5）积极与入驻企业沟通不断完善入驻企业设计方案，配合入驻企业的设计方案的审批。

（6）负责组织对变更设计论证与确认。

（7）负责测绘、勘察、检测、设计及图纸审查合同的谈判、签订、审批、履行等。

（8）组织设计档案的归档管理。

（9）参与工程项目的预、决算。

（10）参与工程项目的招投标管理。

（11）做好领导分配的其他工作。

8. 合同管理部

（1）制定并完善公司采购合同管理制度、工作流程并贯彻执行。

（2）负责市场调查，了解市场行情，掌握建材价格。

（3）开展供应商调查，建立、管理供应商目录和档案。

（4）根据工程进度和材料需求计划，制订施工分包、供应商采购计划。

（5）负责材料（设备）、施工等采购流程，合同签订，组织开展合同交底。

（6）协助工程部开展采购材料（设备）的质量检验工作。

（7）负责材料（设备）的采购管理、运输管理和交货管理工作。

（8）做好材料（设备）资料的收集、整理。

（9）及时将有关合同、文件资料收集汇总归类，统一交档案室存档。

（10）核算项目的收入和成本，分析、反映其完成情况，同时完成各种上交。

（11）负责工程项目及时办理过程结算、竣工结算和竣工决算。

9. 安全环保部

（1）建立现场职业安全健康与环境管理体系，负责现场有关安全生产、环境保护制度、反事故措施的制定及监督执行。对安全环境制度、安全措施执行情况及职工劳动安全保护情况进行监督、检查。

（2）负责制定项目年度安全和消防工作目标计划，经审定后组织贯彻实施。

（3）组织开展安全健康与环境保护宣传教育工作。组织安全工作规程、规定的培训学习与考核。负责对新入厂员工进行第一级安全教育。

（4）负责审核并监督贯彻实施施工组织设计、专业施工组织设计和单位工程、重大施工项目、危险性作业以及特殊作业的安全施工措施。

（5）组织有关部门研究制定防止职业病和职业危害的措施，审查施工防尘、防毒、防辐射及环境保护措施，并对措施的执行情况进行监督检查。

（6）掌握现场安全施工动态，监督、控制现场的安全文明施工条件和职工的作业行为，协调解决存在的问题。有权制止和处罚违章作业及违章指挥行为；有权根据现场情况决定采取安全措施；对严重危及人身安全的施工，有权责令先行停止施工，并立即报告主管领导研究处理。

（7）负责现场文明施工、环境卫生、成品保护措施执行情况的管理、监督与控制。

（8）负责现场环境保护措施执行情况的监督、检查工作。

（9）落实安全责任制度、建立安全奖罚制度。

（10）参加各类事故的调查处理工作，负责事故的统计、分析和上报。

（11）负责现场资产及电力设备、设施、安装成品及半成品的保卫，负责消防管理，防汛、防洪协调管理，参与必要的隐蔽工程验收。

（12）负责消防设施配置管理及消防检查计划的制订及实施。

（13）负责该工程安全文明施工规划及管理，制订安全文明管理及奖惩办法，监督各部门安全管理活动，落实安全奖惩。

10. 综合管理部

（1）负责接收、发放及保管单位的书函文件、合同、招投标文件、设计图纸与设计变更，以及书籍等资料的收集、借阅和管理。

（2）管理公司的各种文件、资料、设计图纸等，建立项目施工图纸和设计变更的工程档案。

（3）及时处理工程往来的文件，并按工程项目与类别进行整理归档、列清目录；做到科学分类，存放有序，妥善保管，查找方便。

（4）做好各类会议纪要。

（5）对公司电子文档进行备份，避免出现因计算机问题造成重要文档丢失。

（6）负责项目备用金报销，指导项目部人员差旅报销。

（7）负责项目部人员招聘、解聘。

（8）项目部车辆管理。

（9）完成公司领导交办的其他工作。

11. 对外联络部

（1）负责对该项目建设施工涉及相关手续的办理。

（2）负责协调解决项目施工过程出现的相关政策处理工作。

2.5 建立项目管理制度

深能高邮东部（100MW）风电场项目总承包项目部结合该项目实际特点，基于建设单位的具体要求，制定了相关项目管理制度。

（1）项目部编制《深能高邮东部（100MW）风电场项目管理制度汇编》，确定了总承包项目部内部管理规定，主要包括了员工道德和行为规范、人事管理制度、员工休假管理制度、项目部部门主要职责、学习管理规定、综合部印章管理办法、办公用品管理办法、发文来文处理管理规定、日常业务报销管理办法、备用金管理规定、车辆及驾驶员管理规定等 18 项管理制度。项目部内控管理制度齐全。

（2）建立健全了质量保证体系，落实质量责任制，按照质量管理保证体系、控制程序和施工技术规范的要求精心组织施工，保证了工程施工质量，针对性地制定了《工程质量管理制度》和《工程质量检查与验收管理制度》。

（3）项目部结合“安全第一、预防为主、综合治理”的方针，成立项目部安全生产委员会，落实安全生产主体责任，编制了《安全文明施工管理制度》《安全文明施工考核管理办法》等，加强了总承包项目部的安全管理工作，防止和减少安全事故和职业健康危害的发生，建立了详细的综合应急预案和专项应急预案，提升项目部管理人员和工人队伍的安全意识，促进工程项目安全生产有序开展。

（4）项目部编制了《设计变更制度》《施工图设计技术交底管理制度》《施工技术交底制度》，组织各参建单位对设计图纸进行图审、交底，施工方案编校审，施工方案交底，方案跟踪落实等程序上进行技术质量把控，做到全过程管控。

（5）注重文档管理的前期策划，项目部建立档案管理制度，成立档案管理小组，管理责任落实到专人。

第3章

项 目 策 划

为提高项目工程总承包管理水平，促进项目管理的规范化，依据《建设项目工程总承包管理规范》(GB/T 50358—2017)有关规定，结合华东院发布的《工程总承包项目部管理操作手册》及实施部门的总承包相关要求，项目部在项目前期开展了履约策划及系列专题策划。

根据华东院履约策划分级组织的规定，中型及以上的项目由公司负责履约策划，该项目属于小型项目，由项目部负责组织履约策划。

3.1 履约策划准备

由于项目部主要班子成员配合市场部参与招投标全过程，因此对项目的背景、业主方的需求掌握得更为翔实，项目中标并总承包项目部成立后能快速进入履约管理的角色，项目经理组织项目部班子成员编制履约策划书。

履约策划书编制内容按照《工程总承包项目扩大总体策划－履约 12 条》的要求，结合项目阶段准备履约策划书，履约策划书输入性文件主要包括：

（1）项目可行性研究报告。

（2）工程总承包合同。

（3）合同谈判会议纪要。

（4）项目可行性分析报告。

（5）风险评估报告。

（6）风险对接措施表。

履约策划内容考虑到项目刚启动，业主方的部分需求（如风机选型、风电场定位、集电线路方式）等方面不明确，因此项目部在编制履约策划书时根据实际情况，从履约 12 条扩大总体策划成果模板中选择。选择策划内容共计 7 项如下：

（1）项目战略要求。

（2）项目管理目标。

（3）项目组织体系与管理架构。

（4）工程创优计划。

（5）HSE 管理。

（6）风险管理。

（7）进度管理。

3.2 履约策划会议

履约策划采用现场会议方式，项目经理通过邮件、电话方式邀请相关主管领导、职能部门、技术质量委员会专家等成员。会议由主管领导主持会议，项目经理负责对履约策划内容进行汇报，汇报材料主要包括履约策划书和汇报用 PPT。

3.3 履约策划内容

履约策划内容共计分为六大方面，参考履约 12 条附件中提供的成果模板要求进行编制。

3.3.1 项目战略要求

项目是华东院与建设单位合作的第二个 EPC 总承包项目，由于有良好的合作基础，建设单位对华东院满意度较高，从企业策划层面上项目战略要求上提出了更高的要求。

市场经营方面：以该项目为契机，不断加强与建设单位及其后方总承包深入对接，推进华东院与建设单位签订战略合作协议。华东院新能源规划设计部门推进建设单位拟开发的高邮临泽风电项目、高邮甘垛风电项目和扬州小纪风电项目前期可研阶段支持。总承包项目部作为一线，保持与建设单位、地方行政主管部门、省市电力公司的良好关系，为实现华东院后方配合项目市场经营提供创造条件。陆上风电进入平价时代后，协助未来五年建设单位在扬州地区投资，比如分散式风电、屋顶光伏、渔光互补等项目落地。成立华东院扬州办事处，不断深耕扬州市场，拓展区域经营能力。争取在扬州地区业务领域拓展等战略目标。

项目是深能集团新能源领域重点项目，也是扬州市重大项目。项目在低风速区域能否实现预期经济效益，因此行业内关注度较高。华东院本着“负责、高效、最好”的企业精神，高端站位、顶层设计、精益履约将项目打造成为低风速区域标杆项目。通过工程过程创优，以“追求卓越、铸就经典”国优精神，实现华东院在新能源领域品牌工程。

3.3.2　项目管理目标

项目管理目标是以项目合同为基础，从华东院自身管理目标和要求出发，结合总承包合同中明确的目标，确立总承包项目部应实现的各项目标，一般情况下项目管理目标要高于合同目标。

根据建设单位与华东院签订的《深能深能高邮东部（100MW）风电场项目 EPC 总承包合同》第三章合同专用条款第 7 节约定了质量目标、进度目标、创优目标、安全目标和技术经济性目标等五个合同目标，具体目标内容分别如下描述：

（1）质量目标：设备质量满足设备合同技术协议要求；施工质量满足国家、行业最新规程规范，土建分部分项工程合格率 100%，安装分部分项工程合格率 100%。

（2）进度目标：2017 年 12 月 31 日前，首批 5 台机组并网发电；2018 年 10 月 30 日前，全容量并网发电。

（3）创优目标：确保获得中国电力优质工程奖，争创国家优质工程奖。

（4）安全目标：无一般及以上安全事故，无一般及以上质量责任事故。

（5）技术经济目标：风机设备年平均可利用率保证值，机组平均可利用率为 99.82%，1 年期场用电率实际 3%；年等效利用小时数 2235h；年均发电量 2.9 亿 kWh。

根据华东院的总包项目履约管理需求，开展项目管理目标确立的研究讨论，成为项目内控需完成的任务。

（1）质量目标方面：质量目标仅对分部分项合格率提出了具体要求，质量要求较低，考虑到项目争创国优为最高目标，项目除满足国家、行业设计、施工及验收规范基本要求外，项目还应提高质量标准，考虑到风电项目没有优良率相关要求，电力行业采用参照《电力建设施工质量验收规程》（DL/T 5210 所有部分）对工程质量进行评价，并经第三方机构评价得分超过 92 分，才能满足创优的基本条件之一。

（2）进度目标方面：为了实现工期目标，实现过程资源合理分配，在合同约定的首批风电机组并网时间和全容量并网发电时间不变的条件下，进一步增加了风机基础、混塔施工等关键性时间节点，此为主要里程碑节点，要求施工分包单位和设备供应商控制项目工期，确保项目按期完工。

（3）创优目标方面：国家优质工程奖是中华人民共和国优质产品奖（简称国家质量奖）的一部分，是工程建设质量方面的最高荣誉奖励。国家优质工程的评定倡导和注重工程质量的全面、系统性的管理，工程质量主要包括工程项目的勘查、设计质量和施工单位的施工质量以及监理单位的监理质量，是工程项目内涵和外延的具体体现。通过对获奖工程的表彰，鼓励建设单位用全面、系统、科学、经济的工程质量管理理念，组织勘察、设计、监理、施工等企业务实、创新，在保证工程质量的同时，提高工程建设的投资效益和各工程建设企业的经济效益，引导各工程建设企业通过参与工程建设和创优过程，转变工程质量管理和经营管理观念，促进勘察设计质量、施工质量和监理质量全面提高和持续改进，推动工程建设行业工程质量管理工作的不断提高。

国家优质工程奖是工程建设行业设立最早、规格要求最高、奖牌制式和国家优质产品奖统一的国家级质量奖，评选范围涵盖建筑、铁路、公路、化工、冶金、电力等工程建设领域的各个行业，评定的内容从工程立项到竣工验收形成工程质量的各个工程建设程序和环节。

从项目规模、手续合规性、工程设计先进性、工程质量优良、技术创新、节能环保等方方面面均要求符合条件，是优中选优的项目，项目以争创国家优质工程奖为最高荣誉，有一定的创新优势，但也存在无法取得国优的风险。为此项目采用两步走方式，首先实现创优的基本条件，即项目通过地基与基础、绿色施工、新技术应用、达标投产，加上质量目标中提到的质量评价等五大项评价内容，确保获得中国电力优质工程奖（行业内称为行优）和中国电建集团优质工程奖，然后以此为基础项目全力以赴去争取实现国优目标。

（4）安全目标方面：项目以不发生一般及以上事故为基本要求，结合华东院内部安全目标管控要求，细化各方面的具体要求，安全目标控制更为严格。考虑到近些年高邮市在积极争创国家级文明城市，地方建设局、乡镇政府对项目文明施工要求严，现场行政监督次数多，因此文明施工、标准化工地需作为项目管理的重点。

（5）技术经济目标方面：技术经济目标往往与项目的投入有较大的关系，技术经济指标特别是风机设备的技术指标，指标要求越高风机成本越高，而且技术指标很大程度上决定了经济指标（如保证年有效发电小时数）。由于项目风机采购采用甲订乙供，风机的选型基本确定了项目的技术经济目标，因此目标以满足总包合同为准。

综上对各目标进行研究分析，确定了项目管理目标，并最终在会议纪要和项目目标责任书中进行明确规定，项目管理目标具体内容如下详述：

（1）质量目标：设备质量满足设备合同技术协议要求；施工质量满足国家、行业最新规程规范《风力发电场项目建设工程验收规程》（DL/T 5191—2004）、《风力发电工程达标投产验收规程》（NB/T 31022—2012），土建分部分项工程合格率 100%，安装分部分项工程合格率 100%，单位工程一次性通过验收，且项目经评价为高等级优良工程。

（2）进度目标：项目 2017 年 07 月 25 日开工；2017 年 10 月 15 日，首台风机基础浇筑完成；2017 年 12 月 31 日前，首批 5 台机组并网发电；2018 年 8 月 30 日，混塔机组吊装完成；2018 年 10 月 30 日前，全容量并网发电。

（3）创优目标：高质量高标准通过达标投产，确保获得中国电力优质工程奖，争创国家优质工程奖。

（4）安全目标：不发生重伤或群伤（轻伤）事故；不发生火灾事故或火灾险情；不发生重大施工机械或设备损坏事故；不发生负主要责任的重大交通事故；不发生污染环境事

故或重大垮塌（坍塌）事故。

（5）文明施工目标：道路整洁化，设施标准化，堆放定置化，行为规范化，环境绿色化，施工有序化，争创风电建设安全文明施工现场。

（6）技术经济目标：风机设备年平均可利用率保证值，机组平均可利用率为 99.82%，1 年期场用电率实际 3%；年等效利用小时数 2235h；年均发电量 2.9 亿 kWh。

3.3.3　项目营地与后勤策划

为解决项目办公用地、办公设施的问题，建设单位于 2017 年 4 月已租用司徒原政府办公大楼，大楼共计两层，每层楼 8 个办公室，共计 16 个办公室，外加二楼大会议室和一楼食堂。建设单位负责整体大楼的装饰装修和办公设施配置，总承包项目部入场后，根据前期双方达成关于办公场地的事宜，项目部向建设单位租用一楼 4 个办公室供项目部办公使用，项目部每日伙食与建设单位共享食堂。定期支付建设单位房屋租赁费用及一日三餐伙食费用。项目部管理人员住宿采用就近租赁民房使用。

项目在确定交通车辆方面主要考虑的因素包括：① 场地面积大、作业点多且分散。项目在约 10km × 10km 的范围内布置 50 台风机，占地面积大，施工工作面分散。② 混塔预制厂位于高邮市商砼厂附近，距离项目部较远，交通不便。③ 项目手续办理过程中经常需要前往各主管部门对接，人员接送频次高。项目部前期配置三台越野车，混塔预制厂建成后再配置一台车，待混塔预制完成后陆续退回车辆，控制项目管理成本支出。

3.3.4　工程创优计划

作为华东院首个牵头负责工程总承包创优工作的项目，项目部经验不足。项目履约策划阶段，明确形成总体创优管理思路，确定拟开展的工作大纲，后续需不断摸索前行总结经验。创优管理思路大致可分为如下内容：

1. 确定申报途径

国家优质工程奖由中国施工企业管理协会主办，申报通道主要由省、自治区、直辖市建筑业协会、各行业工程建设协会（如中国电力建设企业协会、中国市政工程协会、中国水运建设行业协会）和部分建筑央企作为推荐单位申报，不接受申报单位直接申报，每年申报前发布各推荐单位推荐指标。项目归属电力行业，因此仅有一条途径，即由中国电力建设企业协会推荐国优。

2. 创优文件编制

项目部编制创优策划书和创优实施细则，创优策划书是纲领性文件，用于指导创优，主要供项目管理人员参考使用。创优实施细则是针对工程实体质量控制具体要求，针对工程实体质量的操作指南，更注重施工质量、施工工艺要求等内容。适用于现场一线施工管理人员、班组长和工人。

创优策划内容主要是确定创优目标、创优路径、创优组织机构设置及各岗位职责，明确各参建单位创优工作分工、项目考核等内容。项目编制的《深能高邮东部 100MW 风电场工程达标创优策划书》目录如下：

（1）前言；

（2）工程概述；

（3）项目特点、重难点；

（4）编制依据；

（5）创优目标；

（6）创优途径；

（7）成果与亮点；

（8）创优节点；

（9）优质工程奖的基本条件；

（10）组织机构、分工及任务分解；

（11）对接窗口；

（12）实施要点。

3. 创优实施细则

创优实施细则由主要施工总承包单位进行编制，华东院作为工程总承包方负责对创优实施细则进行审核并报监理单位再次进行审核，审核通过后报建设单位进行审批并发布实施。创优实施细则的核心内容集中在工程土建、安装、电气等三大专业的创优质量标准、施工工艺要求和控制措施等内容。具体创优实施细则目录如下：

（1）编制依据及目的；

（2）工程简介；

（3）创优目标；

（4）创优管理体系；

（5）创优质量标准；

（6）质量措施；

（7）工程细部工艺做法；

（8）施工工序控制；

（9）主体实测实量质量风险分析及措施；

（10）成品保护措施。

作为华东院创优创杯的重点支撑项目，项目充分发挥华东院创新研发机制，结合国优项目注重项目科技创新工作，因此，编制项目的科技成果计划至关重要。科技成果计划主要内容包括成果类型、责任单位、计划完成时间、执行情况等内容组成，形成一个动态计划跟踪表。按成果类型分为科技进步奖、QC 成果、工法、设计奖、工程总承包奖、BIM

（智慧化）成果奖、专利/专利奖、软件著作权、标准等。

3.3.5 风险管理

根据深能高邮东部（100MW）风电场工程设计采购施工总承包 EPC 项目前期工作进展，项目编制完成《项目可行性报告》。为了评估项目风险，做好项目决策，项目部组织相关部门、专家对项目风险评估，采用以定性风险为主，定量分析与定性分析相结合，综合考虑费用、工期、技术、社会等各影响因素，经评估项目风险可控。

1. 工期方面

（1）风险。该工程建设地点位于河网地带，建设地域河流纵横，对于场内临时道路建设存在较大的影响，场内临时道路滞后势必会影响整个工程进度，存在一定的风险。根据前期调研的情况，部分风机临时道路、风机基础涉及的鱼塘和虾塘存在征、租用难度大，赔偿费用高等特点。上述区域的征迁进度也直接影响工程进度，存在较大风险。

工程风塔筒高 140m，国内可参考和借鉴的相关工程较少。从风机基础施工，到混凝土塔筒的预制，再到风机的吊装，整个施工过程中应用到的新技术新工艺能否快速、安全、高效协同作业也影响到工程进度，存在较大风险。

（2）措施。实施过程中需要预防不可预见风险，优化施工组织，避免产生不必要的工期延误，控制好进度和工期。制定详细的工程进度计划和保障措施，合理配置资源解决项目关键节点，对内加强项目管理，落实责任人；同时合理安排分标方案和采购计划，缩短分包采购时间，设备的到货期必须严格把控，避免由于交货期滞后而影响整体工期。同时密切关注项目业主提交的边界条件的到位情况，在不满足要求时及时向各方明确风险，申请工期调整。同时与建设单位做好沟通、配合，该工程需办理的诸多手续均需双方配合方能完成，双方协调一致、共同努力是确保该工程顺利投产的前提。

经综合评估，工期风险发生概率中等，风险可控。

2. 费用方面

（1）风险。华东院测算项目的成本价格不包括实施阶段设备和原材料价格上涨等因素。其中主机设备为暂定价，政处、道路、风机平台施工初步测算价，塔筒费用按综合单价计价，工程量按采购确定后的塔筒重量计量，由于政策处理的不确定性和原材料价格的上涨（钢材和商品混凝土），存在一定的价格风险。

风电项目施工短、平、快，项目实施期间建设方、施工方短期内占用建设投资资金总额比例高。可能存在建设单位资金投入未能及时到位，月工程款无法及时支付，造成施工进度放缓或停滞的风险。

（2）措施。该项目工期约 13 个月，塔筒采用固定综合单价模式结算。近期因铁矿石、大宗钢材价格波动较大，塔筒价格随之变动幅度较大，存在塔筒价格风险。项目部应在中标后尽快开展主机及塔筒的招标，采用固定价格方式锁定塔筒成本。从而实现风险控制。

针对政处费用问题，积极配合当地政府，落实补偿标准，严格按照标准进行相关工作，督促施工分包单位联合政府部门做好群众工作，对于个别重难点对象总承包部在必要时牵头组织协调工作。

考虑到风电项目特点，短期资金成本投入量大，建安费用按月付款，设备费用按节点付款，基本无垫资风险。对于合同中的永久征地费用的收款支出方式、承兑汇票的比例及支付转移，项目部在项目实施中予以重视并细化明确。如果出现小概率的短期流动资金不足，建设过程中资金筹措将通过专项签报申请支持。

项目成本测算中未充分考虑因征地、政策处理等因素造成装机容量减少时，合同价格缩减后对项目成本及收益的影响，项目部针对该项目的河网复杂、鱼塘等情况，要求详细测算该项风险对成本的影响。根据合同付款条件编制现金流计划，合理分配资金流收入与支出，尽量做到收支。依据总承包合同支付条款及支付比例，合理编制分包合同支付条款、支付比例。

以设计为龙头，进行设计优化，从源头上控制工程成本。提高设计产品质量，设计人员要深入现场，施工图纸最大限度地满足实际地质、地形情况，减少变更，避免索赔事项的发生。

抓好合同谈判、签订工作，明确价款结算方式和不同时期结算比例，确保成本处于可控、在控之中。总承包合同采取总价合同，施工合同采用总价或单价合同，择优选择施工单位，控制施工合同价格。设备通过招标方式合理选择供货厂家，以控制成本。

优化管理结构，降低管理费用。总承包项目部以少而精的原则配备现场管理人员，有关事项通过华东院相关职能部门给予支持。

加强过程计量审核工作。一方面预先做好计量的一切准备工作，包括认真熟悉施工图、收集工程投标造价基础数据、统一计量原则和计价依据等。另一方面规定施工承包单位计量申报的计算方法、计算单位、报表内容和方式等。

加强工程变更支付工作。由于在施工过程中不可避免的各种原因，往往会发生一些新增的单价项目，主要包括由于客观条件的变化出现的一些修改设计，原招标文件中没有的新工程项目和工程量大幅度的增减及施工条件较原规定有较大改变者。按照合同文件的规定，需取得监理工程师和业主的签证才能获得支付。

经综合评估，该项目预估收益较低，经济风险发生概率较小，风险基本可控。

3. 社会因素

（1）风险。升压站四周村舍环绕，人员繁杂，设备物资等被偷盗概率较大。风场区租用土地地上附着物赔偿事宜仍未完成，尚无法进行场地移交，地质详勘工作受当地村民阻扰，实施过程中工期影响较大。

（2）措施。项目部设立专门的岗位协调负责工程在施工过程中的对外协调工作，第一时间联系业主及相关单位处理现场出现的各类政策处理问题，减少阻工、窝工的现象。

在技术方案和施工组织上，注意对场区内道路、临时堆场的保护工作，尽量避免在施工期间超出征租地及临时用地红线范围。

在与地方沟通、协调过程中，充分尊重地方习俗和地方对现场管理的意见，确保与地方的和谐共处。

采取科学合理措施做好施工期的防尘扩散工作，避免影响村民正常生活。

经综合评估，社会风险发生概率较小，风险可控。

4. 技术指标

（1）风险。该项目地形简单，位于江淮平原南端，属北亚热带季风气候，虽然在每年的 5～11 月有可能受热带气旋的影响，但以外围影响为主。当热带气旋强度过大时，会对风电机组的正常运行造成影响，甚至超过风电机组的极限荷载而导致机组损坏；但当强度较小时，热带气旋的影响是有益的，可增大风速，增加发电量。

（2）措施。风电场年发电量的计算采用在国内外广泛使用的 WAsP 风能计算软件，计算风电机组的年理论发电量、尾流影响和设计年发电量，再进行各种损耗与风电机组利用率等参数的修正计算，最后得到每台风电机组的年上网电量。热带气旋等环境因素对风机发电量有一定的影响，软件计算模型不能完全模拟现场环境，存在一定的偏差。所以，最终发电量存在一定的不确定性，但总体上能够基本满足业主对发电量的要求，发电效率风险较低。

5. 设计方面

（1）风险。目前我院无成熟的混凝土塔筒及其基础设计经验。

（2）措施。项目设计由华东院新能源工程院承担，依托华东院完善的设计管理体系和地质、新能源、经济等专业化队伍，有能力履行好该项目勘察设计工作。

经综合分析，技术风险发生概率一般，风险可控。

3.3.6 HSE 计划

项目 HSE 计划覆盖项目职业健康、安全和环境保护等部分内容，履约策划阶段为实现 HSE 管理目标，建立 HSE 管理体系，明确安全组织机构，配置安全总监 1 名，项目部设置安全环保部，配置主任 1 名。构建项目安全委员会，委员会包括建设单位、监理单位、总包单位和施工单位主要安全管理人员组成。建立行政责任体系、生产责任体系、技术责任体系和安全监督责任体系等四个责任体系。

按华东院内控管理要求，项目部深能高邮东部 100MW 风电场工程 EPC 总承包项目 HSE 实施方案，报公司安环部审核通过后组织风电行业专家进行评审，项目部对各专家的评审意见进行修改后发布实施。

项目开工一个月内，项目部建立初始阶段的危险因素、环境因素清单，并评估 HSE 危险因素，形成重要危险因素清单，根据重要危险因素制定预防措施。危险因素清单定期更新。

项目建立安全管理计划、职业健康管理计划和环境保护计划，主要包含制度清单、安全检查计划、安全教育培训计划、应急演练计划和费用投入计划等内容。

危险性较大的分部分项工程管理，根据风电行业属性，识别出危险性较大的分部分项工程清单，列出方案编制计划。项目部根据危大工程清单组织编制危大工程施工方案，特别明确风机吊装应按危大工程组织外部专家进行论证，相关要求按住建部《危险性较大的分部分项工程安全管理办法》（建质〔2009〕87 号）执行。

第4章

项 目 进 度 控 制

依据合同约定，结合项目的实际情况，确定项目主要进度里程碑，项目 2017 年 7 月 25 日开工；2017 年 10 月 15 日，首台风机基础浇筑完成；2017 年 12 月 31 日前，首批 5 台机组并网发电；2018 年 8 月 30 日，混塔机组吊装完成；2018 年 10 月 30 日前，全容量并网发电。

4.1 项 目 分 解 结 构

项目进度计划编制前的第一个内容就是确定项目的范围，该范围既是项目的最终成果又是产生该成果所需要做的工作。项目的范围，工作结构分解（WBS）是通过工程项目实施的主要工作任务以及工程技术系统的综合分解，最后得到工程项目的实施活动。主要是将一个项目分解成易于管理的几个部分或几个细目，以便确保找出完成项目工作范围所需要的所有工作要素。是一种在项目全范围内分解和定义各层次工作包的方法，WBS 按照项目发展的规律，依据一定的原则和规定，进行系统化、相互关联和协调的层次分解。

WBS 最早是由美国国防部提出的，WBS 是 Work Breakdown Structures 的缩写，译为工作分解结构。1997 年，ISO/TCl76/SCI 国际标准化组织质量管理和质量保证技术委员会将其写入国际标准《质量管理——项目管理的质量指南》（ISO1000），并指出“在工程项目中应将项目系统分解成可管理的活动”，分解的结果被称为项目工作分解结构，即 WBS。

工作分解结构源自制造产业，后被引入建设项目的管理中，在国外的许多大型建设项目中都要求采用该方法对施工项目实施管理。而在我国，工作分解结构的概念在 21 世纪初引入，国内工程项目应用工作分解结构的较少，甚至有许多工程技术人员思想中还没有建立起这个概念。在我国工作分解结构的概念是这么解释的：项目工作分解结构是一种层次化的树状结构，是将项目按一定的方法划分为可以管理的项目单元，通过控制这些单元的成本、进度和质量目标，使它们之间的关系协调一致，从而达到控制整个项目目标的目的。

图 4-1 所示是构建的工作分解结构简图，在底层的项目元素被称为工作包（work packages），表示一个可交付的成果元素，多个工作包连接起来，就构成了里程碑节点。工作包可以看成结构分解的最终产物，也是判断 WBS 是否分解到位的依据，即 WBS 一定要分解到工作包。

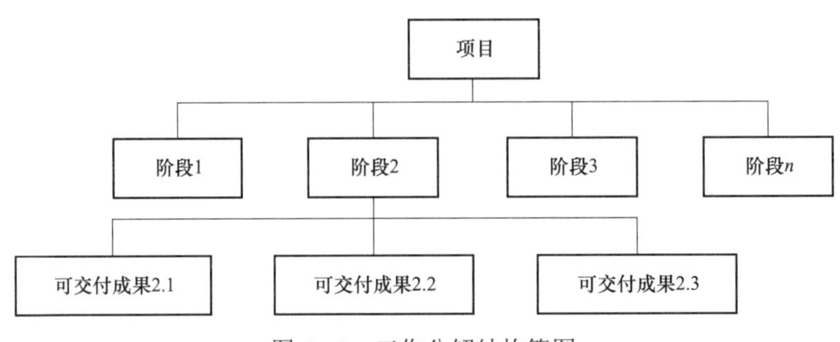

图 4-1　工作分解结构简图

深能高邮东部 100MW 风电场项目开工后，根据工作分解结构原理，项目经理组织工程管理部对项目进行结构分解，项目参考《电力建设施工质量验收规程 第 1 部分：土建工程》（DL/5210.1—2021）、《电气装置安装工程质量检验及评定规程》（DL/T 5161—2018 所有部分）、《110kV～750kV 架空输电线路施工质量检验及评定规程》（DL/T 5168—2016）等电力行业规范相关验收评定规范要求按单位工程、分部工程、分项工程和检验批逐级细化分解，形成了升压站建筑工程、升压站电气安装工程、集电线路工程、风力发电机组安装工程、道路平台工程及调试项目共计 6 张分解结构表，将检验批作为最小工作包，升压站建筑工程分解成 361 个工作包，升压站电气安装工程分解成 51 个工作包，集电线路工程分解成 14 个工作包，风力发电机组安装工程分解成 29 个工作包，道路平台工程分解成 12 个工作包，调试项目分解成 18 个工作包，累计共计分解 467 个工作包。采用 project 软件对工作包进行编号，编码按十二位数进行编码，每个编码代表一个工作包，并对应编制了词典。

4.2　流水施工组织

流水施工方式是将拟建工程项目中的每一个施工对象分解为若干个施工过程，并按照施工过程成立相应的专业工作队，各专业工作队按照施工顺序依次完成各个施工对象的施工过程，同时保证在时间和空间上连续、均衡和有节奏地进行，使相邻两个专业工作队能最大限度地搭接作业。

4.2.1　流水施工的特点

（1）施工工期较短，可以尽早发挥投资效益。由于流水施工的节奏性、连续性，可以各专业工作队的施工进度，减少时间间隔。特别是相邻专业工作队在开工时间上可以最大限度地进行搭接，充分地利用工作面，做到尽可能早地开始作业，从而达到缩短工期的目的，使工程尽量交付使用或投产，尽早获得经济效益和社会效益。

（2）实现专业化生产，可以提高施工技术水平和劳动生产率。由于流水施工方式建立了合理的劳动组织，使各工作队实现了专业化生产，工人连续作业，操作熟练，便于不断改进操作方法和施工机具，可以不断地提高施工技术水平和劳动生产率。

（3）连续施工，可以充分发挥施工机械和劳动力的生产效率。由于流水施工组织合理，工人连续作业，没有窝工现象，机械闲置时间少，增加了有效劳动时间，从而使施工机械和劳动力的生产效率得以充分发挥。

（4）提高工程质量，可以增加建设工程的使用寿命，节约使用过程中的维修费用，由于流水施工实现了专业化生产，工人技术水平高；而且各专业工作队之间紧密地搭接作业，互相监督，可以使工程质量得到提高，因而可以延长建设工程的使用寿命，同时可以减少建设工程使用过程中的维修费用。

（5）降低工程成本，可以提高承包单位的经济效益，由于流水施工资源消耗均衡，便于组织资源供应，使用的资源储存合理，利用充分，可以减少各种不必要的损失，节约材料费；由于流水施工生产效率高，可以节约人工费和机械使用费；由于流水施工降低了施工高峰人数，使材料、设备得到合理供应，可以减少临时设施工程费；由于流水施工工期较短，可以减少企业管理费。工程成本的降低，可以提高承包单位的经济效益。

4.2.2　流水施工的组织方式

在流水施工中，由于流水节拍的规律不同，决定了流水步距、流水施工工期的计算方法等也不同，甚至影响到各个施工过程的专业工作队的数目。按照流水节拍的特征，可将流水施工分为两大类，即有节奏流水施工和非节奏流水施工。

有节奏流水施工是指在组织流水施工时，每个施工过程中各个施工段上的流水节拍都各自相等的流水施工，它分为等节奏流水施工和异节奏流水施工。等节奏流水施工是指在有节奏流水施工中，各施工过程的流水节拍都相等的流水施工，也称为固定节拍流水施工或全等节拍的流水施工。异节奏流水施工是指在有节奏流水施工中，各施工过程的流水节拍各自相等而不同施工过程之间的流水节拍不尽相等的流水施工。

非节奏流水施工是指在组织流水施工时，全部或部分施工过程中在各个施工段上的流水节拍不相等的流水施工。这种施工是流水施工中最常见的一种。

4.2.3　流水施工实际应用

考虑风电工程的特点，风场区施工内容按空间区域分为升压站施工区、风机施工区、集电线路施工区和场内道路施工区等四个区域。各区域在空间上相互之间不影响，可以独立施工，因此，四个区域在施工分标的时候按各施工内容进行划分，实现同步实施，有效压缩施工工期。

每个施工区按施工过程进行分解，并组织各专业工作队按施工顺序依次完成各施工过程，施工过程要求在时间上和空间上连续、均衡，各专业工作队伍搭接流畅。因此施工方式为流水施工，由于部分施工过程在各施工段中存在进度不相等导致流水节拍不同，因此施工方式为非节奏流水施工。

1. 升压站施工

升压站主体建筑物为一栋三层综合楼、一栋二层生产楼和一栋辅助用房组成，升压站兼具有办公、生活、娱乐等功能，总建筑面积 4300m^2。每栋楼为一个施工段，施工过程可以划分为地基与基础工程、结构工程、砌体工程、水暖通工程、建筑电气、室内装饰装修工程和室外工程共七项。升压站流水施工进度见表 4－1。

表 4－1　　升压站流水施工进度

施工过程	施工进度（周）																																
	1	2	3	4	5	6	7	8	9	10	11	12	13	14	15	16	17	18	19	20	21	22	23	24	25	26	27	28	29	30	31	32	33
地基基础工程	—	—	—	—	—	—																											
结构工程			—	—	—	—	—	—	—	—	—	—	—	—	—	—	—	—	—	—													
砌体工程												—	—	—	—	—	—	—			—												
水暖通工程														—	—	—	—	—	—	—	—	—	—	—									
建筑电气工程																		—	—	—	—	—	—	—	—								
室内装饰装修工程																					—	—	—	—	—	—	—	—	—	—	—	—	
室外工程																											—	—	—	—	—	—	—

说明：蓝色代表综合楼流水施工进度，黄色代表生产楼流水施工进度，红色代表辅助用房流水施工进度。

2. 风场区施工

项目共计安装 50 台风电机组，单机容量均为 2.0MW，为国内外主流低风速机型，其中 25 台选用国内混塔厂家生产的直驱型风电机组（型号：GW121/140），塔筒结构模式采用 55m 混凝土塔筒＋75m 钢制塔筒。另外 25 台风机国外某品牌的柔塔厂家生产的双馈型风电机组（型号：V110/137），塔筒为全钢柔性塔筒结构。由于两种风电机组施工工艺的不同，流水施工进度也不一样，下面对两种风机分别进行阐述。

（1）柔塔厂家。以每台风机为一个施工段，25 台风机对应 25 个施工段，施工段用 A～Y 字母表示，施工过程划分为桩基工程、基础工程、吊装工程、调试工程共四项，流水施工进度计划如表 4－2 所示。

桩基工程由两个工作队伍并行施工，每个工作队伍完成一台风机桩基工程，施工工期为 2 周。工作队伍一比工作队伍二先施工半个月。工作队伍一完成 13 台桩基工程，工作队伍二完成 12 台桩基。

基础工程（实心基础）按三个工作队伍施工，工作队伍二比工作队伍一晚施工半个月，工作队伍三比工作队伍二晚施工 32 周，每个工作队伍完成一台风机基础工程，施工工期为 5 周（考虑混凝土养护时间）。

吊装工程由一个专业吊装队伍进行施工，专业队伍具有丰富的吊装经验，工人分工明确，管理有序，吊装工期为 7 天，包括风机设备吊装和大型吊装机械拆安、转场时间。

调试工程由柔塔厂家安排专业人员进行设备单体调试，单台风机调试 7 天。

（2）混塔厂家。以每台风机为一个施工段，25 台风机对应 25 个施工段，施工段用 A～Y 字母表示，施工过程划分为桩基工程、基础工程、塔筒预制工程、吊装工程、调试工程共五项，流水施工进度计划如表 4－3 所示。

桩基工程由两个工作队伍并行施工，每个工作队伍完成一台风机桩基工程，施工工期为 2 周。工作队伍一比工作队伍二先施工半个月。工作队伍一完成 13 台桩基工程，工作队伍二完成 12 台桩基。

基础工程按三个工作队伍施工，工作队伍二、三比工作队伍一晚开工半个月，由于混塔厂家风机基础为空心结构，导致基础模板和钢筋安装比实心基础工艺复杂，影响工人施工进度，因此每个工作队伍完成一台风机基础工程，施工工期 6 周，比实心基础多一周。

塔筒预制工程由厂家在风场区外设置预制厂用于预制塔筒，根据设计要求，预制塔筒共计 15 段，其中 1～10 段对半预制，一台风机对应的预制塔筒片为 25 片，由于预制时间长，项目配置 2 套预制塔筒模板，2 套预制塔筒同时施工，对应安排两个工作队伍。每台风机预制塔筒施工周期 3～4 周。

吊装工程包括了预制塔筒吊装、张拉和钢塔、主机设备等工序，因此吊装次数较多，专业队伍分为预制塔筒吊装、张拉工作队和钢塔设备工作队共两个工作队组成，专业队伍按三个队伍配置。专业队伍由于对混塔吊装经验有限，前面数台风机吊装速度较慢，待工作熟练后吊装速度正常控制在 3 周之内。

调试工程由混塔厂家安排专业人员进行设备单体调试，单台风机调试 7 天。

表 4－2　柔塔流程作业施工

施工过程	维斯塔斯风机施工进度（周）																																																											
	1	2	3	4	5	6	7	8	9	10	11	12	13	14	15	16	17	18	19	20	21	22	23	24	25	26	27	28	29	30	31	32	33	34	35	36	37	38	39	40	41	42	43	44	45	46	47	48	49	50	51	52	53	54	55	56	57	58	59	60	61
桩基工程	A	A	B	B	D	D	F	F	H	H	J	J	L	L	N	N	P	P	R	R	T	T	V	V	X	X																																			
			C	C	E	E	G	G	I	I	K	K	M	M	O	O	Q	Q	S	S	U	U	W	W	Y	Y																																			
基础工程			A	A	A	A	A	C	C	C	C	C	E	E	E	E	E	G	G	G	G	G	I	I	I	I	I	K	K	K	K	K	M	M	M	M	M	O	O	O	O	O	O	Q	Q	Q	Q	S	S	S	S	S	W	W	W	W	W				
					B	B	B	B	B	D	D	D	D	D	F	F	F	F	F	H	H	H	H	H	J	J	J	J	J	L	L	L	L	L	N	N	N	N	N	P	P	P	P	P	R	R	R	R	R	X	X	X	X	X							
																																						T	T	T	T	T	U	U	U	U	U	V	V	V	V	V	Y	Y	Y	Y	Y				
吊装工程																																					A	B	C	D	E	F	G	H	I	J	K	L	M	N	P	Q	R	S	T	U	V	W	X	Y	
调试工程																																						A	B	C	D	E	F	G	H	I	J	K	L	M	N	P	Q	R	S	T	U	V	W	X	Y

注　A～Y代表风机编号。

表 4－3　混塔流程作业施工

施工过程	金风风机施工进度（周）																																																										
	1	2	3	4	5	6	7	8	9	10	11	12	13	14	15	16	17	18	19	20	21	22	23	24	25	26	27	28	29	30	31	32	33	34	35	36	37	38	39	40	41	42	43	44	45	46	47	48	49	50	51	52	53	54	55	56	57	58	59	60	61
桩基工程	A	A	B	B	D	D	F	F	H	H	J	J	L	L	N	N	P	P	R	R	T	T	V	V	X	X																																			
			C	C	E	E	G	G	I	I	K	K	M	M	O	O	Q	Q	S	S	U	U	W	W	Y	Y																																			
基础工程			A	A	A	A	A	A	D	D	D	D	D	D	G	G	G	G	G	G	J	J	J	J	J	J	M	M	M	M	M	M	P	P	P	P	P	P	S	S	S	S	S	S	V	V	V	V	V	V	Y	Y	Y	Y	Y	Y					
					B	B	B	B	B	B	E	E	E	E	E	E	H	H	H	H	H	H	K	K	K	K	K	K	N	N	N	N	N	N	Q	Q	Q	Q	Q	Q	T	T	T	T	T	T	W	W	W	W	W	W									
					C	C	C	C	C	C	F	F	F	F	F	F	I	I	I	I	I	I	L	L	L	L	L	L	O	O	O	O	O	O	R	R	R	R	R	R	U	U	U	U	U	U	X	X	X	X	X	X									
塔筒预制工程									A	A	A	B	B	B	C	C	C	E	E	G	G	I	I	K	K	M	M	P	P	R	R	T	T	V	V	X	X																								
															D	D	D	F	F	F	H	H	J	J	L	L	O	O	Q	Q	S	S	U	U	W	W	Y	Y																							
吊装工程												A	A	A	A	A	B	B	B	B	B	C	C	C	C	E	E	E	E	G	G	G	I	I	I	K	K	K	M	M	M	O	O	O	Q	Q	Q	S	S	S	U	U	U	W	W	W	Y	Y	Y		
																					D	D	D	D	F	F	F	F	H	H	H	H	J	J	J	L	L	L	N	N	N	P	P	P	R	R	R	T	T	T	V	V	V	X	X						
调试工程																																						A	B	C	D	E	F	G	H	I	J	K	L	M	N	P	Q	R	S	T	U	V	W	X	Y

注　A～Y代表风机编号。

4.3　项目进度计划方法

进度目标控制常用方法有甘特图法、网络计划技术、S 曲线法、香蕉曲线法。

4.3.1　甘特图法

甘特图又称横道图、条状图。是以图示的方式通过活动列表和时间刻度形象地表示出任何特定项目的活动顺序与持续时间。以亨利·劳伦斯·甘特先生的名字命名，他制定了一个完整地用条形图表示进度的标志系统。甘特图基本是一条线条图，横轴表示时间，纵轴表示活动（项目），线条表示在整个期间计划和实际活动完成情况。直观地表明任务计划在什么时候进行，及实际进展与计划要求的对比。能便利地弄清项目还剩下哪些工作要做，并可评估工作进度。

甘特图法表达方式较直观，能图形化概要，易于理解，有助于快速掌握主要里程碑节点的实现与否。但是甘特图法也存在一些问题，如：

（1）工序（工作）之间的逻辑关系可以设法表达，但不易表达清楚。

（2）适用于手工编织计划。

（3）没有通过严谨的进度计划时间参数计算，不能确定计划的关键工作、关键线路与时差。

（4）计划调整只能通过手工方式进行，其工作量较大。

（5）难以适应较大的进度计划系统。

结合合同约定的里程碑节点要求，项目部开工前组织编制了甘特图（见图 4-2），细化主要工期节点的要求工期，报送监理单位、建设单位审批，为通过审批后的甘特图工期计划为目标写入各个分包合同，以此为依据进行过程监督与考核。同时甘特图挂在会议办公室、项目经理办公室等主要场所，便于组织相关人员研究工期进展分析和纠偏措施制定。

考虑风电工程各风机施工的独立性特点，项目部绘制 50 台风机示意图，风机示意图显示桩基、风机基础、塔筒、机舱（发电机）、叶片、调试等图标，项目每完成一个工作在风机示意图上通过颜色标识，更为直观、全面地掌握各风机的施工进度。

4.3.2　网络计划技术

网络计划技术是指用于工程项目的计划与控制的一项管理技术。它是 20 世纪 50 年代发展起来的，依其起源有关键路径法（CPM）与计划评审法（PERT）之分。1956 年，美国杜邦公司在制定企业不同业务部门的系统规划时，制订了第一套网络计划。这种计划借助于网络表示各项工作与所需要的时间，以及各项工作的相互关系。通过网络分析研究工程费用与工期的相互关系，并找出在编制计划及计划执行过程中的关键路线。这种方法称为关键路线法（CPM）；1958 年美国海军武器部，在制定研制“北极星”导弹计划时，同样地应用了网络分析方法与网络计划，但它注重于对各项工作安排的评价和审查，这种计划称为计划评审法（PERT）。鉴于这两种方法的差别，CPM 主要应用于以往在类似工程中已取得一定经验的承包工程，PERT 更多地应用于研究与开发项目。

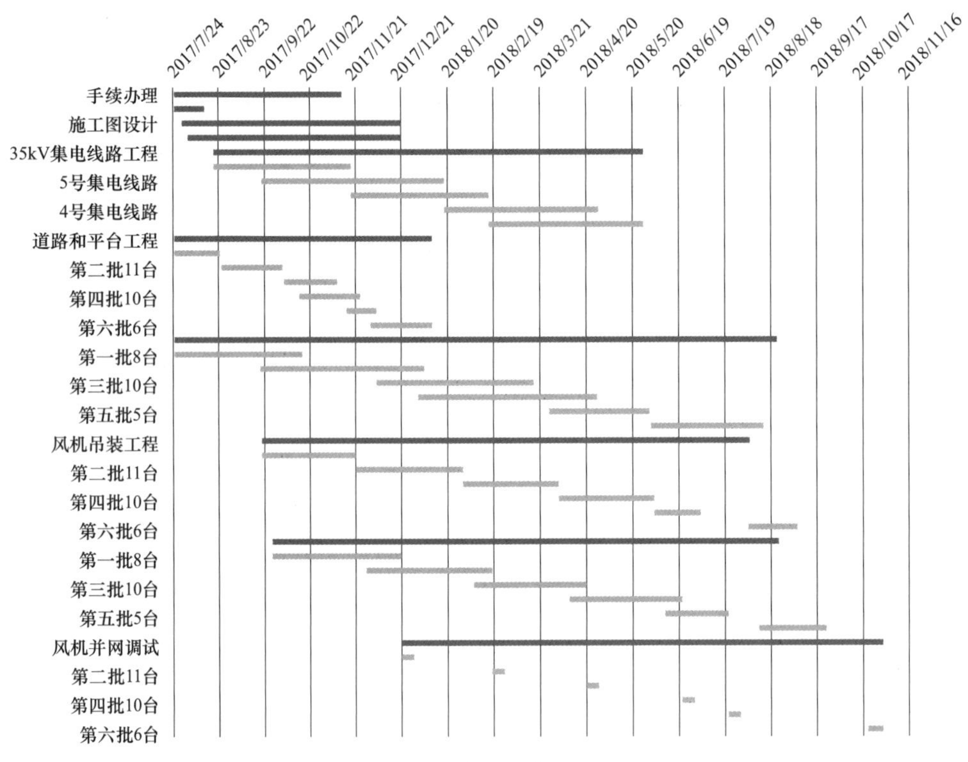

图 4－2　总施工进度计划

网络计划技术是一种用于工程进度控制的有效方法，通过建立网络图模型，分解整个工程任务，并按逻辑关系将各项工作有机组成，实现对工程成本控制和资源优化配置。项目关键线路以总持续时间最长的线路确定，关键线路的长度即为网络计划的总工期。

应用网络计划技术时，项目部按如下步骤对工程进度目标进行控制：

根据工程项目工期要求来编制网络计划图，发现对现有的资源配置编制网络计划工期不能满足要求工期，因此项目部对网络计划进行了优化，优化措施一般主要包括三种方式，即工期优化措施、费用优化措施和资源优化措施。该项目主要采取的是工期优化措施。

项目根据已编制的网络计划图，找出关键线路，通过压缩关键工作的持续时间以满足要求工期的目标，选择关键工作可以考虑缩短持续时间对质量和安全影响不大、有充足备用资源、缩短持续时间所增加的费用最少等方法。但持续时间被压缩后重新计算工期和关键线路，关键工作应保持不变。若被压缩后的关键工作变成了非关键工作，则应延长该工作的持续时间，直到其成为关键工作。因此，工期优化的核心是不改变网络计划中各项工作之间的逻辑关系。

项目部主要采取的如下措施对项目工期进行优化，主要内容包括：

（1）结合项目的实际特点，项目部重点从关键工作主要混凝土预制、混塔吊装、张拉等施工过程加强对工人队伍的管理。进一步加强事前和事中控制，队伍进场前对工人进行专业技能上岗前考核，优选从事风电项目的工人，过程中加强岗位技能培训，不定期开展队伍相互经验交流，制定奖惩管理措施，组织技能比武大赛等方式，提高工人施工效率。

（2）优化施工工艺。由于柔塔风机底段塔筒重量轻（61t），高度低，同时考虑首段吊装完成后进行灌浆，待灌浆料强度符合设计要求后才允许进行剩余设备吊装，因此项目部在风机基础满足底段塔筒承载力后（经设计单位确认）进行底段塔筒吊装，无须等风机基础强度到达设计值的 100%后再进行调整，采用的是提前搭接方式，优化工艺，也节约了工期。底段塔筒采用 300t 汽车吊和 70t 履带吊组合方案，不占用 800t 主吊吊机，主吊吊机有更多机动时间，避免其“大材小用”。

（3）选用效率更高的吊装设备。风电工程核心施工机械为风机安装的大型主吊，是制约项目工期的关键性条件之一。项目部前期按一台大型主吊测算安排工期，发现无法满足合同工期的要求，若按两台大型主吊进行计算，才能计算工期符合合同工期。该项目风机轮毂高度达 137～140m，能满足要求的大型吊机数量较少，经市场调研，国内中联 800t 履带吊满足要求，同时经与主吊生产厂家沟通，吊装施工单位再次购买全新的中联 800t 履带吊满足项目使用。

（4）定期进行网络计划执行情况的检查，主要分析实际进度与计划进度的差异，每周三项目部组织参建单位生产推进会，重点讨论本周完成情况，分析产生进度差异的原因以及工作进度偏差对总工期及后续工作的影响进度，根据工程项目总工期及后续工作的限制条件，采取进度调整措施，调整原进度计划。执行调整后的网络计划，并在执行过程中定期进行实际进度的检查与分析。周四参加监理单位组织的周例会，汇报生产进度情况、质量安全等情况，以及需要建设单位和监理单位协调处理的事宜。如此循环，直至工程项目进度目标实现为止。

4.3.3　赢得值法

1. 赢得值法定义

赢得值法（Earned Value Management，EVM）是一种能全面衡量工程进度、成本状况的整体方法，其基本要素是用货币量代替工程量来测量工程的进度，它不以投入资金的多少来反映工程的进展，而是以资金已经转化为工程成果的量来衡量，是一种完整和有效的工程项目监控指标和方法。

赢得值法作为一项先进的项目管理技术。国际上先进的工程公司已普遍采用赢得值法进行工程项目的费用、进度综合分析控制。

2. 赢得值法原理

（1）基本参数。

1）已完工作预算费用。已完工作预算费用 BCWP（Budgeted Cost for Work Performed 或赢得值（EV，Earned Value））是指在某一时间已经完成的工作（或部分工作），以批准认可的预算为标准所需要的资金总额，由于业主正是根据这个值为承包人完成的工作量支付相应的费用，也就是承包人获得（挣得）的金额，故称为赢得值或挣值。

$$已完工作预算费用=已完成工作量\times 预算单价$$

2）计划工作预算费用。计划工作预算费用，简称 BCWS（Budgeted Cost for Work Scheduled）或计划费用（PV，Plan Value），即根据进度计划，在某一时刻应该完成的工作，以预算为标准所需要的资金总额，一般来说，除非合同有变更，BCWS 在工程实施过程中应保持不变。

$$计划工作预算费用=计划工作量\times 预算单价$$

3）已完工作实际费用。已完工作实际费用，简称 ACWP（Actual Cost for Work Performed）或实际成本（AC，Actual Cost），即到某一时刻为止，已完成的工作所实际花费的总金额。

$$已完工作实际费用=已完成工作量\times 实际单价$$

（2）评价指标。

1）费用偏差 CV（Cost Variance）。

$$费用偏差=已完工作预算费用-已完工作实际费用$$

$$CV=BCWP-ACWP \text{ 或 } CV=EV-AC$$

当费用偏差为负值时，即表示项目运行超出预算费用；反之，则表示实际费用没有超出预算费用。

2）进度偏差 SV（Schedule Variance）。

$$进度偏差=已完工作预算费用-计划工作预算费用$$

$$SV=BCWP-BCWS \text{ 或 } SV=EV-PV$$

当进度偏差为负值时，表示进度延误，即实际进度落后于计划进度；当进度偏差为正值时，表示进度提前，即实际进度快于计划进度。

3）费用绩效指数 CPI。

$$费用绩效指数=已完工作预算费/已完工作实际费用$$

$$CPI=BCWP/ACWP \text{ 或 } CPI=EV/AC$$

当费用绩效指数＜1 时，表示超支，即实际费用高于预算费用；

当费用绩效指数＞1 时，表示节支，即实际费用低于预算费用。

4）进度绩效指数 SPI。

$$进度绩效指数=已完工作预算费用/计划工作预算费用$$

$$SPI = BCWP/BCWS \text{ 或 } SPI = EV/PV$$

当进度绩效指数<1 时，表示进度延误，即实际进度比计划进度落后；

当进度绩效指数>1 时，表示进度提前，即实际进度比计划进度快。

费用（进度）偏差反映的是绝对偏差，结果很直观，有助于费用管理人员了解项目费用出现偏差的绝对数额，并以此采取一定措施，制定或调整费用支出计划和资金筹措计划。但是，绝对偏差有其不容忽视的局限性。如同样是 20 万元的费用偏差，对于总费用 1000 万元的项目和总费用 1 亿元的项目而言，其严重性显然是不同的。因此，费用（进度）偏差仅适合于对同一项目做偏差分析。费用（进度）绩效指数反映的是相对偏差，它不受项目层次的限制，也不受项目实施时间的限制，因而在同一项目和不同项目比较中均可应用。

赢得值法是对项目费用和进度的综合控制，可以克服过去费用与进度分开控制的缺陷，即当我们发现费用超支时，很难立即知道是由于费用超出预算还是由于进度提前。相反，当我们发现费用低于预算时，也很难立即知道是由于费用节省还是由于进度拖延。而采用赢得值法就可以定性定量地判断进度和费用的执行效果。

3. 赢得值法的应用

项目部建设过程中充分利用赢得值法对项目进行管理。首先确定对计划工作量、预算单价、已完工作量、实际单价的数据来源。

预算单价参照总包合同附件约定的各项单价，由于合同中未全部列出各项费用组成的单价，项目部按投标文件测算的各项目明细作为预算单价数据来源的补充。

计划工作量按经建设单位确认后的工期计划表中工作量为依据。工作量细分到与预算单价对应的分项工程，分项工程与工作包内容保持一致。

已完工作量是由建设单位审批后的月进度款（即完成产值）中提供的已完工作量为依据。已完工作量按月为周期进行统计。

实际单价为总包单位分项工程确定的实际成本费用。实际单价一般低于预算单价，但也不排除部分项目实际单价超过预算单价的情况。

然后根据如上确定的数据，项目前期计算出项目的计划工作预算费用，并绘制时间与费用的线性图形。结合项目的实际进展情况，分别计算出已完工作预算费用和已完工作实际费用，并绘制对应的线性图形，并动态进行更新。

最后根据已得到的计划工作预算费用、已完工作预算费用和已完工作实际费用，进一步计算出费用偏差、进度偏差、费用绩效指数和进度绩效指数四个指标，确定项目进度与费用两者之间的关系，分析项目进度、费用是否合理。

项目汇总形成了图 4 – 3 所示的图形实例。

偏差分析与措施：

2017 年 12 月，项目通过赢得值法数据发现进度偏差<0，费用偏差<0 的现象，即出现效率较低，进度慢，投入超前的情况，经分析项目部新进场的一个混塔吊装班组工作熟

练程度不够，出现质量不符合要求导致的返工，项目部与分包单位沟通，第一时间从后方增加高效熟练人员投入，特别是班组长要求具有同类特点的项目施工经验人员担任。

2018 年 1 月，项目部发现工程进度偏差>0，费用偏差<0 的现象，即出现效率较低，进度较快，投资超前情况。由于 2018 年 2 月 16 日为正月初一，因此 2 月初项目部开始陆续组织工人返乡放假，只预留少量骨干人员进行低强度施工，通过此方式减少资源投入以实现放缓进度的目的。

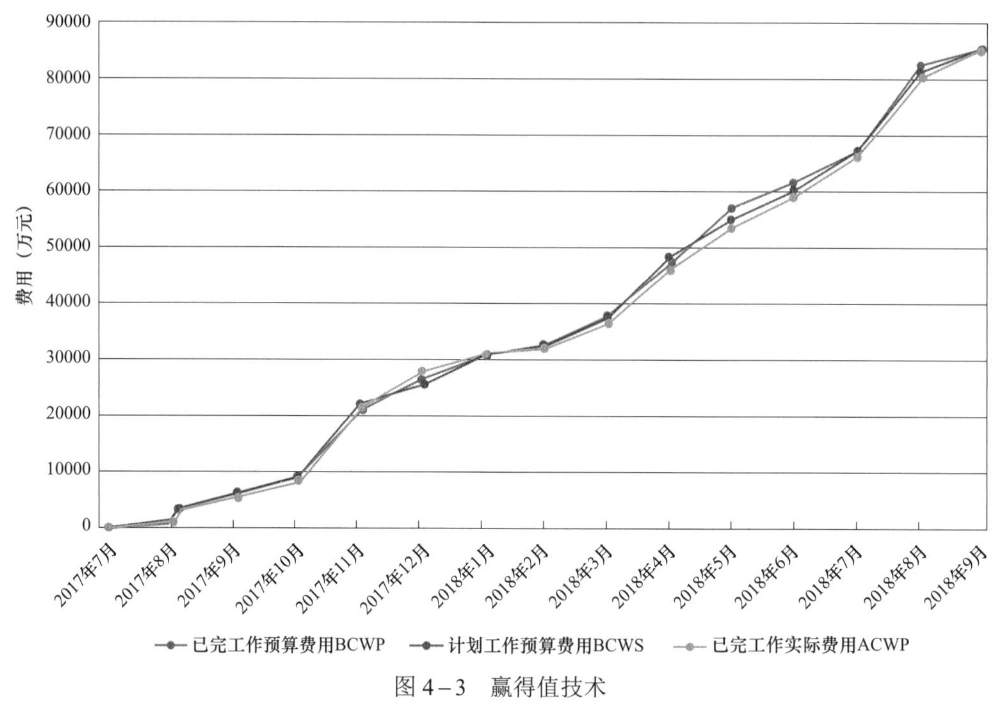

图 4－3　赢得值技术

2018 年 2 月出现了 2018 年 1 月的相同情况，由于 2 月 16 日为正月初一，现场到 3 月才全面复工，主要施工内容出现在 2 月初的 10 余天，因此 3 月初现场复工后重新进行了人员调配。

该工程全过程使用赢得值法管理：能全面衡量工程进度、成本状况，对项目费用和进度进行综合控制，克服过去费用与进度分开控制的缺陷，可以定性定量地判断进度和费用的执行效果。

4.4　综合进度保证措施

项目部在项目管理和组织、施工技术、质量和安全管理、资源供给、奖惩等方面采取科学合理的措施，在保证安全和质量的前提下，切实保证该工程按时、优质移交。施工过程中如因天气等外界因素造成进度拖期，项目部对工程拖期情况分专业、分系统进行全面分析，找出存在的主要问题和关键路径，先抢重点。根据进度拖期情况采取增人增机械，加班加点的方式来解决；加强各方协调，改善外部环境，为抢工期创造条件；采取激励措施，提高职工积极性，提高劳动效率；搞好后勤服务，解除职工后顾之忧，调动职工积极性。

1. 保证劳动力满足需要

（1）根据总体施工进度计划安排，逐季、逐月作出劳动力使用计划，保证劳动力充足。

（2）根据不同阶段对工种人员的不同要求，进行分阶段配置，以满足关键线路控制点的要求和进度计划分项目标的要求，同时优化劳动力配置（包括工人技术等级、体能素质、思想素质等方面）。

（3）在节日和农忙期间，做到合理工力安排，保证不会造成工力不足、施工停滞现象，以免影响施工的正常进度。

项目在建设安排的各类管理人员和现场劳动力投入见表 4－4、图 4－4。

表 4－4　　按工程施工阶段投入劳动力情况　　人

工种	2017.7	2017.8	2017.9	2017.10	2017.11	2017.12	2018.1	2018.2	2018.3	2018.4	2018.5	2018.6	2018.7	2018.8	2018.9	2018.10	2018.11
人员合计	222	400	497	930	971	993	657	228	412	531	577	696	772	1050	1079	1104	154
管理技术人员	15	20	25	28	32	35	20	8	15	20	22	26	26	30	33	35	8
建筑人员	50	100	122	258	260	266	211	88	153	192	201	240	266	338	344	352	54
电气人员	5	10	13	30	31	33	26	2	10	12	15	15	18	24	26	28	5
普工	120	230	288	552	586	592	362	114	211	285	316	384	416	600	617	621	62
操作工	25	30	36	44	44	44	23	10	13	13	13	18	28	39	40	45	20
厂家人员	2	2	3	3	3	3	3	1	2	2	2	3	4	5	5	5	1
综合人员	5	8	10	15	15	20	12	5	8	7	8	10	14	14	14	18	4

根据项目整体进度调整劳动力数量，合理安排各个岗位人员，在有限的人力资源下，更有效率地完成重要节点任务，在设计、采购、施工和试运行中做好人力资源的全过程管理。

2. 人工时管理

项目具备工程设计、采购、施工、试运行等技术服务，为增强项目竞争力，控制项目成本，尤其是人工成本，总承包部制定人工时管理制度，进行项目全过程管理，以有效地控制人力成本，使得项目更有效率地推进，表 4－5 所示为项目总体人工时情况。

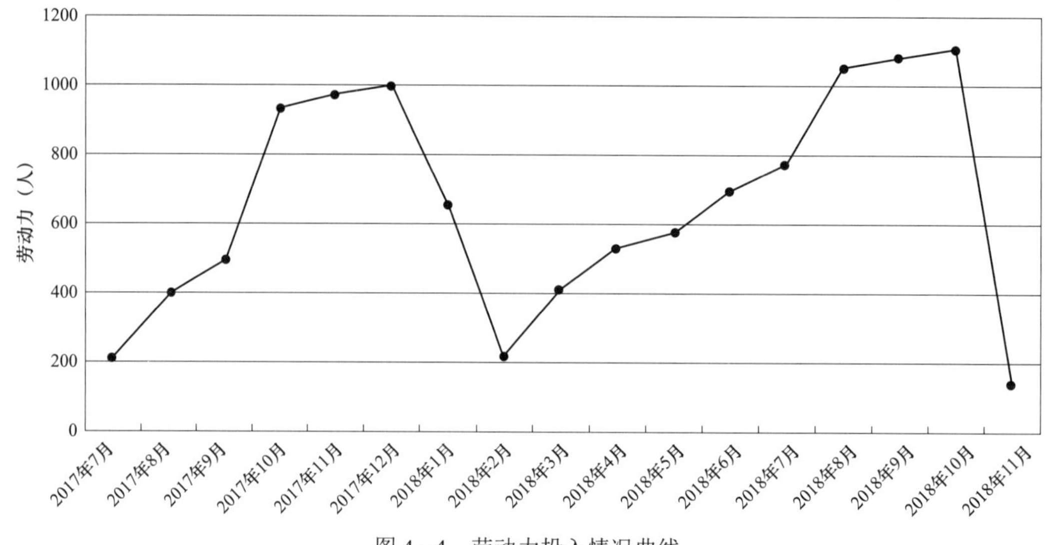

图 4－4　劳动力投入情况曲线

表 4－5　　人力资源投入占比

序号	分类	工时（天）	百分比（%）
1	设计管理	2880	0.86
2	采购管理	4320	1.29
3	建筑施工	106441	31.79
4	普通施工	194472	58.09
5	电气施工	9285	2.77
6	设备操作	14834	4.43
7	试运行	2564	0.77
8	总计	334796	100.00

进度目标实现：该项目最终 2018 年 10 月 30 日实现 50 台风机并网发电，较合同工期提前 1 天实现并网发电。

截至 2022 年 9 月，累计发电 10.7 亿 kWh，实际发电量高于设计值。经测算，项目投资回收期较原预期提前 1 年，经济效益显著。

第5章

质 量 管 理

5.1 质 量 目 标

设备质量满足设备合同技术协议要求；施工质量满足国家、行业最新规程规范《风力发电场项目建设工程验收规程》（GB/T 31997）、《风力发电工程达标投产验收规程》（NB/T 31022）及《电力建设施工及验收技术规范》（SDJ 53）要求，施工质量满足国家、行业最新规程规范，土建分部分项工程合格率100%，安装分部分项工程合格率100%。创建高质量等级优良工程。

5.2 质 量 管 理 策 划

5.2.1 策划准备

项目经理在质量策划前，召集项目部质量管理相关人员，按质量策划的内容结合项目组织实施模式，拟定工程总承包项目质量管理职责划分表，初步划分各参建单位的质量管理职责。质量管理职责划分按工程总承包项目部、施工单位、勘察、设计单位、监理单位、建设单位等建设六方主体进行划分。总包项目部将策划后形成的质量管理职责划分表上报项目业主单位、监理单位，建立工程建设质量管理的工作机制。

明确各方主体职责后，项目经理组织编制质量管理策划书，质量管理策划的内容包括质量管理依据、质量管理体系、质量计划、质量过程管理、考核管理、质量验收管理和信息管理等七个方面。

为保证质量管理有序进行，开工前工程总承包项目部将成立质量管理组织机构，明确质量管理岗位职责，编制质量管理制度，确保质量管理体系正常运作。

5.2.2 项目验评划分

项目开工前，项目经理组织对工程进行项目验评划分，项目划分从大到小分为（子）单位工程、（子）分部工程、分项工程和检验批。

根据单位工程的定义：具备独立施工条件并能形成独立使用功能的建筑物或构筑物为一个单位工程。深能高邮东部 100MW 风电场工程可以按单位工程划分为升压站建筑工程、升压站电气安装工程、风力发电机组土建安装工程、集电线路工程和道路工程。

建筑规模较大的单位工程，可将其能形成独立使用功能的部分划分为若干个子单位工程。以升压站建筑工程为例，单位工程进一步划分为多个子单位工程，子单位工程分为综合生产楼、附属楼、门卫室、厂区消防工程、设备基础工程、厂区电缆沟、厂区道路、围墙及其他附属工程。

分部工程是指不能独立发挥能力或效益，又不具备独立施工条件，但具有结算工程价款条件的工程。分部工程是单位工程的组成部分，通常一个单位工程，如综合生产工程，按其部位划分为土石方工程、砖石工程、混凝土及钢筋混凝土工程、屋面工程、装饰工程等。

分项工程是分部工程的细分，是构成分部工程的基本项目，又称工程子目或子目，它是通过较为简单的施工过程就可以生产出来并可用适当计量单位进行计算的建筑工程或安装工程。一般是按照选用的施工方法、所使用的材料、结构构件规格等不同因素划分施工分项。如在砖石工程中可划分为砖基础、砖墙、砖柱、砌块墙、钢筋砖过梁等，在土石方工程中可划分为挖土方、回填土、余土外运等分项工程。

检验批是指按同一生产条件或按规定的方式汇总起来供检验用的，由一定数量样本组成的检验体。是工程质量验收的基本单元。比如基础的土方开挖、钢筋加工、钢筋安装、混凝土原材料及配合比、混凝土施工等。

项目划分完成后形成了《升压站建筑工程验评划分表》《升压站电气安装质量验收及评定范围划分表》《集电线路工程验评划分表》《风力发电机组单位工程验评划分表》《道路平台工程项目验评划分》五张表格，并报监理单位、建设单位审批，为后续质量验收提供依据。

5.2.3 监理表式

由于该项目采用 EPC 工程总承包管理模式，非设计、施工平行发包模式，因此五方责任主体中无工程总承包单位的法律地位，因此在常规施工总承包模式下，在监理表式及各质量验收记录中均无工程总承包单位签字报审一栏。为有效规范管理，发挥工程总承包管理的组织管理能力，进一步加强质量管控力度。在征求建设单位、江苏省电力质量监督中心站及中国电力建设行业协会的意见，项目参建各方达成统一共识，对原有的监理表式、验收记录等表格进行完善，具体原则如下：

（1）监理表式共分四大类，即：A 类表（施工承包单位用表）、B 类表（监理单位用表）、C 类表（设计单位用表）、D 类表（建设单位用表），对其中 A 类表进行调整，具体分为：① 施工分包单位用表在承包单位和监理单位中间一栏增加工程总承包单位审批。② 工程总承包单位用表借用 A 类表，比如工程整体开工报审表、工程施工组织总设计报审表、管理体系报审表等。③ 工程总承包单位用表借用的 A 类表中没有的，若有类似表，则对应类似用表进行调整，表号按顺序放置在类似用表最后，如工程总承包实施计划在 A 类表中没有，仅有安全文明施工策划报审表，因此可以借此表，对应修改为工程总承包实施计划报审表，表号对应增加。④ 工程总承包单位用表借用的 A 类表中没有的，也无类似表可以借用，则由工程总承包单位自行设置，报监理单位、业主单位进行确认，主要确认格式、内容及审批人等内容。

（2）对验收记录表格，工程总承包单位对分部及以上验收内容进行验收签字，对分项及检验批，工程总承包单位不参与验收记录签字。分部及以上验收记录表格中在施工单位后增加工程总承包单位、项目负责人及时间等内容。

5.3 质量管控措施

5.3.1 质量控制过程

项目正式施工前，工程总包项目部制定了质量控制过程系统，按开工准备、施工过程、工程验收三大环节明确了如何进行质量过程管控，具体按图 5－1 进行质量管控。

5.3.2 质量控制流程

质量控制流程是施工质量过程控制的核心，项目开工前，通过与建设单位、监理单位沟通明确了施工单位、工程总承包单位的项目管理人员，对工序的质量控制环节制定了分部工程验收流程以及一旦出现质量问题的处置程序，实现施工各工序处于受控状态，能确保工程质量合格，见图 5－2。

5.3.3 质量教育保证

质量教育以提高工程质量为目标，以提高人的素质为目的，以质量培训为手段，恪守质量工作“始于教育，终于教育”的原则，实现全员、全过程的质量管理目标。工作班组班前 10min 站会（见图 5－3），每周组织项目部内部协调推进会，参加监理单位组织的周例会，每月召开质量月度例会。

提高全体员工的质量服务意识，让全体员工树立“顾客满意”的观念。在该工程质量管理手册中明确各职能部门、各施工单位及每个岗位在该工程质量活动中承担的质量责任及赋予的权限，建立工程质量行政领导责任制和终身负责制，层层落实质量各级责任制。

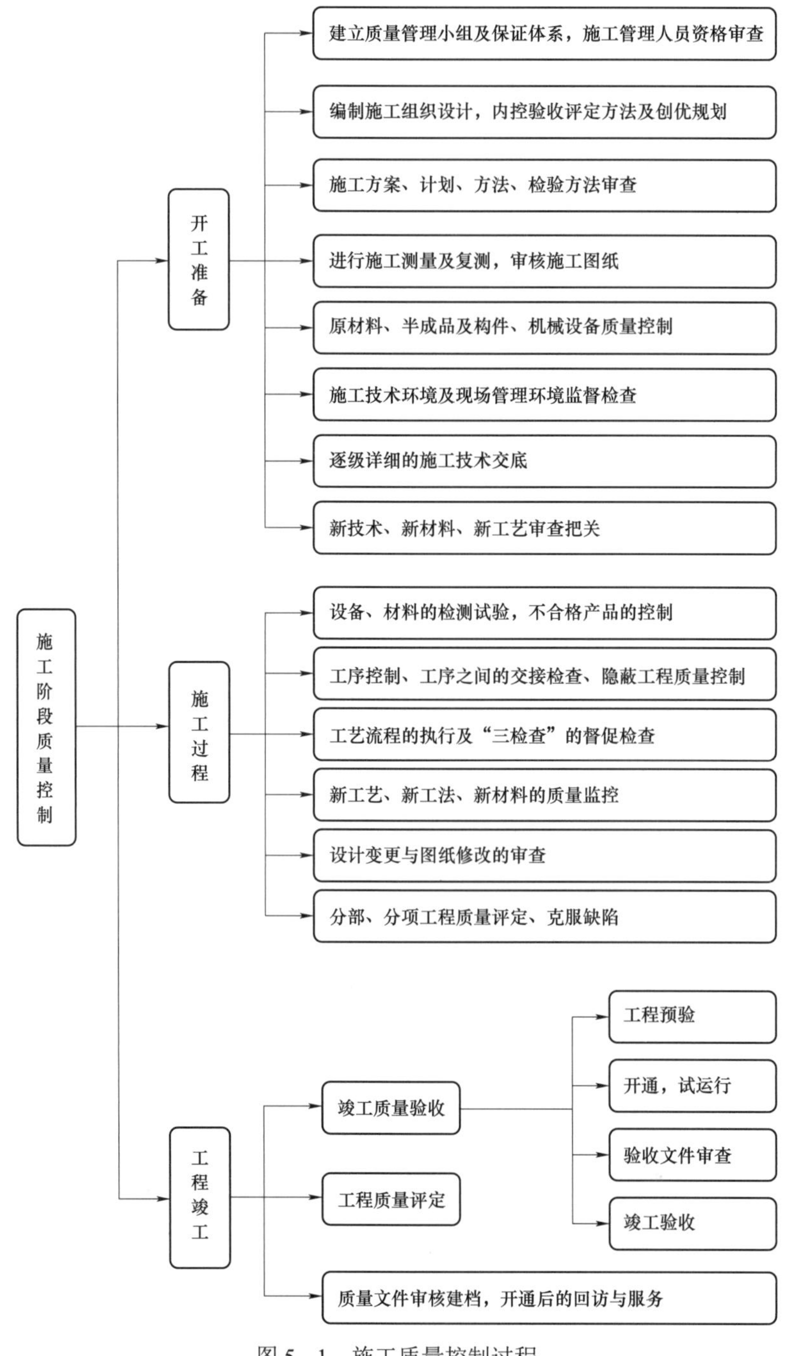

图 5-1　施工质量控制过程

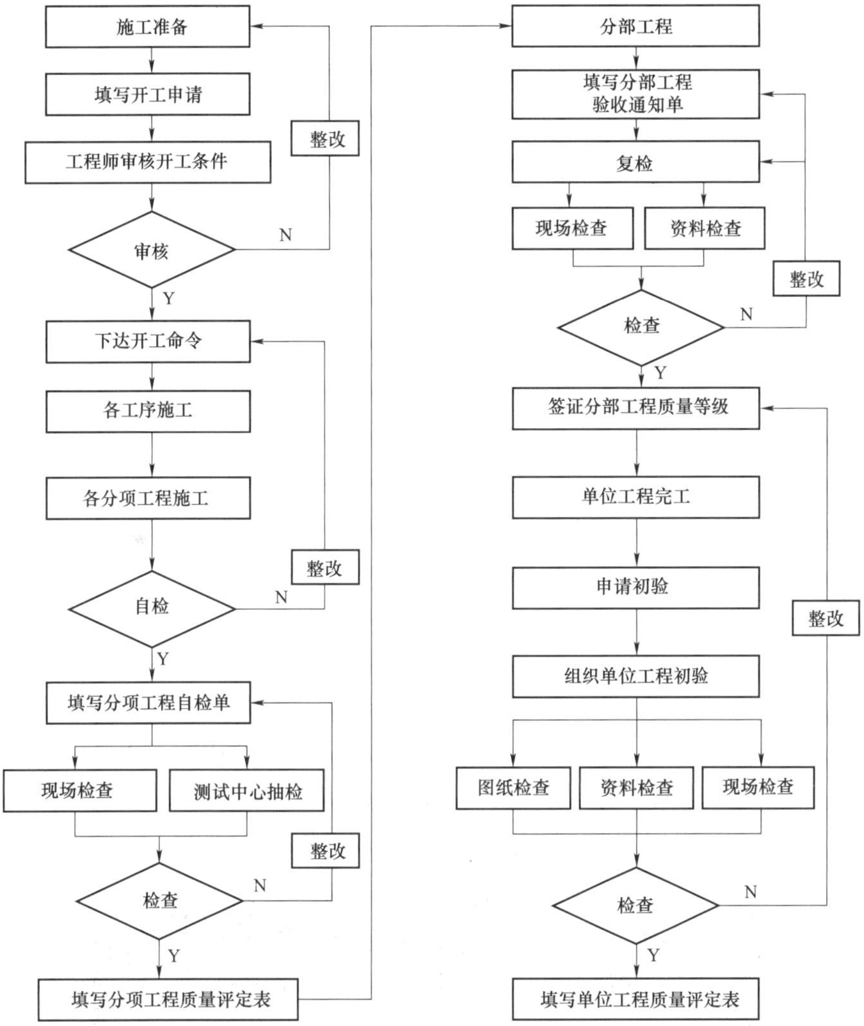

施工准备

填写开工申请

工程师审核开工条件

审核

N

整改

Y

下达开工命令

各工序施工

各分项工程施工

自检

N

整改

Y

填写分项工程自检单

现场检查

测试中心抽检

检查

N

整改

Y

填写分项工程质量评定表

分部工程

填写分部工程验收通知单

复检

现场检查

资料检查

检查

N

整改

Y

签证分部工程质量等级

单位工程完工

申请初验

组织单位工程初验

图纸检查

资料检查

现场检查

检查

N

整改

Y

填写单位工程质量评定表

图 5－2　质量控制流程

图 5－3　项目每日班前会

5.3.4 质量管理制度建立

为确保实现该工程的质量目标，总包项目部制定质量管理组织体系和质量保证监督体系，制定工程质量管理办法、工程质量管理职责、质量奖惩制度，分层次制订全部或单项工程的创优规划和更为详细的创优保障措施，为工程创优明确方法、途径和标准。坚持质量与经济挂钩原则，设立专项质量奖励基金，签订质量保证合同，制定质量奖罚细则，对施工中造成的各种质量事故、质量缺陷按“四不放过”的原则，坚决追查到底并严肃处理，奖优罚劣，做到奖出作用、罚出效果。做到每道工序有人负责，每项工作均有记录，每项记录均有人签字，质量监督检查人员根据现场施工情况及时记录落实整改，凡事有据可查，加大质量监督检查、验收力度，实行“质量一票否决制”。

监督管理采取的方式是工程信息监测、专项审核、专业系统检查、巡检、定期汇报会、各类定期报表、不合格整改的检查或验证、目标完成考核、专业工作汇报会等，并在使用时进行统计分析如工程合格率、优良率、生产水平评定、损失统计、目标完成率等，通过统计分析更好地进行质量监督。现场质监检查见图 5－4。

图 5－4　现场质监检查

5.3.5 关键工序检查及验收

项目开工前，确定关键工序检查点，制定关键工序检查及验收计划书，严格按确定的关键工序检查点，组织工程施工。严格执行关键工序的检查点验收计划，检查点通过工程师组织的验收，才能进入下道工序的施工，否则执行《纠正措施管理程序》，质量管理小组针对出现的问题制定纠正措施并实施，经质量管理小组复查确认达标后，向申报工程师组织提交复验，通过验收才能进入下道工序施工（见图 5－5）。

风电场主要针对风机机位平台和场内道路路基的土方回填土原质量、路基灰土拌和比例、路基建渣回填分层碾压及二灰结石路面铺装厚度进行控制；风机桩基础施工主要对灌注桩原材质量、现场桩基施工垂直度偏差、焊接、桩高程等质量进行严格管控；风机基础钢筋绑扎、模板支护、锚栓组合件定位及风机基础混凝土浇筑等质量进行控制；风机吊装主要对风机设备外观质量进行控制；风机设备主要对风机主机、轮毂、塔筒、箱变等设备外观及各项出厂资料进行检查、验收；材料复检、混凝土试块试验、锚栓检测、箱式变压器试验等质量管控；对风机、套筒等主要设备进行驻厂监造。风机设备、箱式变压器设备等质量验收合格，未出现影响风机安装调试、并网运行等方面的质量问题。

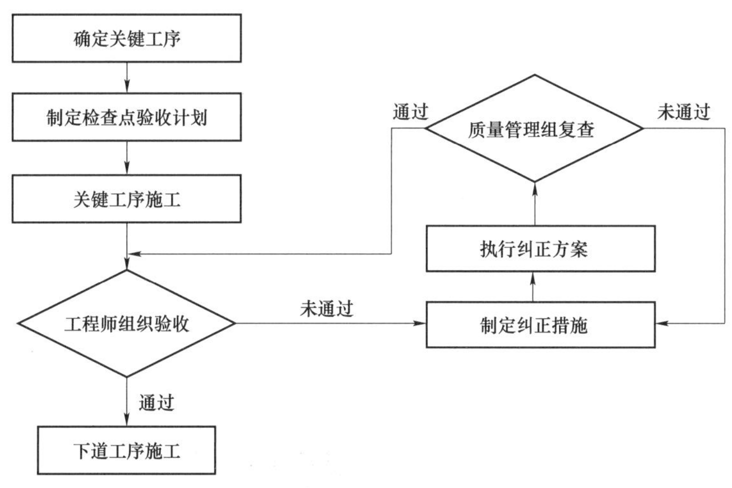

图5-5　关键工序检查及验收

5.3.6　定期质量检查

质量管理工作小组根据质量管理体系，进行定期、不定期的工程质量检查。举行质量检查工作会议并形成会议纪要，分析质量检查中存在的问题，落实到各责任部门及直接负责人，责成其限期整改，并指定复核检查人跟踪检查整改情况。

5.3.7　信息化手段应用

为方便项目质量管理，工程总承包项目部协助华东院信息中心开发工程项目管理云平台，对项目关键点、里程碑进行跟踪监控，实时收集项目执行涉及的问题、变更、资源利用情况、成本等信息，进行项目的完成状态分析，及时反馈现场遇到的质量安全等问题，建立信息化管理平台-工程项目管理云平台（见图5-6），覆盖项目管理全要求，并将分包单位统一纳入云平台，搭建了全要求、全过程、全对象的完整沟通模块。实现了信息资源共享，多方协同。功能标准化，提高了沟通效率。

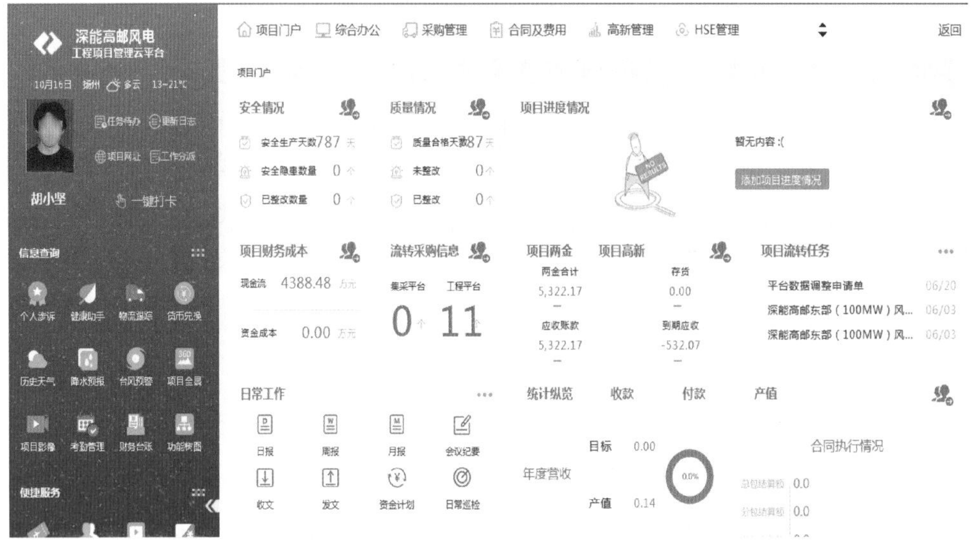

图 5－6　工程项目管理云平台

5.3.8　驻厂监造

风力发电机组是工程最重要的设备之一，包括了主机、发电机、变速箱、轮毂、塔筒、箱式变压器等核心设备多，制造过程工艺复杂，技术门槛高，总包项目部无该专业技术人员，因此为有效控制风机质量，委托西安热工研究院有限公司对风机的制造进行驻厂建造，见图 5－7。

图 5－7　驻厂监造

5.4　标 准 规 范 管 理

总包项目部组织华东院新能源工程院专业室、施工分包单位等梳理该工程涉及的设计、施工及验收方面标准，形成了规范清单，开工前项目总工程师组织人员对规范中与工程有关系的内容进行交底。实施过程中及时对规范清单进行更新。下文梳理了与工程密切相关的重要规范。

1. 设计方面

（1）《风电场工程等级划分及设计安全标准》（FD002）；

（2）《风力发电工程施工组织设计规范》（DL/T 5384）；

（3）《风电机组地基基础设计规范》（FD003）；

（4）《混凝土结构设计规范》（GB 50010）；

（5）《建筑地基基础设计规范》（GB 50007）。

2. 施工技术规范

（1）《工程测量标准》（GB 50026）；

（2）《建筑工程施工测量规程》（DB J01－21）；

（3）《建筑地基处理技术规范》（JGJ 79）；

（4）《建筑桩基技术规范》（JGJ 94）；

（5）《建筑基坑支护技术规程》（JGJ 120）；

（6）《大体积混凝土施工标准》（GB 50496）；

（7）《钢筋混凝土用钢　第2部分：热轧带肋钢筋》（GB/T 1499.2）；

（8）《混凝土用水标准》（JGJ 63）；

（9）《钢筋机械连接通用技术规程 》（JGJ 107）；

（10）《普通混凝土配合比设计规程》（JGJ 55）；

（11）《混凝土外加剂应用技术规范》（GB 50119）；

（12）《混凝土质量控制标准》（GB 50164）；

（13）《电力建设施工技术规范　第1部分：土建结构工程》（DL 5190.1）；

（14）《起重设备安装工程施工及验收规范》（GB5 0278）；

（15）《风力发电机组 装配和安装规范 》（GB/T 19568）；

（16）《风力发电机组 塔架》（GB/T 19072）；

（17）《低速风力机 安装规范》（JB/T 9740.4）。

3. 检验、验收规范

（1）《风力发电机组 验收规范》（GB/T 20319）；

（2）《风力发电场项目建设工程验收规程》（DL/T 5191）；

（3）《风力发电工程达标投产验收规程》（NB/T 31022）；

（4）《中华人民共和国工程建设标准强制性条文（电力工程部分）》（2011年版）；

（5）《建筑地基基础工程施工质量验收标准》（GB 50202）；

（6）《混凝土强度检验评定标准》（GB/T 50107）；

（7）《砌体结构工程施工质量验收规范》（GB 50203）；

（8）《混凝土结构工程施工质量验收规范》（GB 50204）；

（9）《地下防水工程质量验收规范》（GB 50208）；
（10）《普通混凝土用砂、石质量及检验方法标准》（JGJ 52）；
（11）《普通混凝土用碎石或卵石质量标准及检验方法》（JGJ 53）；
（12）《钢筋焊接及验收规程》（JGJ 18）；
（13）《钢结构工程施工质量验收标准》（GB 50205）；
（14）《钢结构高强度螺栓连接技术规程》（JGJ 82）；
（15）《电力建设施工质量验收规程　第 1 部分：土建工程》（DL/T 5210.1）；
（16）《建筑工程施工质量验收统一标准》（GB 50300）；
（17）《建筑电气工程施工质量验收规范》（GB 50303）。

5.5 强制性条文管理

工程建设强制性标准是直接涉及工程质量、安全、卫生及环境保护等方面的工程建设标准强制性条文。是工程建设过程中的强制性技术规定，是参与建设活动各方执行工程建设强制性标准的依据。在工程施工过程中，贯彻执行强制性条文紧紧围绕“策划—实施—检查—记录”的程序进行。

5.5.1 强制性条文实施策划

为了全面落实执行 2011 年版《中华人民共和国工程建设标准强制性条文（电力工程部分）》及现行建设标准中最新强制性条文，提高《强制性条文》的实施效果，在编制《工程施工组织设计》、《工程安全文明施工实施细则》、各专业《作业指导书》和“施工技术交底”中应专立条款明确执行《强制性条文》的具体项目和内容。

在工程开工之初，成立以项目经理为组长的《强制性条文》实施小组，并对小组活动经费及活动内容作出相应的安排。根据实施内容及工作安排，实施《强制性条文实施管理规程》计划分为三个阶段，具体为培训阶段、检查阶段、整改和总结阶段，后两个阶段在执行时可以联系在一起同步进行。

副组长对项目经理的安排内容进行具体分工和细化，制定具体培训计划、培训内容、培训时间，并对培训内容进行考试，制定《强制性条文实施管理规程》实施措施、方法、检查手段、检查时间、检查内容等。

5.5.2 强制性条文实施及监督检查

强制性条文监督检查的重点是检查项目部是否举办《强制性条文》学习班；各级技术人员是否熟悉和掌握相关条文规定；工程采用的材料和设备是否符合相关条文规定；编制的施工技术文件是否符合相关规定；听取、收集对《强制性条文》的建议和意见。

（1）工程施工过程中，项目部应至少各组织两次《强制性条文》实施情况的检查，发现问题以书面形式通知进行整改、复查，并做好记录。

（2）各级技术负责人在审批各项技术措施或技术交底时应认真复核是否已将应执行的《强制性条文》内容编入文件。

（3）工程各工序交接时，应检查确认相应的《强制性条文》已得到实施后，才可进行交接移交。

（4）各级质检员、安全员在日常巡视和三级验收时，应检查各专业《强制性条文》执行的情况，并填写“强制性条文执行情况检查表”。

（5）《强制性条文》实施的检查记录表格采用项目部统一编制的“强制性条文执行情况检查表”。

（6）《强制性条文》的监督检查，由项目部或各施工队的负责人组织各级管理人员进行，项目部或施工队的质检员负责填表、签字。

5.6　质量通病管理

质量通病是属于惯性，如模板安装完成后，浇筑混凝土时，因振捣时间过长或过快，而导致胀模，这种现象就属于质量通病。为规避质量通病的发生，大幅降低工序返工现象，项目部通过往年经验总结、专家咨询、头脑风暴等方式编制形成了《质量通病手册》。《质量通病手册》主要包括通病的现象和治理措施两方面。如下从《质量通病手册》中提取了一些主要的质量通病供参考。

1. 基础模板缺陷

【现象】

A　上阶侧模下口陷入混凝土内，拆模后产生“烂脖子”。

B　侧向胀模、松动、脱落。

【治理】

A　上阶侧模应支承在预先设置的钢筋支架或预制混凝土垫块上，并支撑牢靠，使侧模高度保持一致。不允许将脚手板直接搁置在模板上。从侧模下口溢出来的混凝土应及时铲平至侧模下口，防止侧模下口被混凝土卡牢，拆模时造成混凝土的缺陷。

B　侧模中部应设置斜撑，下部应用台楞固定。支承在土坑边上的支撑应垫木板，扩大接触面。浇筑混凝土前须复查模板和支撑，浇筑混凝土时，应沿模板四周均衡浇捣。混凝土呈塑性状态时，忌用操作工具在模板外侧拍打，以免影响混凝土外观质量。

2. 钢筋工程

【现象】

主筋位置及保护层偏差超标。

【治理】

A　钢筋绑扎或焊接必须牢固，固定钢筋措施可靠有效。为使保护层厚度准确，垫块要沿主筋方向摆放，位置、数量准确。对柱头外伸主筋部分要加一道临时箍筋，按图纸位置绑扎好，然后用$\phi 8$～$\phi 10$ 钢筋焊成的井字形铁卡固定。对墙板钢筋应设置可靠的钢筋定位卡。

B　混凝土浇捣过程中应采取措施，尽量不碰撞钢筋，严禁砸压、踩踏钢筋和直接顶撬钢筋。浇捣过程中要有专人随时检查钢筋位置，及时校正。

3. 混凝土工程

（1）混凝土坍落度差。

【现象】

混凝土坍落度太小，不能满足振捣成形等施工要求。

【治理】

A　正确进行配合比设计，保证合理的坍落度指标，充分考虑因气候、运输距离、泵送的垂直和水平距离等因素造成的坍落度损失。

B　混凝土搅拌完毕后，及时在浇筑地点取样检测其坍落度值，有问题时，及时由搅拌站进行调整，严禁在浇筑时随意加水。

C　所用原材料如砂、石的颗粒级配必须满足设计要求。对于泵送混凝土碎石最大粒径不应大于泵管内径的 1/3；细骨料通过 0.35mm 筛孔的组分应不少于 15%；通过 0.16mm 筛孔的组分应不少于 5%。

D　外加剂掺量及其对水泥的适应性应通过试验确定。

（2）混凝土离析。

【现象】

混凝土入模前后产生离析或运输时产生离析。

【治理】

A　通过对混凝土拌和物中砂浆稠度和粗骨料含量的检测，及时掌握并调整配合比，保证混凝土的均匀性。

B　控制运输小车的运送距离，并保持路面的平整畅通，小车卸料后应拌匀后方可入模。

C　浇筑竖向结构混凝土时，先在底部浇 50～100mm 厚与混凝土成分相同的水泥砂浆。竖向落料自由高度不应超过 2m，超过时应采用串筒、溜管落料。

D　正确选用振捣器和振捣时间。

（3）混凝土表面缺陷。

【现象】

拆模后混凝土表面出现麻面、蜂窝及孔洞。

【治理】

A 模板使用前应进行表面清理，保持表面清洁光滑，钢模应进行整形，保证边框平直，组合后应使接缝严密，必要时可用胶带加强，浇混凝土前应充分湿润。

B 按规定要求合理布料，分层振捣，防止漏振。

C 对局部配筋或铁件过密处，应事先制定处理方案（如开门子板、后扎等）以保证混凝土拌合物的顺利通过。

4. 风机及电气工程

（1）安装后风机外观不合格。

【现象】

A 塔筒外表面有大面积尘土、油污。

B 机舱、轮毂、叶片表面有大面积尘土、油污。

【治理】

A 要求风机设备制造厂在设备外加装防护罩，以减少设备在存放、运输过程中被污染的概率。

B 在设备安装前对设备表面进行彻底的清洁，表面未清洁赶紧严禁进行安装。

C 风机安装后，机舱及轮毂内设备安装严格按照风机厂家标准进行施工，避免由于安装工序不对，导致设备漏油造成风机部件被污染。

（2）风机部件安装螺栓紧固力矩不准确。

【现象】

A 风机设备安装连接螺栓紧固力矩小于要求力矩。

B 风机设备安装连接螺栓紧固力矩大于要求力矩。

【治理】

A 液压扳手及液压站要在使用前进行校验，确保紧固工具合格、可靠。

B 在使用中不同扳手对应的“压力—力矩”对照表，防止用错。

C 紧固力矩时严格按照厂家要求进行作业，在施工中按照要求在每次力矩紧固后画对应的标志，避免多紧固或少紧固。

D 风机安装后，对设备连接螺栓进行抽检复查。

（3）电缆敷设、接线与防火封堵。

【质量通病】

A 孔洞未封堵，或封堵不规范（堵泥变形或跌落）。

B 封堵处电缆未刷防火涂料或工艺差。

C 电缆管切割后，管口处理粗糙，损伤电缆。

【防范措施】

A 备用屏柜孔洞用镀锌铁板铆固，备用穿墙套管、防火墙扩建预留管等用橡皮泥封堵，屏柜孔洞用设不锈钢框固定封堵，设备二次电缆备用管用专用套筒封堵。

B　防火涂料一定要涂刷均匀，不遗漏；采用成品保护措施，防止对电缆、地面等造成二次污染。

C　电缆管切割后，管口必须进行锉光处理，以防损伤电缆，也可在管口上加装软塑料套。

（4）接地。

【质量通病】

A　接地焊接工艺，焊渣未除，焊缝不饱满，厚度超标。

B　设备接地引下线搭焊长度不够。

C　接地体埋设深度不够，回填土不合格。

【防范措施】

A　接地严格按照《电气装置安装工程接地装置施工及验收规范》（GB 50169—2016）要求施工，并确保焊接质量工艺美观。

B　设备接地引下线搭焊长度必须不小于扁铁宽度 2 倍，并三面有效焊接。

C　加强接地施工过程控制，隐蔽前自检合格后请监理复检，保证施工质量。回填土应用符合设计要求的土壤，分层夯实。

5.7　群众性 QC 活动

为提升工程质量意识，提高全体人员参与质量管理。针对现场出现的质量问题，工程总包项目部成立了“精益求精质量管理小组”“冲云霄质量管理小组”“鲁风质量管理小组”三个 QC 小组。依据中国质量协会颁布的《质量管理小组活动准则》（T/CAQ 10201—2020）的要求，指导 QC 小组遵循科学的活动程序、运用质量管理理论和统计方法，有效开展质量管理小组活动。下面以混凝土塔筒错台偏差的质量问题为例介绍 QC 活动。

混凝土塔筒是整体风机塔筒的重要组成部分，它的拼装质量关系到整套风机的运行安全，按照混塔厂家的技术要求，混凝土塔筒错台偏差必须控制在 2cm 以内，否则将造成整体的垂直度偏差过大，混凝土塔筒的重心偏移，机组受力情况恶化甚至发生倾覆，因此控制错台偏差度必须满足或优于厂家的最低精度要求。

项目部组建以项目经理为负责人的“精益求精”QC 小组，QC 小组的全体成员由长期从事风电、光伏及房建工程等方面的项目管理工作，具有高、中级职称的总包管理人员组成，理论和现场实践经验丰富，有信心也有能力将这个课题有序开展并取得较高成效。

为有序开展小组活动并取得理想效果，小组成员根据项目实际进展情况制定活动时间计划表，见表 5-1。

表 5－1　　　　　　　　**QC 小组活动计划**

步骤		2018 年 1 月	2 月	3 月	4 月	5～10 月	11 月	12 月
P	选题	■						
	现状调查与目标设定	■						
	要因分析		■					
	要因确定		■	■				
	制定对策			■	■			
D	实施对策				■	■		
C	效果检查						■	
A	措施巩固与下一步打算							■

2018 年 1～2 月期间，小组成员从混凝土塔筒预制、吊装流程、混凝土塔筒错台偏差数据统计分析等方面开展现状调查活动，发现 20 号风机（首台开始施工的风机）混凝土塔筒 15 段拼缝中有 8 处错台最大偏差超过设计要求（20mm），合格率仅为 46.7%。

为分析影响混塔错台偏差的原因，小组成员经过多个工程施工调查、收集资料、集思广益，对导致混塔错台偏差的症结进行分析，并整理出因果分析图，见图 5－8。

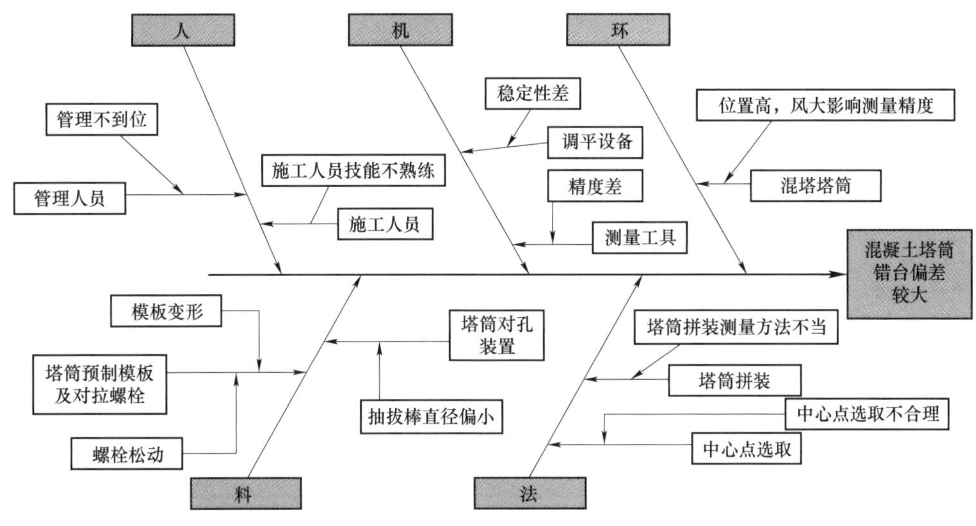

图 5－8　鱼骨图分析质量原因

通过原因分析，小组找出了导致混塔错台偏差较大的 12 条全部影响的因素，小组成员通过主要影响因素确认方法，找出了 8 个主要影响因素，见表 5－2。

表 5-2　　　　因素分析结果统计

序号	末端因素	确认内容	确认方法	标准	完成日期	是否要因
1	施工人员技能不熟练	确认施工人员对混塔段拼装及吊装操作流程、注意事项等熟练程度	考核拼装、吊装操作流程、注意事项等	考试得分≥80 分	2018.2.20	是
2	管理人员管理不到位	确认管理人员是否按照各项控制标准进行质量检查	现场调查	按照各项控制标准执行到位	2018.2.20	否
3	塔筒预制时外模板端模变形	拆模后，成品塔筒拼缝处是否有凹进去现象，不平、端模处是否有明显鼓包	现场检查	垂直度	2018.3.2	是
4	塔筒预制时底模与内模对拉螺栓容易松动	确认底模和内模板之间是否有缝隙	现场检查	零缝隙	2018.3.2	是
5	塔筒预制时外模板与底模紧固程度不足	拆模后，成品塔筒底部有无超出底模的边缘	现场检查	以底模的边缘为标准	2018.3.2	是
6	成品塔筒的消缺程度	成品塔筒的尺寸精度是否在要求范围内	现场检查验收	半径误差，±2mm；直径误差，<3mm	2018.3.2	是
7	拼装调平设备稳定性差	确认现场拼装调平设备稳定性能否满足施工要求	现场调查	拼装调平设备稳定性满足拼装要求	2018.3.8	否
8	测量工具精度差	测量工具精度是否满足施工要求	检测标定	测量工具精度满足施工要求	2018.3.10	否
9	塔筒吊装时中心点选取不合理	中心点是否满足吊装过程同心度控制	现场调查	中心点满足吊装过程同心度控制	2018.3.10	是
10	拼装测量方法不当	拼装测量方法是否满足施工要求	现场调查	拼装测量方法满足施工要求	2018.3.10	是
11	塔筒对孔装置不合理	塔筒固定装置是否满足施工要求	现场调查	塔筒固定装置满足施工要求	2018.3.10	是
12	塔筒高风大影响拼装、吊装测量精度	确认风力因素是否影响测量	现场调查	风力干扰满足测量要求	2018.3.10	否

针对从末端因素中找出的 8 个主要影响的原因，小组成员按照 5W1H 原则制定了对策计划表，见表 5-3。

表 5-3　　　　计划与实施

序号	要因	对策 what	目标 why	措施 how	负责人 who	地点 where	日期 when
1	施工人员技能不熟练	进行拼装及吊装操作培训	使施工人员能独立熟练掌握拼装及吊装操作技能	（1）集中开展拼装及吊装技能操作培训；（2）技术人员现场跟踪指导	—	会议室；施工现场	2018.5.5

续表

序号	要因	对策 what	目标 why	措施 how	负责人 who	地点 where	日期 when
2	外模板端模变形	把外模、端模变形带来的成品塔筒精度、外观质量消减至最低水平	消减模板拼缝处、端面错台	取焊接钢筋、肋板加固的方式消减模板变形，现场技术跟踪指导	—	施工现场	2018.4.20
3	底模与内模对拉螺栓容易松动	采取合理的措施，保证底模与内模板紧密贴合	零缝隙	底模与内模板表面接合处，采取焊接固定的方式，保证紧密结合	—	施工现场	2018.4.20
4	外模板与底模紧固程度不足	采取有效措施，确保外模板与底模紧密结合	紧密结合	采取在台座工字钢上刻印的方式，确保外模板合模过程中，与底模紧密结合	—	施工现场	2018.4.20
5	成品塔筒的消缺程度	确保成品塔筒消缺到位	质量、外观无缺陷	成品塔筒出模前，尺寸精度验收、外观鼓包等缺陷消缺验收	—	施工现场	2018.4.20
6	中心点选取不合理	重新选取可靠合理的中心点	使中心点不会发生偏移	（1）在第 1 段塔筒坐浆完成后确定； （2）在塔筒上口用四条直径交出中心点	—	施工现场	2018.5.10
7	拼装测量方法不当	制定合理的拼装测量方法	拼装完成后塔筒为近似标准圆	（1）以预制场的弹线作为测量直径基准； （2）灌浆前进行复测	—	施工现场	2018.5.10
8	塔筒对孔装置不合理	重新制作适合对孔的装置	使中心度不会因为抽拔棒无法调整	（1）重新制作一批外径为 90mm 的抽拔棒； （2）对孔时可以适当推动塔筒至中心位置	—	施工现场	2018.5.10

实施阶段小组成员进行了认真检查，经过 QC 小组的活动，取得了显著的成效，主要表现见表 5－4、表 5－5。

表 5－4　　　　第二台 9 号风机混凝土塔筒每段错台最大偏差值统计

拼缝编号	1	2	3	4	5	6	7	8	9	10	11	12	13	14	15
最大偏差（mm）	16	17	18	19	10	9	17	19	20	18	11	8	19	16	18
设计值（mm）	20	20	20	20	20	20	20	20	20	20	20	20	20	20	20
合格情况	合格	合格	合格	合格	合格	合格	合格	合格	合格	合格	合格	合格	合格	合格	合格

第二台 9 号风机混凝土塔筒 15 段拼缝中均无错台偏差超过设计要求（20mm），合格率为 100%。错台偏差平均值为 15.6mm。

表 5－5　　　　第三台 10 号风机混凝土塔筒每段错台最大偏差值统计

拼缝编号	1	2	3	4	5	6	7	8	9	10	11	12	13	14	15
最大偏差（mm）	14	13	15	12	11	9	12	15	12	10	11	6	11	15	13
设计值（mm）	20	20	20	20	20	20	20	20	20	20	20	20	20	20	20
合格情况	合格	合格	合格	合格	合格	合格	合格	合格	合格	合格	合格	合格	合格	合格	合格

第三台 10 号风机混凝土塔筒 15 段拼缝中均无错台偏差超过设计要求（20mm），合格率为 100%。错台偏差平均值为 11.9mm。

从图 5－9 可以看出应用本小组关键技术后，混凝土塔筒 15 段拼缝错台偏差均有较大幅度减小，实现并超过了 QC 小组最初设定目标 15mm，效果非常显著。

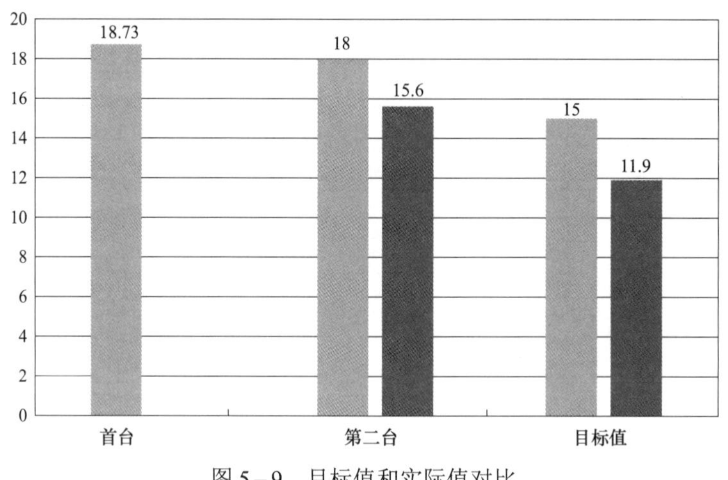

图 5－9　目标值和实际值对比

通过开展 QC 活动，小组成员在质量意识、分析、解决问题的能力、QC 知识的掌握、业务水平、团队精神方面都有了明显的进步，为后续的工作、研究打下了坚实的基础。QC 小组活动使得小组成员分析问题、解决问题等各方面能力得到了进一步的提高，特别是 QC 知识有了长足的进步，效果明显。为及时做好总结，小组成员将混凝土探讨段拼缝错台调整方案和各项对策编入《深能高邮东部 100MW 风电场技术总结》中，并形成了标准化成果，组织内部专业团队进行分享和推广应用，组织编制《风电工程预应力混凝土塔筒拼缝施工工法》和《混凝土塔筒后张无黏结预应力张拉工法》两篇，并获得电建集团工法。申请发明专利《一种装配式混凝土塔筒拼缝施工方法》，授权实用新型《一种混凝土塔筒找中心的施工结构》《一种混凝土塔筒预应力张拉孔道防堵装置》和《一种混凝土塔筒的可移动式吊运装置》。

5.8　质　量　效　果

项目工程质量合格率 100%，一次性通过单位工程验收，工程实体内实外美，风机运行各项指标先进，运行稳定，工程一次成优，自然成优。

经第三方咨询机构评价，达标投产复验，地基与基础评价得分 92.50 分，质量评价得分 92.47 分，绿色施工得分 92.19 分，新技术应用得分 92.0 分，项目被评为高质量等级的优良工程。

第6章

HSE 管 理

6.1 HSE 管 理 目 标

根据本书第 3 章中项目管理目标确定的安全目标，即无一般及以上安全事故、无一般及以上质量责任事故。项目部在此基础上结合工程特点对安全管理目标、职业健康和环境目标做出进一步细化。

6.1.1 安全目标

遵守现行的规程规范，严格遵照业主招标文件对安全文明施工的要求，确保项目安全文明有效实施，积极创建安全文明施工标准化工地。

坚持“安全第一，预防为主，综合治理”的方针，“以人为本，安全发展”的理念和“谁主管谁负责，管生产必须管安全”以及“党政同责，一岗双责”的原则。

具体安全目标：① 不发生人员死亡的生产安全事故，不发生重伤指标、直接经济损失指标达到一般及以上的生产安全事故；② 不发生火灾事故或火灾险情；③ 不发生重大施工机械或设备损坏事故；④ 不发生负主要责任的重大交通事故；⑤ 不发生污染环境事故或重大垮塌（坍塌）事故。⑥ 不发生在自然灾害中承担管理责任的一般及以上安全事故；⑦ 不发生造成人员死亡的火灾和直接经济损失 10 万元及以上的火灾。

6.1.2 职业健康和环境目标

保护生态环境，杜绝环境污染，控制污染达标排放，不超标排放，不发生环境污染事故，废弃物处理符合规定，落实环保措施，营造良好生态环境；力争减少施工场地和周边环境植被的破坏，减少水土流失；现场施工环境满足环保要求，建设绿色工程。

具体目标：① 不发生新的职业病或职业中毒事故；② 不发生较大及以上环境保护责任事故，不发生对企业形象有重大负面影响的环境事件（问题）；③ 项目施工中噪声控制、粉尘控制、垃圾处理、污水废气排放等方面满足国家和地方相关法律法规要求。④ 不发生群体性职业病危害事故，不发生群体性食物中毒等事件；⑤ 技术成果符合国家环境保护相关法律法规、技术规程规范的要求；⑥ 总承包项目实施过程汇总，废水排放、固体废弃物

（含工程弃渣）处置不对环境造成实质性危害；⑦ 项目现场自办餐饮中心废弃油脂、泔水按规定回收处理，保证达标排放，不发生投诉事件。

6.2 危险源和环境因素识别

总承包项目部根据有关法律、法规和其他要求，以及华东院《危险源辨识、风险评价与控制程序》《环境因素识别、评价与控制程序》，按施工阶段动态组织危险源和环境因素的辨识、风险评价和控制，项目部在下一阶段开始前，重新识别重大危险源，并编制控制措施表。

6.2.1 危险源及不利环境因素的识别要求

（1）总承包项目部依据《危险源辨识、风险评价与控制程序》《全面风险管理控制程序》等程序文件，在项目施工前，组织有关人员针对施工的各道工序、作业场所、人员的健康安全和环境保护方面进行危害识别，参加识别的人员为：项目部项目经理、技术负责人、施工部、技术部、各专业工程师、施工班组长及富有经验的班组成员等。必要时，也可报请总包单位总部指派有相应技术、有经验的人员参加。

（2）参照《企业职工伤亡事故分类》（GB 6441—1986）根据导致事故的原因和伤害方式等，结合该项目特点，涉及的主要危险源类别有：物体打击、车辆伤害、机械伤害、起重伤害、触电、淹溺、灼烫、火灾、高处坠落、坍塌、中毒和窒息以及其他伤害。针对危险作业：吊装、用电、消防、交通、基坑/沟槽、高处作业、电气设备调试（高危）制定专项方案和应急措施。

（3）总承包项目部风险评价小组对已识别的危害和影响进行评价，分析危害发生的概率和严重程度，按顶端事件顺序进行排列，找出主要危害，制定风险削减和控制措施后才可施工。

6.2.2 危险因素

详见深能高邮东部（100MW）风电项目 EPC 总承包项目部的《重大危险因素、目标指标和措施表》《环境因素调查与评价表》和《重要环境因素、目标指标和措施表》。危险因素包括：

（1）风机吊装作业；

（2）基础开挖回填施工；

（3）现场施工用电；

（4）高空作业；

（5）边坡支护；

（6）风机设备运输安全；

（7）基坑开挖；

（8）电气设备伤害；

（9）交通安全；

（10）防洪度汛；

（11）施工用电。

6.3　HSE　管　理

6.3.1　管理体系

1. 组织机构

根据华东院《工程总承包项目现场职业健康安全和环境（HSE）管理规定》以及部门《职业健康安全和环境（HSE）管理规定》，为进一步做好深能高邮东部（100MW）风电项目总承包项目部现场的安全生产工作，落实责任主体，成立深能高邮东部（100MW）风电项目总承包项目部安全生产委员会，安全生产委员会设主任 1 人，副主任 2 人。成立安全生产委员会办公室，由项目部 HSE 管理部具体负责安全生产委员会日常工作。组成人员包括项目参建各方主要负责人。每季度召开安全生产委员会会议。

建立了安全行政管理体系、安全生产实施体系、安全技术支撑体系和安全监督管理体系四个责任体系，明确责任人和成员名单及其职责。

2. 工作规则

安全生产委员会会议每个季度由安全生产委员会主任组织，全体安全生产委员会成员参加，召开一次总结性会议，会议总结上一季度的工作和安排下一个季度的要求。会议形成音频和影像资料进行存档。

必要时，领导小组组长可决定临时召开全体会议或专题会议，由主任或主任委托副主任召集和主持（安全委员会会议应由项目经理主持），安全委员会全体成员或有关部门/单位参加。

建立项目安全生产工作情况（邮件）通报制度。工作情况通报由安全生产委员会办公室负责。通报的内容包括（不限于）：上级安全生产方针、政策、文件和部署，集团公司、扬州市及高邮市电力局、华东院安全生产形势和工作要求，深能高邮（100MW）风电项目总承包项目部安全生产工作情况，项目安全文化建设，有关安全生产事故案例等。

安全生产委员会召开的会议应形成会议纪要或决议，由项目经理签发，并发布。

对项目部负责实施的安全隐患排查治理和整改、安全生产考核、安全生产标准化绩效评定等工作进行部署、对工作成果进行审核批准。

3. 施工过程职业健康、安全、环境控制

总承包项目施工严格执行国家、行业及地方有关安全、职业健康和环境的法律、法规及规定。

总承包项目部依据项目安全、职业健康和环境管理实施规划，明确施工期的项目安全、职业健康和环境管理目标；建立由参建各方参与的总承包项目安全、职业健康和环境管理体系，对工程施工过程的安全、职业健康和环境保护进行管理、检查、考核。

安全总监负责督促施工分包商建立安全、职业健康和环境管理保证体系，并保持有效运行。

总承包项目部根据安全生产管理需要，制定安全管理制度和操作规程；督促施工分包商建立健全安全生产制度和大型机械、临时用电等操作规程。

开工前安全总监负责组织对总承包项目可能存在的重大危险源和环境影响因素进行评估，在实施过程中及时对重大危险源进行更新；对重大危险源和环境影响因素应制定控制措施。

安全总监负责组织施工安全、职业健康和环境保护交底，安全、职业健康和环境保护风险较大的项目开工前，对专项安全、职业健康和环境保护方案进行审批。

制定总承包项目的生产安全事故应急救援体系、应急预案，督促施工分包商建立生产安全事故应急救援体系、应急预案。

施工过程中，安全总监组织每月对施工安全、职业健康和环境保护进行检查，存在问题应书面要求施工分包商限期整改。

安全总监组织对分包商的安全生产费用专款专用情况进行检查。

6.3.2 安全交底和教育培训

1. 总承包项目部 HSE 安全交底和安全教育

进场前教育：项目成员在进场前均应接受 HSE 教育培训和交底培训，交底由项目部组织，华东院安全环保部选派人员授课。

进场教育：项目现场管理人员及相关的外来人员进入现场前，应接受 HSE 岗前教育培训和交底，由现场 HSE 工程师或安全负责人授课。

HSE 集中教育：项目部每半年组织项目部现场管理人员进行 HSE 培训，由安全负责人组织。

HSE 过程教育：根据该项目的进展适时开展 HSE 培训教育，项目各阶段需培训教育的内容各不相同，如吊装作业前的管理人员安全教育、升压站施工前的安全教育、交通安全教育、施工用电安全教育、道路及基坑开挖安全教育等。

以上各项培训可采取集中学习或个别授课方式，要求培训参与率 100%并留下书面记录。培训教育内容可根据工作岗位、现场活动范围参考华东院和项目部安全生产相关内容。

项目经理部每年组织“安全生产月”“119 消防宣传日”“环境日”等主题活动，营造安全文化和环境保护氛围。

安全生产教育培训计划见表 6－1。

表 6－1　　安全生产教育培训计划

培训对象	培训内容	培训学时	培训形式	培训主体	培训地点	培训时间
项目主要负责人、安全管理人员	安全生产法律法规；安全生产基本知识；重大事故防范、应急救援措施及事故调查处理方法；国内外先进的安全生产管理经验；典型事故案例分析	初次培训 32 学时；再培训 12 学时	专家授课、组织考试、举办竞赛等	公司	项目会议室	2017.9
特种作业人员	安全生产法律法规；安全生产基本常识；安全生产操作规程；事故现场紧急疏散和应急处置	初次培训 100 学时；再培训 60 学时	集中培训、专题考试等	分包单位	项目会议室	全年有计划实施
农民工	安全生产法律法规；安全生产基本常识；安全生产操作规程；从业人员安全生产的权利和义务；事故案例分析；工作环境及危险因素分析；危险源和隐患辨识；个人防险、避灾、自救方法；事故现场紧急疏散和应急处置；安全设施和个人劳动防护用品的使用和维护；职业病防治等	24	专题授课、实践教学、补习文化等	分包单位	项目会议室	全年有计划实施
项目管理人员	总承包项目部新进场人员教育	2	授课、资料学习	HSE 管理部	项目会议室	2017.8
总包管理人员、分包单位负责人、安全员	风机基础施工安全技术交底	1	授课、资料学习	HSE 管理部	项目会议室	2017.9
总包管理人员、分包单位负责人、安全员	风机吊装作业安全交底	1	PPT	工程管理部	项目会议室	2017.11
总包管理人员、分包单位负责人、安全员	风机电气安装安全技术交底	1	PPT	工程管理部	项目会议室	2017.11
总包管理人员、分包单位负责人、安全员	升压站电气安全技术交底	1	PPT	工程管理部	项目会议室	2017.10
总包管理人员、分包单位负责人、安全员	基坑及临时支护技术交底	1	PPT	工程管理部	项目会议室	2017.9
驾驶员、安全员	交通安全交底	1	资料、制度宣贯	HSE 管理部	项目会议室	2017.8
总包全员	上级安全文件学习	1	投影、资料宣贯	HSE 管理部	项目会议室	随时

2. 分包单位 HSE 安全交底和安全教育

总承包项目部组织对分包单位管理人员进行进场 HSE 交底和第一次 HSE 进场教育，由总承包项目部工程管理部负责交底和授课。

检查、督促分包单位开展班前安全交底活动。督促检查分包单位落实危险作业人员、新进场人员、转岗人员的安全教育（生产岗位人员转岗或离岗一年以上重新上岗者应进行安全教育培训和考试，考试合格方可上岗）。检查、督促分包单位对临时进入现场的检查、参观、学习的人员进行 HSE 教育，使其了解工程现场的主要危险、有害因素及相应的安全防范措施或安全注意事项，以上教育培训均需保留记录。

督促分包单位按作业工种、分部分项工程、机械设备使用等进行安全技术交底并留下记录。重点督促分包单位对危险性较大的分部分项工程施工前编制专项方案；对超过一定规模的危险性较大的分部分项工程，分包单位应当组织专家对专项方案进行论证，总承包项目部对相关方案应备案存档。

特种作业人员必须经项目所在地有资质的培训机构培训并取得上岗资格证后方可上岗工作，项目部督促分包单位对从事电气、起重、焊接、高空作业、现场机动车驾驶、大型机械操作及接触易燃、易爆、有害气体、射线、剧毒等特种作业人员的持证有效性进行自查，并保存相关记录备查。

3. 专项施工安全技术交底

施工前，应就重点部位和关键环节向分包单位进行安全技术交底，向分包方提出 HSE 管理和措施上的要求；督促分包单位制定专项方案，分包方完成内部方案审批后递交总承包项目部组织对方案进行评审，总包项目部主要对方案中 HSE 保证措施进行审核，如对人员和设备资源投入、具体保障措施、应急处置方案等内容进行审核。根据评审后的方案分包单位向施工班组进行安全技术交底，再由班组交底到作业人员；整个交底过程完成方可进行施工。总承包项目部监督抽查安全技术交底工作落实情况和备案相关记录，备案专项方案。

6.3.3 安全管理

1. 施工安全技术管理

（1）工程技术管理。EPC 总承包项目部按照《建设工程安全生产管理条例》等相关法律法规和规程规范的要求，组织分包商管理人员对施工重点部位和关键施工环节提出安全技术要求，并对防范生产安全施工提出指导意见。主要是：升压站土建及电气安装、风机基础、集电线路的土建及安装、升压站试验及调试。

（2）施工安全技术管理。工程开工前，应根据《危险性较大的分部分项工程安全管理办法》（建质〔2009〕87 号），EPC 总承包项目部督促分包商列出该工程危险性较大的分部分项工程清单，每月进行检查，并根据现场实际情况进行实时更新，并建立相应专项安全制度，明确工程安全专项施工方案的编制、审查/审批、监督管理要求。

（3）专项施工方案管理。工程开工前，EPC 总承包项目部要求分包商对危险性较大的分部分项编制专项施工方案和安全技术措施（超过一定规模应组织专家论证），上报审批并监督实施。

分包商需要提供的方案主要有：风机吊装施工方案、风机桩基及风机基础工程施工方案、升压站土建施工方案、升压站基础降排水施工方案等，见表6-2。

表6-2 专 项 方 案 统 计

序号	专项方案	审核	日期	备注
1	风机吊装施工方案	工程管理部	2017.10	需专家论证
2	风机桩基及风机基础工程施工方案	工程管理部	2017.10	
3	升压站土建施工方案	工程管理部	2017.8	
4	升压站基础降排水施工方案	工程管理部	2017.8	
5	升压站土方开挖回填施工方案	工程管理部	2017.8	
6	升压站电气设备安装、调试及倒送电方案	工程管理部	2017.11	
7	风机电气安装、调试方案	工程管理部	2017.11	
8	集电线路施工方案	工程管理部	2017.10	
9	脚手架施工方案	工程管理部	2017.9	
10	施工组织设计方案	工程管理部	2017.9	
11	临时用电专项施工方案	工程管理部	2017.8	
12	安全文明专项施工方案	工程管理部	2017.8	
13	夜间施工方案	工程管理部	2017.10	

（4）技术交底。施工期间EPC总承包项目部对施工重点部位和关键环节安全措施和防护，要求分包商及施工班组进行安全技术交底。督促分包商就危险性较大的分部分项工程专项施工方案和安全技术措施、施工作业、机械操作规程向施工班组进行技术交底。

2. 日常巡查和定期检查

项目部每日进行现场巡查，根据巡检和观察情况，如存在问题及时报告，下发整改通知单，并落实分包单位整改到位，整改完成后由分包单位做好整改通知单回复，形成闭环。对安全检查做好记录，每日填写HSE日志。针对危险性较大的，可以要求施工单位立即停工整改，直至隐患整改完成后复工。

项目部建立安全检查管理制度，每周联合业主单位、监理单位及各分包单位对项目整体安全检查，检查完成后形成检查记录，落实施工单位整改。每周周例会汇报安全隐患整改情况及下周整改计划。

3. 施工设备设施

（1）设备进场验收。分包单位设备使用方案应提前提交给总承包项目部，由总承包项目部组织分包单位和监理单位有针对性地制定设备、材料进场检验要求、检验程序和检验方法，明确各环节具体负责人。

设备进场时，总承包项目部、分包单位和监理方必须依照国家相关规范规定，按照设备材料进场验收程序，认真查阅出厂合格证、质量合格证等文件的原件。进口材料、设备进场时，应证明质量符合国家有关规定。要对进场实物与证明文件逐一对应检查，严格甄别其真伪和有效性，必要时可向原生产厂家追溯其产品的真实性。发现实物与其出厂合格证、质量合格证明文件不一致或存在疑义的，应立即向主管部门报告。

设备供应单位要制作并提供标准样品。总承包项目部、分包单位和监理方应按照招标文件中的技术要求和相关技术标准对进场材料、设备进行封样，在施工现场封存。供应商提供的产品运到施工现场后，要严格执行报验程序，对封样与到现场的产品对比，与封样不一致的不得使用。

重要的设备分包单位应提供相关参数，总承包单位组织专业监理工程师、分包单位进行功能测试，确认产品是否符合施工的技术要求。

设备进场时，分包单位要提前通知监理单位和总承包项目部，监理工程师、总承包项目部管理人员必须实施现场旁站见证验收。监理人员与总承包项目部管理人员在检验批验收过程中，发现材料、设备存在质量缺陷的，应当及时处理，签发监理通知，责令改正，并立即向主管部门报告。未经监理工程师和总承包项目部管理人员签字，进场的设备不得在工程上使用或者安装，分包单位不得进行下一道工序的施工。

设备安装工程未经系统检测，不得组织工程验收。经检测发现主要设备存在严重缺陷，不符合相关技术质量标准或者不满足合同约定的，必须更换并重新检测。

设备材料进场验收程序：分包单位设备进场→监理方、分包单位及总承包项目部现场验收→监理方审查出厂证明、质保单等证明资料并鉴证是否符合要求→分包单位在监理方鉴证下取样送检→符合资质规定的单位检测、试验→检测、试验报告单经监理方、总承包项目部签证后分别存档。

（2）设备使用中的过程监管。检查、督促分包单位设定专门的设备台账和安全技术档案，健全施工设备的验收、检验、使用、维护保养、安全检查等设备设施管理制度，检查、督促其定期进行检查、维护，设备的安全防护设施应齐全有效。各类工程机械应配备安全操作规程（手册）并遵照执行。

检查、督促施工分包单位对现场特种设备按规定进行管理，组织分包单位对特种设备进行专项检查，从管理、操作、检验、使用等环节排查隐患并整改。督促落实安装拆除专项方案的编制、报批、安全技术交底及现场监控等工作，督促分包单位制定特种设备安全操作规程并备案。

核查特种设备管理情况。特种设备应按规定在特种设备安全监督管理部门登记。登记标志应当置于或者附着于该特种设备的显著位置。特种设备使用单位应当对在用特种设备进行经常性日常维护保养，并定期自行检查。特种设备的定期维护保养应由具备相应资质的单位进行，并保存相关的维护保养记录备查。特种设备应定期由特种设备检验检测机构进行检验。

（3）设备拆除管理。设备设施搬迁、拆除前应进行风险评估。对易损坏或易造成人身伤害的设备设施，应制定搬迁、拆除计划和方案。凡拆除大型设备设施、特种设备、临时桥梁、拆除易燃、易爆及危险化学品仓库，搬迁等重要设备设施，应编制专项方案并经批准后方可实施，并在作业前应组织安全技术交底。

设备搬迁、拆除作业人员应具备相应的能力。特种设备搬迁、拆除单位应具有相应资质。

大型设备设施、特种设备、临时桥梁在拆除前应按规定办理相关手续。

拆除涉及危险物品的设备设施，应制定应急处置方案和应急措施，并组织实施。

4. 特种作业人员及特种设备管理

督促分包单位的特种作业人员和特种设备作业人员按有关规定进行专门安全培训，经考核合格并取得有效资格证书后，报总承包项目部备案后方可上岗作业。

督促分包单位建立设备设施台账、技术资料和图纸等档案，档案应齐全、清晰、准确、有效，特种设备台账报总承包项目部审核。

督促检查分包单位建立并动态更新特种作业人员台账，对台账进行验证及备案；核实特种作业人员持证上岗情况，日常巡查过程中对人证符合性进行抽查。

对分包方特种设备相关资料和特种设备操作人员信息（含资格证书）进行验证及备案，对特种设备操作人员应持证上岗情况进行检查。

督促分包单位对其特种设备按规定在特种设备安全监督管理部门登记，并将登记标志置于或者附着于该特种设备的显著位置。

定期检查特种设备使用单位的特种设备日常维护保养情况。特种设备的定期维护保养应由具备相应资质的单位进行，并保存相关的维护保养记录备查。特种设备定期由特种设备检验检测机构进行检验。

5. 作业行为管理

（1）施工工程作业安全监控。一般施工过程作业安全监控。监督工区对脚手架搭拆、高空作业、爆破作业、起重作业、洞内作业安全管理情况，落实作业过程专人监督，制止“三违”。

加强作业人员行为管理。禁止习惯性违章、禁止酒后上工地，禁止在禁烟区、洞室等有限空间内吸烟，禁止跳车、扒车或人货混装等现象。

项目安全总监率领 HSE 工程师或其他管理人员对施工工程中 HSE 危险因素进行日常监控检查。

（2）特种作业管理。特种作业人员应持证上岗并由分包单位进行备案管理，项目部在开展安全检查时应对特种作业人员的持证情况进行检查并保留相关记录。特种作业包括高空作业人员、电工、架子工、起重工、电焊工等。项目部及分包单位应建立特种设备和操作人员台账并动态管理。

6. 施工用电

EPC 总承包项目部督促分包商按规定编制施工用电方案，对施工用电进行集中布置，明确责任人，定期检查维护；对配电箱的名称、用途进行标示，箱门配锁并指定专人负责。EPC 总承包项目部负责定期进行施工用电和消防安全进行全面检查。

7. 消防与交通安全管理

（1）消防安全管理。

1）认真学习贯彻落实《消防法》，加大宣传、培训力度，加强人员的消防常识教育。

2）明确任务，落实责任，签订安全消防责任书。

3）加大检查、整改力度，每周组织检查。

4）组织消防应急演练。

5）做好重大节日期间防火工作，制定节假日值班安排。

6）组建义务消防队伍，加强吸烟管控，用电管控等。

7）保障消防设施设备到位，完整好用。

（2）总承包项目部交通安全。

1）加强总承包项目部车辆管理，制定项目部用车管理制度。

2）建立总承包项目部车辆日常维护、保养、检查及使用台账。

3）加强驾驶员的管理和安全教育，制定驾驶员工作规定，严禁酒后和疲劳驾驶。

4）项目部人员出行注意安全，加强安全知识的培训。

（3）现场交通管理。

1）建立现场车辆出入管理制度。

2）对现场所有车辆设备及驾驶员资格进行检查。

3）制定现场交通规则，严禁乱停乱放。

4）根据现场道路情况设置交通安全警示标志。

5）严禁人货混装。

6）设备作业期间由专人指挥。

7）加强项目现场人员安全教育和安全培训。

6.3.4 职业健康与环境管理

1. 职业健康管理

针对深能高邮东部（100MW）风电总承包项目的实际情况，项目部颁发了《职业健康安全及环境管理办法》，根据工程特点及需要，计划购置相关的劳动防护用品（PPE），包括安全帽、防护鞋、防护服、护肤用品等，同时要求：

（1）所有进入现场的人员，包括临时来访人员均必须正确佩戴劳保用品，进入特殊要求场所必须佩戴相应的特殊防护用品。

（2）劳动防护用品必须为满足国家标准的合格产品，施工单位在大量购置个人防护用品（PPE）前应将采购样品、质量证明文件等报总包 HSE 部批准。

（3）安全帽、工作服、劳保鞋为必配劳保用品，所有可能登高作业的人员，“五点双钩式”安全带为必配劳保用品，其他劳保用品根据作业条件配备。

（4）HSE 管理人员须穿戴带警示条的马甲以表明身份。

由于该项目华东院和分包商各自对本单位的职工承担劳保用品的管理和费用，因此除上述统一的要求外，具体实施标准存在差异。总承包项目部劳动用品领用台账，根据工作需要进行添加和更新。

2. 环境保护

（1）根据适用的环境保护法规和技术标准设计产品，制定并实施各项工程环境保护措施，防止工程建设对自然生态环境造成破坏。

（2）加强对员工的环保教育和管理。电池、墨盒等废旧办公耗材和矿泉水瓶、塑料袋等现场办公、生活产生的垃圾应集中存放，按规定进行清运处置。

（3）督促分包单位按照项目所在地规定的排放标准和处置要求，对废渣、废水、废气和噪声排放采取措施进行治理，达标排放。

（4）督促分包单位在工程施工期间，对废水、废气和固体废弃物进行全面控制，对废水、废气、固体废物处理措施：

1）废水：现场办公区设置厕所和化粪池，对生活污水进行收集、处理，并定期抽排。现场设置排水沟，并与河网连通，将雨水及地下水排入排水沟中。

2）废气：做好防尘、扬尘措施，采用硬化、洒水、覆盖防尘网等有效措施进行控制。严禁在项目现场焚烧垃圾。加强对施工机械和施工车辆尾气的控制。禁止施工用不符合有关规范要求性能的施工车辆。

3）固体废物：应按照固体废物的毒性进行分类管理。应在现场办公室、营地、施工现场设立生活垃圾箱（桶）、无毒无害类建筑垃圾箱（桶）、有毒有害类建筑垃圾箱（桶），并有显著标识。及时收集产生的生活垃圾，倒入生活垃圾箱（桶），对可回收废物，应尽量组织回收利用。无毒无害类建筑垃圾和有毒有害类建筑垃圾应按照公司要求定期处理或外运处理，不得擅自倾倒、丢弃、遗撒。

（5）与分包商一起成立周围关系协调小组，现场设置居民接待室，负责接待周边群众的投诉，并及时解决群众反映的问题。

（6）施工中的噪声等污染可能会对周边村民造成影响，督促分包商提交方案制定具体的措施降低噪声和强光污染。

（7）遇雷暴雨、大风、大雾、大雪、冰冻、高温、台风等恶劣气候时，应采取安全防护措施确保作业人员安全，必要时应暂停施工。

6.4 隐患排查治理

隐患根据危害程度分为一般隐患系、重大隐患系、特别重大隐患。

6.4.1 隐患建档

所有隐患必须建立隐患档案，重特大事故隐患应“一事一档”。隐患档案包括：隐患部门、具体位置或部位、类型、相关图片、整改方案、整改责任部门和责任人，整改期限及标准要求，隐患整改阶段性总结及情况反馈意见、隐患注销和按照“四不放过”的原则查处事故隐患等相关资料。

6.4.2 隐患整改

本着“发现一处，随时消灭一处”的整改原则，对人为隐患，要通过加强安全宣传教育，严抓各项制度落实，强化考核，拒绝“三危”现象，努力提高全员遵章守纪的自觉性和安全防范意识，消除人的不安全行为。

增加必要的安全投入，及时按相应技术规范和标准要求维修、加固、整治隐患部位，重视隐患部位的防护和跟踪监控，加强现场管理，建立隐患整改信息联络体系，确保隐患整改措施得力，责任到人，整改到位。

隐患整改要按计划及时限要求完成。对一时不能整改彻底或整改期限长的，要采取强有力和切实可行的安全监控及防范措施，制定相应的重特大险情和安全事故应急处理预案，严格 24h 昼夜值班制和领导带班制，确保万无一失。

6.4.3 隐患整改监督检查

项目部安全生产委员会负责协调、指导、监督系统内隐患整改工作，隐患部门对隐患整改的具体方案实施、监控、安全防范具体负责。

建立隐患整改制度。HSE 管理部联合业主、监理及分包单位每周检查一次隐患检查，对存在隐患的地方，项目部隐患落实分包单位整改。

6.4.4 隐患整改总结及信息反馈

隐患整改完毕，隐患部门要形成隐患整改总结，填写隐患整改反馈单，并按规定上报。同时，按照“四不放过”的原则查处事故隐患，追究构成事故隐患的责任人，以警后事，杜绝类似情况的再次发生。

6.4.5 奖惩

项目部及各分包单位高度重视隐患整改工作，力求把各类隐患消灭在萌芽状态。对隐患整改，特别是重特大隐患整改及时、彻底的，项目部将给予通报表彰，并对及时发现，上报重特大事故隐患的，或在隐患整改中表现突出的个人给予一定的物质或精神奖励。对存有隐患，尤其是重特大安全隐患瞒报、整改措施不利、久拖不改或不按规定及时整改到位的部门，对因整改不彻底而酿成事故的，将从严追究相关人员的责任。

6.5 安全生产专项费用及HSE管理考核

6.5.1 安全生产专项费用

根据《企业安全生产费用提取和使用管理办法》的规定提取安全生产费用，安全生产费用按土建安装工程造价的2.0%进行计提。

单独建立安全费用使用台账，对安全生产费用实行专款专用，不得挪作他用。要求分包方项目部每月建立安全生产费用使用台账，在申请工程进度款时同时提交安全生产费用明细表，工程总承包项目部根据合同规定进行支付，并单独建立安全费用使用台账，安全费用专款专用，记录日常费用的使用情况。

6.5.2 HSE管理考核

根据项目实际情况编制《HSE完全文明施工考核管理方法》将其量化以便于考核的实施，确定安全文明施工考核实施办法。

考核办法从2017年7月开始执行，至施工结束（定为2018年10月），共计15个月。总承包项目部以“月度考核，月度支付”的原则进行考核管理。考核结果将综合考虑安全文明施工管理和整改完成情况，以及月度安全文明施工检查结果。

6.6 应 急 管 理

6.6.1 组织机构及职责

1. 安全生产委员会

安全生产委员会是该项目安全生产应急管理的最高决策、指挥机构。安全生产委员会负责组织制定安全突发事件综合应急预案，负责批准专项应急预案；负责启动项目应急预案，统一协调、指挥与调度应急处置工作。负责对外信息发布工作的决策与实施。

2. 应急指挥领导机构

项目部成立现场应急指挥小组，项目经理担任现场应急指挥小组组长，成员包括全体项目部管理人员。

6.6.2 应急救援医疗资源和救护路线

就近医疗资源：项目所在地地处高邮市三垛镇和甘垛镇，高邮市第三人民医院位于江苏省扬州市高邮市三垛镇健康路 6 号。高邮市第三人民医院（又称高邮市中西医结合医院），是一所集医疗、预防、保健、康复为一体，专科特色鲜明的综合性医院，1992 年成立苏中地区一家中医骨伤科医院，1993 年被评定为“一级甲等”医院。项目施工所在地距离该院平均约 9.5km。若项目现场发生伤害事故后，直接联系高邮市第三人民医院进行医疗救护。

6.6.3 应急预案

项目部根据工程进展计划组织编制相应的应急预案，并审批或核备施工单位相关的应急预案，在适宜时组织相应的应急演练。明确责任人，结合安全检查，每月进行隐患排查治理工作。

除编制项目综合应急预案外，应编制的专项应急预案有：

（1）设备吊装事故专项应急处置方案。

（2）高处坠落事故应急预案。

（3）防风应急预案。

（4）重点防火部位应急处置方案。

（5）防洪度汛应急预案。

（6）办公营地火灾事故应急预案。

（7）交通事故应急预案。

（8）预防触电应急预案

6.6.4 应急演练

项目部制订应急演练计划，应急演练计划在重要工序施工前举行，每年的具体演练时间根据项目实际情况及施工进度而定。

应急演练形式采取桌面推演及实地专项演练；应急演练由总包单位项目部组织并实施，分包单位项目部参与组织实施并进行监督，应急预案见表 6－3。

表 6－3　　应急预案统计

序号	应急预案类别	组织部门	参与部门	演练时间	备注
1	消防应急预案演练	总包项目部	业主、监理、分包单位	2017 年 8 月	
2	重大设备交通运输事故应急演练	总包项目部	业主、监理、分包单位	2017 年 10 月	
3	电气火灾事故专项应急预案演练	总包项目部	业主、监理、分包单位	2017 年 11 月	
4	设备吊装事故专项应急预案演练	总包项目部	业主、监理、分包单位	2017 年 11 月	
5	防洪应急预案演练	总包项目部	业主、监理、分包单位	2018 年 5 月	

6.7 标准化建设

该项目分为升压站工程和风机场区工程，升压站营地布置、升压站施工现场及风场区施工现场作为主要视觉系统布置重点。以华东院标识系统为基础，结合建设单位布设需求，项目部布置标识标牌数量、大小尺寸及安装位置，标示标牌需求见表6–4。

表6–4　标示标牌统计汇总

序号	名称	数量	材质	尺寸	说明
1	项目名称牌	2	不锈钢烤漆，UV	0.4m×2.9m 0.25m×2m	大门处
2	项目铭牌	1	不锈钢烤漆，UV	60cm×40cm	指挥部办公楼门口
3	办公室门牌	5	5mm亚克力，画面UV	30cm×12.5cm	贴办公室门的上方
4	导向牌	1	不锈钢，丝印，预埋	0.8m×2.3m	设置在临时营地的入口处
5	办公室企业文化岗位职责牌	10	铝型材画框，画面写真	90cm×60cm	放置于走廊、办公室、会议室
6	会议室宣传栏	4	铝型材画框，画面写真	1.6m×1.1m	项目简介、项目进度图、项目部架构等。放置于会议室两侧墙面
7	会议室背景墙	1	不锈钢立体字，烤漆		公司标志、项目名称。放置于会议室背景墙
8	公告栏	1	不锈钢公告栏	2.8m×2.6m	材质：镀锌板折弯成型，8mm钢化玻璃、150mm×150mm方管立柱；工艺：丝印、烤漆
9	施工现场标志牌、导向牌		铝牌，反光膜	100cm×80cm	施工现场工点按实际需求摆放标志牌、导向牌
10	5牌1图		工程概况牌、安全文明施工牌、安全生产纪律牌、消防保卫牌、施工主要危险因素公示牌、总平面布置图		项目部大门右侧八字墙
11	道路转角弯镜	4	进口抗撞击PC材料	直径800mm	道路转角弯镜+立柱

安全类标志主要分为禁止、警告、指令、提示四大类。安全类标志图形的基本规格、标志类型、颜色、标志牌型号的选用和设置要求、使用及维修依照《安全标志及其使用导则》（GB 2894）、《安全色》（GB 2893所有部分）。

在生产生活区域、施工区域危险部位、醒目处设置各类安全标识牌，多个标志牌在一起设置时，应按警告、禁止、指令、提示类型的顺序，先左后右、先上后下的排列。

项目职业健康标识牌的图形标识、警示线、警示语句和文字，以及职业病危害工作场所和岗位警示标识的设置执行《工作场所职业病危害警示标识》（GBZ 158）。交通类标志的制作和设置执行《道路交通标志和标线》（GB 5768）。用于标识面的逆反材料的反光膜逆反性能应符合《道路交通反光膜》（GB/T 18833）的规定。

6.7.1 升压站营地布置

根据《工程总承包项目现场 HSE 标识标牌标准化手册》，结合项目实际情况，在升压站南侧围墙外临时征地布置营地，项目部编制营地视觉系统标准化布置方案，建设临时办公区、绿化场地、停车场等部分，合理布置。

利用营地场内围墙等位置布置宣传标语、文明标语，展示项目参建单位介绍、华东院理念宣传以及五牌一图等标语，见图 6－1～图 6－4。

图 6－1　项目部入口大门标语

图 6－2　会议室宣传牌

图 6-3　项目部围墙及标语

图 6-4　五牌一图

6.7.2　升压站及风场区施工现场

项目部组织编制施工平面布置图，编制安全文明施工布置方案，合理布置钢筋棚、木工棚、休息室、茶水间等施工区域，临时道路硬化，围挡等，在这些区域布置安全类、消防类、职业健康类、交通类标识标牌，见图 6-5～图 6-7。临时用电三级配电箱按规定布置，检查记录表、配电图等标牌。设置钢筋、模板废料堆放池。

图 6-5　钢筋加工及堆放区

图 6-6　风机机位标识牌

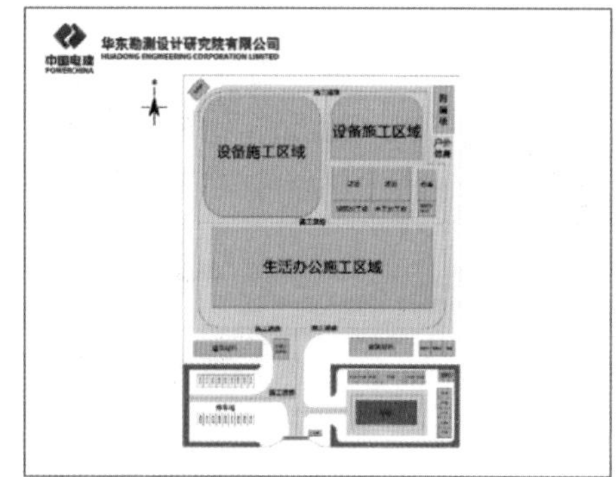

图 6-7　升压站平面布置图

第 7 章

创 优 实 施

深能高邮东部 100MW 风电项目是华东院首个全过程牵头创优活动的项目，项目团队无一人参与过创优管理，可以说对创优工作是一无所知。项目部秉承负责、务实的精神，发挥勇于挑战的工作作风，开展创优策划，制定创优实施细则，创优过程监督指导、奖项申报跟踪等管理活动，一步步实现国家优质工程奖的最高荣誉。

7.1 创 优 策 划

良好的计划等于成功的一半，创优策划是创优管理的纲领性文件，是各方落实创优活动而达成共识。项目部谋定而动注重策划工作。考虑项目参建各方均缺乏创优工作经验，创优策划阶段如何开展的思路不清晰，因此，项目部主要按典型案例调研学习、相关创优评选办法解读和创优专家咨询等方式准备创优策划。

1. 典型案例调研学习

项目部经咨询了解到华能集团在湖南省怀化市苏宝顶风电场荣获中国电力优质工程奖，总包项目部组织建设单位、监理单位和主要施工分包单位分管创优人员一同前往此项目进行学习。主要参观了升压站综合楼、生产用房、风电场风机机位等部位的工程实体外观质量，学习项目申报中国电力优质工程奖的 5min DVD 视频，听取苏宝顶风电场运行负责人详细介绍了中国电力优质工程奖现场复查过程中提出的各项问题。考察组根据分工整理各自学习记录的内容并形成《风电场工程创优学习心得》，组织各参建单位分享交流，用于指导项目创优的组织过程资产。

2. 相关创优评选办法解读

项目部通过首先登录中国电力企业协会和中国施工企业管理协会官网查找最新评选管理办法，根据评选办法中报奖需准备的要求，如五项评价要求、科技进步奖、QC 等，逐级向下分解，步步找到相关联的相关办法。整理形成创优评选办法汇编，学习评选办法的具体要求，为后续开展创优策划和创优活动落实的依据。项目涉及的创优评选办法数量多，主要目录清单见表 7-1。

表7-1　　评选办法统计

序号	评选办法名称	发布部门	成果类别
1	国家优质工程奖评选办法（2016年修订版）	中国施工企业管理协会	国家优质工程奖
2	中国电力优质工程奖评审办法（含中小型及境外工程）（2017年版）	中国电力建设企业协会	中国电力优质工程奖
3	电力建设工法评审办法（2017年版）	中国电力建设企业协会	电力建设工法
4	电力建设绿色施工专项评价办法（2017年试行版）	中国电力建设企业协会	绿色施工专项评价
5	电力建设新技术应用专项评价办法（2017年试行版）	中国电力建设企业协会	新技术应用专项评价
6	电力建设工程地基结构专项评价办法（2017年试行版）	中国电力建设企业协会	地基结构专项评价
7	电力建设优秀质量管理QC成果奖评审办法（2017年）	中国电力建设企业协会	QC成果
8	电力行业优秀工程勘测、优秀工程设计、优秀标准设计及优秀计算机软件评选管理办法（2012年修订）	中国电力规划设计协会	设计奖
9	优秀工程项目管理和优秀工程总承包项目评选办法（2013年）	中国电力规划设计协会	工程总承包奖
10	杭州市建设工程西湖杯奖（优秀勘察设计）评审细则（2011年）	杭州市建设委员会	市级设计奖
11	浙江省建设工程钱江杯奖（优秀勘察设计）评选按照《评审细则》（2016年）	浙江省勘察设计行业协会	省级设计奖
12	中国电力建设股份有限公司优质工程（产品）奖评选办法（2016年）	中国电力建设股份有限公司	电建集团优质工程奖

项目从2017年7月开始创优策划到2020年12月荣获国家优质工程奖，历时3年半，前期策划阶段参考的部分评选办法进行了动态更新，因此项目部也会动态了解最新的评选要求，并及时解读。并对应调整创优策划文件。表7-2中列出涉及主要评选办法调整的目录。

表7-2　　更新的评选办法

原办法	新办法	发布部门
国家优质工程奖评选办法（2016年修订版）	国家优质工程奖评选办法2019年修订版	中国施工企业管理协会
中国电力优质工程奖评审办法（含中小型及境外工程）（2017年版）	中国电力优质工程（含中小型、境外工程）评审办法（2020年版）	中国电力建设企业协会
电力建设优秀质量管理QC成果奖评审办法（2017年）	电力建设质量管理小组活动成果发表交流管理办法（中电建协2019年版）	中国电力建设企业协会
电力行业优秀工程勘测、优秀工程设计、优秀标准设计及优秀计算机软件评选管理办法（2012年修订）	电力行业优秀勘测、优秀工程设计、优秀标准设计及优秀计算机软件评选管理办法（2018年）	中国电力建设企业协会
杭州市建设工程西湖杯奖（优秀勘察设计）评审细则（2011年）	杭州市建设工程西湖杯奖（优秀勘察设计）评审细则（2020年）修订稿	杭州市建设委员会
浙江省建设工程钱江杯奖（优秀勘察设计）评选按照《评审细则》（2016年）	浙江省勘察设计行业优秀勘察设计成果展示和技术交流项目征集细则（2020年）	浙江省勘察设计行业协会
中国电力建设股份有限公司优质工程（产品）奖评选办法（2016年）	中国电力建设股份有限公司优质工程（产品）奖评选办法（2018年修订版）	中国电力建设股份有限公司

当然除了更新的评选办法，也有少量由于前期考虑不周全或者是发布部门新增奖项，

在过程中增补了一部分的评选办法，主要评选办法目录见表 7－3。

表 7－3 新增评选办法

序号	办法名称	发布部门
1	电力工程科学技术进步奖评选办法（2019 年）	中国电力规划设计协会
2	工程建设项目设计水平评价办法（试行）	中国施工企业管理协会
3	中国安装协会科学技术进步奖评选办法（2019 年）	中国安装协会
4	电力建设工程智慧工地管理成果征集申报细则（2021 年）	中国电力建设企业协会

项目部按咨询奖、科技进步奖、勘测奖、设计奖、优质工程奖、工程总承包奖等成果整理出各个评选办法需要相关材料的基本要求，各协会之间对同一成果类别的材料要求上虽然存在一定差异，但主要的材料基本一致。因此还是可以整理出共性的材料供学习。具体如下：

（1）咨询奖，申报要求见表 7－4。

表 7－4 咨询奖申报要求

序号	内容	要求	说明
1	推荐书	必需	
2	成果报告	必需	可行性研究报告等
3	上级审批意见	必需	复印件。如工程项目核准、批复文件
4	评估、评审或专家评价鉴定意见	必需	复印件。如可行性研究报告评审、技术成果评审意见等
5	主要完成单位及主要完成人排序协商意见证明		原件。如有多个完成单位，需要原件
6	完成单位有效资质证书	必需	复印件
7	其他		如查新报告/科技获奖等

（2）科技进步奖，申报要求见表 7－5。

表 7－5 科技进步奖申报要求

序号	内容	要求	说明
1	推荐书	必需	
2	核心知识产权证明	必需	复印件。与本技术有关授权专利、计算机软件著作权、工法、专有技术等主要知识产权证明文件（如专利证书等）
3	第三方评价意见	必需	复印件。客观评价
4	应用证明	必需	原件。至少一份
5	查新报告		复印件
6	其他知识产权		复印件。论文/专著/标准等证明
7	完成人合作关系		原件。国家奖/浙江省科学技术奖必需

续表

序号	内容	要求	说明
8	专项审计报告		原件。浙江省科学技术奖必需
9	成果登记证书		复印件。中国电力科学技术奖和浙江省科学技术奖必需
10	论文他引情况		浙江省科学技术奖必需
11	知识产权许可使用合同		浙江省科学技术奖必需
12	技术开发、技术服务合同等		浙江省科学技术奖必需
13	公示结果函		原件。国家科学技术奖/浙江省科学技术奖必需
14	多媒体		自动播放 PPT 等
15	其他		如媒体客观报道等

（3）勘测奖，申报要求见表7-6。

表7-6　　勘测奖申报要求

序号	内容	要求	说明
1	推荐书	必需	
2	勘测情况简介	必需	一般为概况、勘测主要内容及特点
3	能全面反映项目符合优秀工程勘测标准和条件的勘测报告及图纸	必需	一般是竣工验收工程勘测报告和主要工程地质平面图、剖面图等
4	项目业主单位、生产运行单位、设计单位、施工单位等对本工程勘测项目的评价意见及证明文件	必需	原件
5	其他：能反映本工程勘测项目技术水平、质量和效益的总结材料、专题研究材料等		如技术成果评审意见、查新报告、知识产权等
6	能自动播放的工程介绍PPT		一般是5～10min
7	无勘测技术原因引起的工程质量、安全事故等证明材料		原件。业主或监管单位
8	完成单位勘测资质证书		复印件。包括协作单位勘测资质证书

（4）设计奖，申报要求见表7-7。

表7-7　　设计奖申报要求

序号	内容	要求	说明
1	申报表	必需	
2	工程设计情况简介	必需	一般为概况、设计主要内容、特点与问题；设计技术水平、技术先进性、创新技术内容；质量、效益和控制投资等情况；对专题报告及设计改进措施的简要说明；其他能全面反映优秀工程设计标准和条件的有关内容
3	工程合法建设文件	必需	如批复文件、核准文件等
4	项目业主单位、生产运行单位、工程监理单位对本工程项目的评价意见及证明文件	必需	原件

续表

序号	内容	要求	说明
5	根据申报项目的类别提供环保、安全、消防、卫生等有关主管部门的验收文件	必需	建筑类，环保、安全、消防、卫生等有关主管部门的验收文件。 水电类，枢纽竣工验收或工程竣工验收文件
6	发电、送电、变电以及供配电工程设计的主要技术经济指标		
7	设计说明和图册	必需	发电工程应附厂（坝）址地理位置图、全厂总体规划图、厂区总平面布置图、主厂房布置图、主要工艺系统图、电气主接线图
8	工程介绍PPT等	必需	能自动播放，一般是5～10min
9	无设计技术原因引起的工程质量、安全事故等	必需	原件
10	完成单位设计资质证书	必需	复印件。包括协作单位设计资质证书

（5）优质工程奖，申报要求见表7－8。

表7－8　　优质工程奖申报要求

序号	内容	要求	说明
1	申报表	必需	
2	工程质量创优简介	必需	（1）工程概况。 （2）工程建设的合法性。 （3）质量管理重点、难点、亮点。 （4）性能、技术指标的先进性（与同类工程对标，与设计值对比）。 （5）节能环保措施。 （6）“五新”技术应用。 （7）建筑业十项新技术应用。 （8）绿色施工。 （9）工程获奖情况（专利、工法、勘察设计、科技进步、QC小组成果奖等），设计要获得省部级及以上优秀设计奖。其中国家优质工程金质奖，需要获得省部级优秀设计一等奖及以上。 （10）经济效益和社会效益
3	工程建设合法性证明文件（立项、可研批复、项目核准文件等）	必需	复印件
4	工程完工验收证明（或阶段验收、竣工验收材料），遗留问题处理结果说明	必需	复印件
5	工程建设期无一般及以上质量、安全事故证明	必需	由地方质量安全监督部门、业主单位或监理单位出具
6	无拖欠农民工工资证明	必需	原件。由申报单位出具
7	其他材料		需要补充说明的情况，或有关单位出具的证明材料
8	反映工程概况、特点及质量水平的彩色照片	必需	一般5～10张
9	自动播放PPT等	必需	介绍工程创优管理及实体质量的视频资料
10	申报材料如含外文，需附对照翻译的中文		

（6）工程项目总承包奖，申报要求见表7－9。

表 7－9　　工程项目总承包奖申报要求

序号	内容	要求	说明
1	申报表	必需	
2	工程勘察或工程设计甲级资质证书	必需	复印件
3	工程总承包合同	必需	复印件。包括能反映申报单位是合同一方的合同首页和签字盖章页；明确工程总承包方式、范围、内容、目标、责任等内容的合同主要部分；合同变更。外文合同应提供中文翻译件
4	项目竣工验收证明、业主签署的工程移交证明或业主签署的投产证明	必需	复印件。外文合同应提供中文翻译件
5	合同约定的缺陷通知期限已满，缺陷修补工作完成，合同达到关闭状态的证明文件；自交（竣）工验收后，投产运行 1 年期限已满的证明文件	必需	复印件。外文合同应提供中文翻译件
6	业主对申报单位合同执行效果（包括质量、安全、进度、费用及技术经济指标等）书面评价意见	必需	复印件。外文合同应提供中文翻译件
7	质检部门签发的质量验收合格证书	必需	复印件
8	安监主管部门签发的项目安全验收合格证明	必需	复印件
9	环保主管部门签发的环境保护验收合格证明	必需	复印件
10	消防主管部门签发的消防验收合格证明	必需	复印件
11	卫生主管部门签发的卫生（职业健康）验收合格证明	必需	复印件
12	申报项目取得的省/部级（或省/部级以上）荣誉证书		复印件。外文合同还应提供中文翻译件
13	综合论述报告	必需	大纲： （一）申报企业简介 （二）申报项目情况 （三）项目管理组织机构 （四）项目管理体系 （五）项目管理方法、技术与项目管理效果 （六）项目管理工作收尾 （七）项目管理综合评价
14	企业与项目经理签订的“项目管理目标责任书”	必需	复印件
15	三合一体系文件复印件	必需	复印件
16	企业项目管理体系文件目录	必需	复印件
17	申报项目的项目管理手册目录	必需	复印件
18	反映项目管理方法、技术、控制计划和控制效果的相关原始文件	必需	复印件
19	反映工程建设现场和竣工投产的工程照片	必需	复印件

3. 创优策划文件编制

结合项目考察心得体会，收集并学习各类创优评选办法，再通过与国家优质工程奖质量专家、中国电力优质工程奖质量专家咨询了解，基本摸清了创优思路，基本知晓了需要做的哪些事项，根据现在此阶段掌握的信息，结合创优策划案例文本，以此为输入条件，组织编制了《深能高邮东部 100MW 风电场项目工程项目达标创优策划书》，组织专家进行验收，通过后以建设单位红头文件形式下发各参加单位。策划书的内容主要包括创优组织机构确立、达标创优目标设定与策划、达标创优实施计划与验收、标准管理等内容。策划书目录大纲如下：

1　编制目的

2　编制依据

3　工程简介

3.1　工程概况

3.2　主要参建单位

3.2.1　主要参建单位一览表

3.2.2　主要设备一览表

4　达标创优组织机构、职责

4.1　组织机构

4.2　主要参建单位职责

4.2.1　深能高邮新能源有限公司职责

4.2.2　设计单位职责

4.2.3　监理单位职责

4.2.4　施工单位职责

4.2.5　调试单位职责

4.2.6　运行单位职责

5　达标创优目标与策划

5.1　总体目标

5.2　目标管控责任

5.3　操作目标

5.3.1　工程职业健康安全与环境目标管理

5.3.2　工程质量目标管理

5.3.3　工程造价目标管理

5.3.4　工程进度目标管理

5.3.5　绿色施工管理

5.3.6 设计优化
5.3.7 施工优化
5.3.8 工程造价控制
5.3.9 管理创新
5.3.10 强制性条文执行
5.3.11 科技成果申报
5.3.12 新技术应用
5.3.13 关键部位质量控制要点
5.3.14 安全健康与环境管理亮点
5.3.15 土建工程工艺亮点
5.3.16 风电机组安装工程工艺亮点
5.3.17 电气设备及线路工程工艺亮点
5.3.18 工程档案管理亮点
5.3.19 综合管理亮点
5.3.20 项目信息化建设
5.3.21 生产准备
5.3.22 建筑形象及色彩策划
6 达标创优实施计划与验收、考评
6.1 实施计划
6.2 质量评价
6.3 工程验收
6.4 达标创优
7 标准管理及工程使用的技术和材料管理
7.1 工程建设标准规范管理
7.2 对使用的技术和材料的管理

7.2 创优组织机构

为了按部就班开展创优报奖各项工作，按“全员参与”的原则设立创优管理组织机构，确定创优工作机制，有条不紊地开展创优各项工作。创优领导小组、专家团队、创优工作小组、专业组四个层级进行设置，创优组织机构如图 7－1 所示。

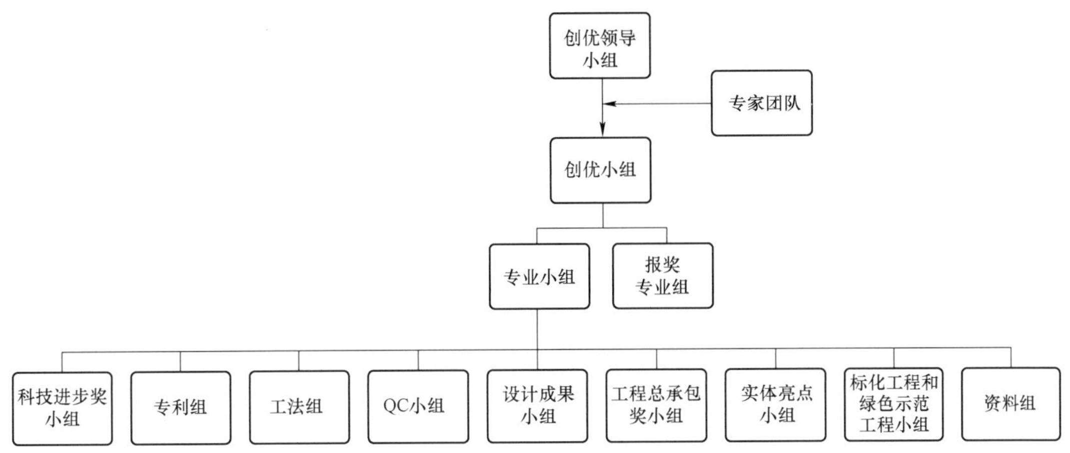

图 7-1　组织架构

创优组织各组人员配置按如下要求配置：

创优领导小组

组长：×××

副组长：×××

秘书长：×××

专家组

×××

创优小组

组长：×××

成员：×××

报优报奖专业组

（1）国家优质工程奖报奖组

负责人：×××

成员：×××

（2）中国电建集团优质工程奖报奖组

负责人：×××

成员：×××

（3）中国电力优质工程奖报奖组

负责人：×××

成员：×××

专业小组

（1）科技进步奖小组

负责人：×××

成员：×××

（2）QC 小组

负责人：×××

成员：×××

（3）工法小组

负责人：×××

成员：×××

（4）设计成果小组

负责人：×××

成员：×××

（5）工程总承包奖小组

负责人：×××

成员：×××

（6）专利小组

负责人：×××

成员：×××

（7）实体亮点小组

负责人：×××

成员：×××

（8）标化工程和绿色示范工程小组

负责人：×××

成员：×××

（9）资料组

负责人：×××

成员：×××

7.3 实体亮点执行与成效

以“追求卓越、铸就经典”的国优精神核心体现在工程实体上面，需要工程各细节上达到内坚外美的要求，因此国家优质工程奖的核心就是工程质量，注重“全面无暇、精工细作、自然成优、一次成优”，反对过度包装，特别是装饰装修方面，富丽堂皇投入并不符合国优的本意，同时对大面积的返修返工也与创优的要求相违背。

为明确工程实体亮点的内容，凸显实体的亮点部位和形式，在每一个设计工程实体的施工方案中，项目部严把质量关，增加创优施工工艺具体步骤要求。为能有效直观地展示工程成品效果，项目编制《深能高邮东部 100MW 风电项目施工工艺标准化图册》（见图 7–2），并宣贯落实到各分包队伍。实体亮点主要体现在风机、主变压器、箱式变压器等外露基础设计倒角。升压站外檐干挂石材与真石漆相互融合、升压站卫生间地砖整齐、二次接线整齐、转角平滑、接地线整齐平整、电缆排序整齐统一、混塔外表面涂装等方面。

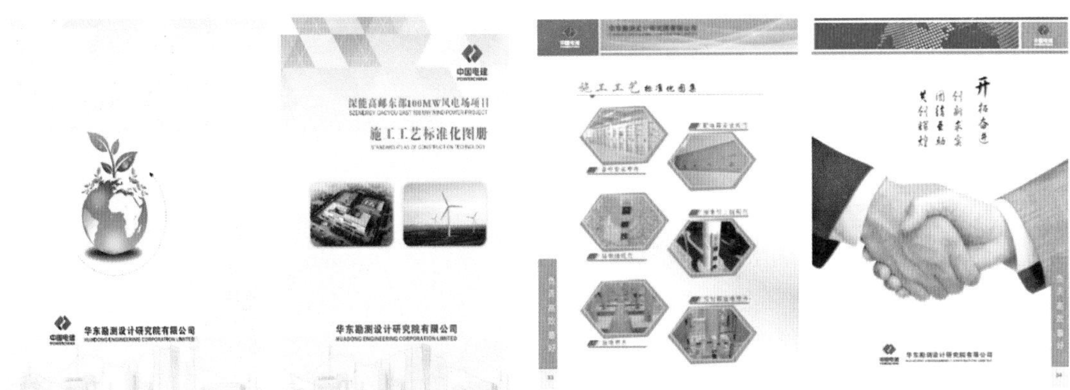

图 7–2 工艺标准图集

创优实体经过各参建单位精心策划，项目过程中强化创优意识，有效的质量亮点融入工程建设管理中，取得实体亮点突出，具体见图 7–3～图 7–41。

图 7–3 混塔安装效果

图 7-4　风机及塔架基础

图 7-5　风机周围绿化

图 7-6　主变压器设备

图 7-7　升压站综合楼外立面

图 7-8　站内道路

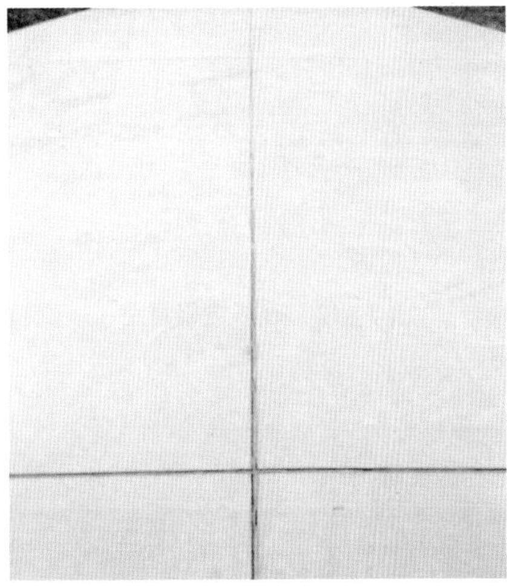

图 7-9　伸缩缝切割工艺

图 7-10　弯道弧边、弧角工艺

图 7-11　道路直角弯工艺

图 7－12　碎石检修道路

图 7－13　混凝土检修道路

图 7－14　检修道路转角工艺

图 7－15　设备围栏基础工艺

图 7－16　清水混凝土正方形基础工艺

图 7－17　清水混凝土六边形基础工艺

图 7－18　清水混凝土圆形基础工艺

图 7－19　清水混凝土矩形基础及接地工艺

图 7－20　圆形清水混凝土配鹅卵石雨水井

图 7－21　矩形清水混凝土配鹅卵石雨水

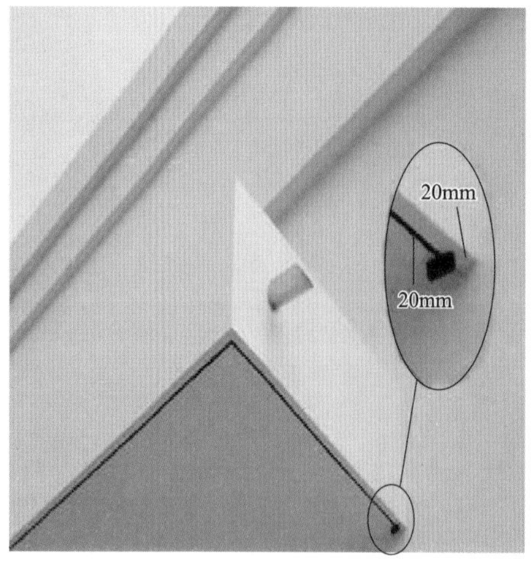

图 7－22　檐口滴水线工艺

图 7－23　楼梯滴水线工艺

图 7－24　窗缝打胶工艺

图 7－25　楼梯扶手下端安装挡板

图 7－26　表面防腐涂层完好

图 7－27　防雷接地

图 7－28　电缆敷设工艺

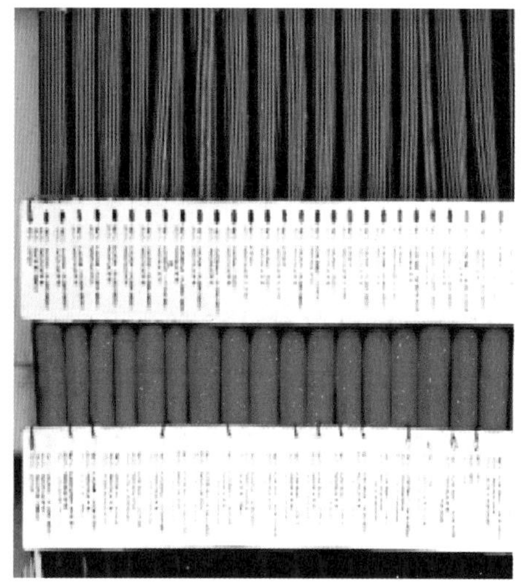

图 7－29　接线工艺

图 7－30　软母线连接规范

图 7－31　软母线连接弧垂一直

图 7－32　电缆排列及固定整齐

图 7－33　电缆转弯处一次排列整齐

图 7-34　盘柜安装整齐

图 7-35　配电箱安装规范

图 7-36　生产楼文化走廊

图 7-37　综合楼大厅

图 7-38　卫生间装饰装修

图 7-39　升压站综合楼外墙

图 7-40　设备基础工艺

图 7-41　升压站主变压器及 GIS

7.4 支撑性成果管理

项目组织各参建单位进行专题研讨需完成支撑性成果，明确责任人、成果完成与申报时间，形成成果计划清单台账。考虑到申报各类奖项无法全部都能获奖，有一定的淘汰率，因此在编制成果计划清单的时候要求尽量多些列举，本文主要罗列出最终取得成果后的清单台账，如表 7－10～表 7－18 所示。

表 7－10 工程科技成果类（5 项）

序号	成果目录	责任人	成果计划完成时间	成果申报时间
1	低风速高切变风电资源关键技术研究及应用	总包项目经理	2019 年 1 月	2019 年 6 月
2	风电机组塔架安全状态评估关键技术研发及应用	总包项目总工	2018 年 1 月	2019 年 6 月
3	140m 超高风电塔架关键技术研究与应用	分包单位项目经理	2019 年 2 月	2019 年 3 月
4	风电工程混凝土塔筒施工关键技术及实践	总包安全总监	2018 年 11 月	2019 年 2 月
5	复杂河网地区风电场规划设计研究与软件开发	总包项目总工	2018 年 12 月	2019 年 3 月

表 7－11 设计咨询类（2 项）

序号	成果目录	责任人	成果计划完成时间	成果申报时间
1	深能高邮东部 100MW 风电场工程设计	设计负责人	2019 年 4 月	2019 年 6 月
2	绿色建造水平评价	设计负责人	2019 年 5 月	2019 年 7 月

表 7－12 QC 成果类（3 项）

序号	成果目录	责任人	成果计划完成时间	成果申报时间
1	加强深能高邮风电工程混凝土塔筒段拼装错台偏差控制	总包项目总工	2019 年 12 月	2020 年 5 月
2	一种陆上风电机组钢混塔架的设计	设计负责人	2017 年 12 月	2018 年 4 月
3	圆台扩展中空式风机基础渗水控制优化	分包单位项目经理	2018 年 10 月	2019 年 2 月

表 7－13 工程总承包及项目管理类（2 项）

序号	成果目录	责任人	成果计划完成时间	成果申报时间
1	浙江省勘察设计行业优秀勘察设计成果（工程总承包类）	总包项目经理	2018 年 11 月	2019 年 4 月
2	电力勘察设计行业优秀工程总承包	总包项目经理	2018 年 11 月	2019 年 8 月

表 7－14 省部级工法（4 项）

序号	成果目录	责任人	成果计划完成时间	成果申报时间
1	风电工程预应力混凝土塔筒无黏结预应力后张拉施工工法	总包项目总工	2018 年 6 月	2018 年 8 月
2	137m 柔性塔筒风电机组安装工法	分包项目经理	2018 年 6 月	2018 年 8 月
3	风电工程预应力混凝土塔筒拼缝安装施工工法	总包项目安全总监	2018 年 6 月	2018 年 8 月
4	风力发电机组预应力塔筒空心基础施工工法	分包项目经理	2018 年 6 月	2018 年 8 月

表 7－15　　专 利（18 项）

序号	成果目录	责任人	成果计划完成时间	成果申报时间
1	用于混凝土塔筒的吊装翻身装置及吊装翻身方法	总包项目经理	2017 年 12 月	2018 年 2 月
2	混凝土塔筒和钢塔筒之间的连接结构	总包项目经理	2017 年 12 月	2018 年 1 月
3	一种预应力混凝土风电机组基础	总包项目经理	2017 年 12 月	2018 年 1 月
4	一种分片预制式风电机组预应力混凝土塔筒	总包项目经理	2017 年 12 月	2018 年 3 月
5	一种设置环梁的中空式风电机组基础	设计负责人	2018 年 2 月	2018 年 3 月
6	混凝土塔筒内抽拔棒的拔取装置	总包项目安全总监	2018 年 8 月	2018 年 8 月
7	一种混凝土塔筒预应力张拉孔道防堵装置	总包项目安全总监	2018 年 3 月	2018 年 4 月
8	塔筒组装平台及风力发电机组装配工装	分包项目经理	2018 年 1 月	2018 年 2 月
9	一种混凝土塔筒的可移动式吊运装置	总包项目总工	2018 年 5 月	2018 年 7 月
10	一种风电机组钢混塔筒预应力钢绞线反向连接法兰结构	总包项目总工	2018 年 7 月	2018 年 7 月
11	塔筒片拼接工装	总包项目总工	2018 年 6 月	2018 年 6 月
12	一种装配式混凝土塔筒拼缝结构和模板	总包项目总工	2018 年 6 月	2018 年 6 月
13	新型混凝土塔筒预应力孔道防堵结构及具有防堵结构的混凝土塔筒连接结构	总包项目总工	2018 年 3 月	2018 年 4 月
14	一种可调节的建筑工地用电钻支撑杆	总包项目总工	2018 年 9 月	2018 年 10 月
15	混凝土塔筒上的安全防护装置	总包项目总工	2018 年 1 月	2018 年 3 月
16	一种混凝土塔筒的调平装置	总包项目总工	2018 年 3 月	2018 年 3 月
17	一种混凝土塔筒找中心的施工结构	总包项目总工	2018 年 3 月	2018 年 4 月
18	一种混凝土塔筒的可移动式吊运装置	总包项目安全总监	2018 年 4 月	2018 年 5 月

表 7－16　　软 件 著 作 权（2 项）

序号	成果目录	责任人	成果计划完成时间	成果申报时间
1	风电工程预制混凝土塔筒竖缝精度自动控制系统	总包项目总工	2018 年 10 月	2018 年 12 月
2	复杂河网风电场一体化优化设计软件 V1.0	总包项目总工	2018 年 10 月	2018 年 12 月

表 7－17　　规 范 类（3 项）

序号	成果目录	责任人	成果计划完成时间	成果申报时间
1	风力发电机组最终验收技术规程	总包项目负责人	2018 年 12 月	2018 年 12 月
2	风电场工程风能资源测量与评估技术规范	设计项目负责人	2018 年 1 月	2018 年 10 月
3	风电场绿色评估指标	设计项目负责人	2019 年 9 月	2020 年 4 月

表 7－18　　其 他 类 1 项

序号	成果目录	责任人	成果计划完成时间	成果申报时间
1	质量信得过班组	总包项目负责人	2018 年 7 月	2018 年 9 月

为有效保证各类成果在数量和质量方面的要求，依据上述的支撑性成果计划清单，创

优小组起草并分别与各家参建单位签订创优成果责任书，明确各家单位应落实的科研课题、QC 成果、工法、专利等一系列成果和与之相对应的奖惩方式。

7.5　全过程专家咨询

考虑到项目创优工作经验不足，经与中国电力建设企业协会沟通，采取以全过程咨询方式指导项目创优，建立电力行业专家团队长效沟通机制。项目前期邀请了创优专家做创优相关培训，特别是对项目有不了解的地方，比如科技进步奖申报，档案管理要求、新技术应用、绿色施工、达标投产等方面的专题培训。

中国电力建设企业协会每年会开展电力建设质量管理小组活动培训、电力建设科技进步奖宣贯、电力建设工程高质量发展经验交流会等活动，项目通过定期关注中国电力建设企业协会官方网站（网址：http：//www.cepca.org.cn/），掌握协会的动态信息及时参加各类交流培训活动，提升项目质量管理、科技创新等能力建设。

7.6　五　项　评　价

五项评价分别是指地基结构专项评价、新技术应用专项评价、绿色施工专项评价、达标投产评价和质量评价五项活动，是对工程全过程质量监督、提升以及评价的活动。是申报行优的前置条件之一，也是推荐申报国优的必要条件。行优要求每项评价得分不得低于 85 分，国优要求每项评价得分不得低于 92 分。

评价申报由项目部依据相关的规范或要求对照专项评价表格进行初评，初评符合要求后，由专家组进行现场复查，复查形成评分记录，提出问题整改意见，报评价机构会审、核定后，出具最终专项评价报告。

1. 地基结构专项评价

地基结构专项评价依据《电力建设地基结构专项评价办法》规定，分为地基基础工程评价和主体结构工程评价两个阶段。

地基、基础及地下防水工程验收合格后，应组织进行第一阶段地基基础工程初验，并填写《电力建设工程地基结构专项评价报告》中地基基础工程初评的相关内容。由建设单位或工程总承包单位提出申请复评，申请应提交的资料包括：

（1）电力建设工程地基结构专项评价申请表；

（2）地基基础施工专项措施；

（3）地基基础质量监督监检意见书及整改明细表；

（4）电力建设工程地基结构专项评价报告（第一阶段地基基础工程初评相关部分）。

受理单位组织专家对申请资料进行初审，通过初审后组织专家组进行现场评价。

主体结构工程验收合格后，应组织进行第二阶段主体结构工程初评，并填写《电力建设工程地基结构专项评价报告》中主体结构工程初评的相关内容。申请应提交的资料包括：

（1）电力建设工程地基结构专项评价申请表；

（2）主体结构施工专项措施；

（3）主体质量监督监检意见书及整改明细表；

（4）电力建设工程地基结构专项评价报告（第二阶段：主体结构初评相关部分）；

（5）已通过评审的电力建设工程地基结构专项评价报告（第一阶段：地基基础工程复评相关部分）。

受理单位组织专家对申请资料进行初审，通过初审后组织专家组进行现场评价。现场评审组编制形成由两个阶段评价内容组合成的“电力建设工程地基结构专项评价报告”，并报受理单位核查、审定。

2. 新技术应用专项评价

新技术应用专项评价依据《电力建设工程新技术应用专项评价办法》规定开展评价活动，新技术是指工程推广应用国家重点节能低碳技术、建筑业 10 项新技术、电力建设“五新”推广应用信息目录及其他自主创新技术。新技术研发成果是工程主要参加单位依托该工程研发的成果，包括：

（1）获得省部级及以上科技进步奖、QC 成果奖及其他奖项；

（2）取得发明专利及实用新型专利；

（3）获得省部级及以上工法；

（4）主持或参与国际、国家、行业、团体标准的编制。

新技术应用是贯穿工程建设的全过程，在工程实施过程中将其纳入到施工图设计、设备技术协议、施工组织设计、专业技术方案及措施等相关文件中。采取有效措施落实计划、定期检查、使工程质量、施工安全、建设工期、科技创新、节能减排等符合标准规范和合同约定。一般新技术专项评价申请时间为工程通过达标投产验收后组织申请，申请前应完成工程新技术应用专项初评。申请现场复评前，应向受理单位提交材料，材料包括：

（1）电力建设新技术应用专项评价申请表；

（2）实施计划与专项措施；

（3）过程检查记录；

（4）电力建设新技术应用专项初评报告；

（5）应用成果证明文件（荣誉及获奖文件等）；

（6）经济、社会效益证明；

（7）工程质量证明；

（8）新技术应用总结报告。

受理单位组织专家按《电力建设工程新技术应用专项评价办法》对申请资料进行初审，

通过初审后组织专家组进行现场评价。现场评审组编制形成“电力建设工程新技术应用专项评价报告”，并报受理单位核查、审定。

3. 绿色施工专项评价

绿色施工专项评价依据《电力建设绿色施工专项评价办法》的有关规定，在保证质量、安全等基本要求的前提下，通过科学管理和技术进步，最大限度地节约资源，减少对环境负面影响，实现“四节一环保”（节能、节地、节材、节水和环境保护）的文明施工活动。通过对工程建设项目绿色施工管控水平、资源节约效果、环境保护效果和量化限额控制指标等进行评价。

绿色施工应贯穿工程建设的全过程，建设单位应制定绿色施工总体策划并提出量化的实施计划，工程各参建单位应制定绿色施工方案细则、专项方案及管理制度，将绿色施工纳入施工组织设计、专业技术方案及措施等相关文件中。

绿色施工专项评价初评分为前期阶段（主体工程开工前）、实施阶段（主体开工后至整套启动前）和整体工程三个阶段。各阶段初评结束后，应填写“电力建设绿色施工专项评价报告”中本阶段初评的相关内容，整体工程初评结束后，形成三个阶段组成的“电力建设绿色施工专项初评报告”。

专项评价申请应在工程通过达标投产且完成整体工程初评后提出，申请材料包括：

（1）电力建设绿色施工专项评价申请表；

（2）绿色施工总体策划；

（3）绿色施工专项方案；

（4）电力建设绿色施工专项初评报告；

（5）涉及绿色施工的主要检测、试验报告；

（6）绿色施工技术应用成果证明文件（涉及绿色施工的获奖文件等）；

（7）绿色施工总结报告。

受理单位组织专家按《电力建设绿色施工专项评价办法》对申请资料进行初审，通过初审后组织专家组进行现场评价。现场评审组编制形成由“电力建设工程绿色施工专项评价报告”，并报受理单位核查、审定。

4. 达标投产验收

达标投产验收是依据《风力发电工程达标投产验收规程》（NB/T 31022—2012）的规定，对职业健康安全与环境管理、中控楼和升压站建筑工程质量、风电机组工程质量、升压站设备安装工程质量、场内集电线路工程质量、调整试验与主要技术指标、交通工程质量和工程综合管理与档案八个部分的规定内容开展的验收评价活动。通过采取量化指标对照和综合检验相结合的方式对工程建设程序的合规性、全过程质量控制的有效性以及机组投产后的整体工程进行质量符合性验收。

工程开工前，建设单位应制定工程达标投产规划，组织参加单位编制达标投产实施细则，并在建设过程中组织实施。

达标投产验收分为初验和复验，初验在风力发电工程整套启动试运前进行，复验在考核期结束后一年内进行。不管初验还是复验的内容均来源于《风力发电工程达标投产验收规程》（NB/T 31022—2012）。初验由建设单位负责验收，复验由受理单位组织专家组进行验收。

当项目通过初验后并满足复验条件后，可申请进行复验，复验前应向受理单位提交资料，资料内容包括：

（1）初验报告；

（2）初验检查验收表；

（3）初验强制性条文检查验收结果表；

（4）初步处理报告；

（5）初验检查验收“存在问题”整改闭环签证单。

受理单位组织专家按《风力发电工程达标投产验收规程》（NB/T 31022—2012）对申请资料进行初审，通过初审后组织专家组进行现场评价。复验应按照要求的检验内容逐条检查验收，复验通过的条件应符合下列规定：

（1）工程建设符合国家现行有关法律、法规及标准的规定；

（2）工程质量无违反工程建设标准强制性条文的事实；

（3）未使用国家明令禁止的技术、材料和设备；

（4）工程（机组）在建设期和考核期内，未发生较大及以上安全、环境、质量责任事故和重大社会影响事件；

（5）检查验收表中“验收结果”不得存在“不符合”；

（6）检验验收表中，性质为“主控”的“验收结果”，“基本符合”率应不大于 5%；

（7）检验验收表中，性质为“一般”的“验收结果”，“基本符合”率应不大于 10%。

现场复验组按要求编制达标投产复验报告，报受理单位审核、核定。

5. 质量评价

质量评价依据《电力建设工程质量评价管理办法》有关规定，对升压站建筑单项工程质量、升压站设备安装单项工程质量、风力发电机组安装单位工程质量评价、场内电力线路单项工程质量、交通单项工程质量、性能指标单项质量、工程综合管理与档案单项质量、工程获奖和整体工程质量八项评价内容组成。

质量评价一般与达标投产验收评价同时进行，申请评价前由建设单位负责自评打分，自评完成后，向受理单位提出质量评价申请，申请材料主要为通过自评的电力建设工程质量评价报告。受理单位组织专家按《风力发电工程达标投产验收规程》（NB/T 31022—2012）对申请资料进行初审，通过初审后组织专家组进行现场评价。

6. 项目评价活动

该项目按照如上五项评价的要求，在项目全部基础完成后组织专家开展了第一次评价活动，即地基基础评价复查，本次地基基础评价得分 92.10 分，为工程项目开展评价活动提升了创优信心，也为后续开展评价起到良好的开端，逐步形成了经验教训。

项目顺利通过考核期一年内，项目部组织专家组开展了第二次评价活动，本次评价内容包括了地基结构专项评价、新技术应用专项评价、绿色施工专项评价、达标投产评价和质量评价五项评价内容。专家组团队在现场检查过程中累计发现 128 条整改建议或意见，项目对此组织各方全部整改并举一反三全面排查，最终实现项目一次性通过五项评价，各项得分均超过 92 分，项目被评为高质量等级优良工程。

项目评价得分如表 7－19 所示。

表 7－19　项目评价结果

序号	专项评价	结论
1	地基结构专项评价	92.5 分，一次性通过
2	新技术应用专项评价	92 分，一次性通过
3	绿色施工专项评价	92.19 分，一次性通过
4	达标投产	一次性通过达标投产复验
5	质量评价	92.46 分，一次性通过

第 8 章

智慧化+BIM 管理

在国家提出加快推动智能建造与建筑工业化协同发展的大背景下，全面向数字化转型已成为众多建设企业的核心战略。同时，在电力工程建设中，开展全方位、全过程的数字化建设已成为发展趋势，引领基建工程从传统管控模式向智慧化管控转型。电力建设工程管理的“智慧化”仍处于起步阶段，智慧工地在电力行业基建项目管理应用方面较少，与现代化电力工程建设要求的信息化、数字化还存在较大差距。

华东院是国内较早应用 BIM 技术的企业之一，在行业内也具有一定的知名度，但也还是侧重于工民建行业，在风电总承包项目上尚未使用过。因此项目大胆创新性应用建筑信息模型（简称 BIM）技术进行管理，考虑到资源投入有限和风电行业“短平快”的特点，实现了 BIM 的部分功能。也为华东院非建筑总承包业务推广应用 BIM 开了先河。

通过与 BIM 的融合、集成项目管理全过程信息系统，项目尝试研发智慧化工地管理系统，打造了三维电子沙盘，实现精细化、信息化项目管理。

8.1 智慧工地系统

项目 50 台风机机位分散在约 10km^2 的风场区内，同时有数个相距较远的工作点，因此施工现场的管理困难，通过建立完善的智慧工地管理系统，动态管理，收集各项信息，合理优化信息结构，科学分析归纳信息内容，并将信息及时、准确、完整地传递给相关使用单位和人员，帮助管理人员对施工进度、质量、安全、人员、材料、机械等方面开展分析与管理，实现施工全过程的信息化、智慧化指挥调度，打造电力建设工程优秀智慧工地示范工程，见图 8－1。

8.1.1 平台架构逻辑基础

图 8－2 中，第一个层面是终端层（交互层），充分利用物联网技术和移动应用提高现场管控能力。通过 RFID、传感器、摄像头、手机等终端设备，实现对项目建设过程的实时监控、智能感知、数据采集和高效协同，提高作业现场的管理能力。

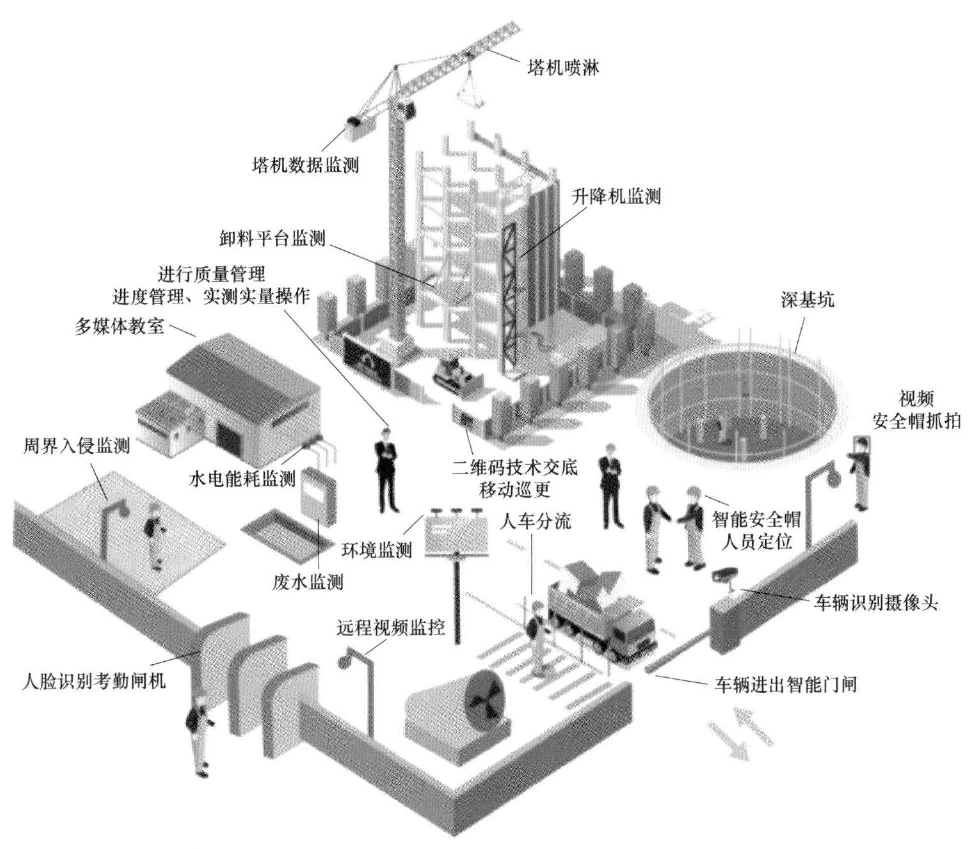

图 8－1　智慧工地系统模型

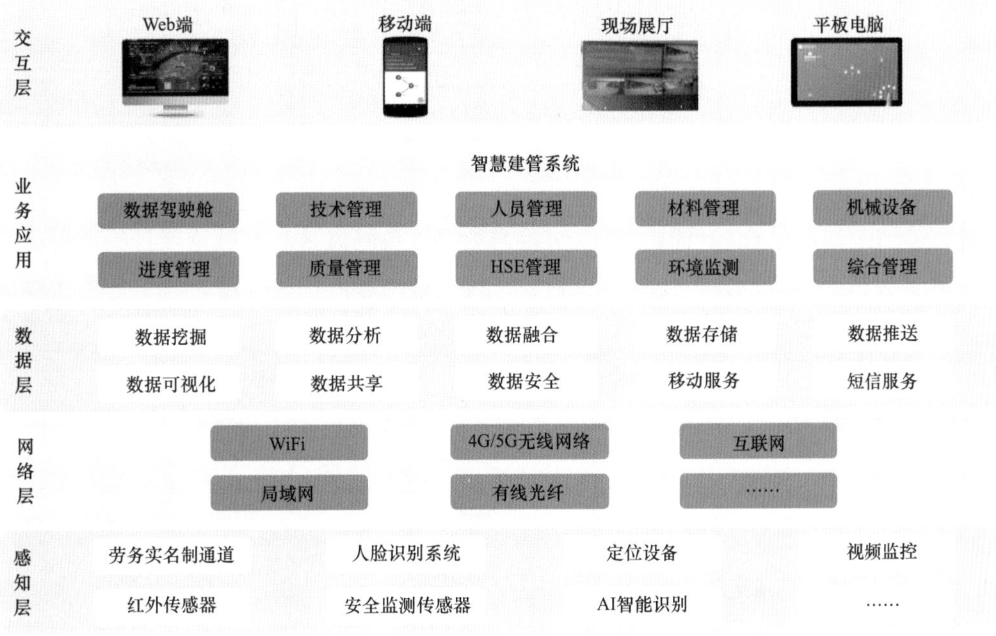

图 8－2　平台构架

第三层是应用层，应用层核心内容应始终围绕以提升工程项目管控这一关键业务为核心，因此项目管控系统是工地现场管理的关键系统。

第二层是数据层。各系统中处理的复杂业务，产生的大模型和大数据如何提高处理效率，这对服务器提供高性能的计算能力和低成本的海量数据存储能力产生了巨大需求。通过云平台进行高效计算、存储及提供服务。让项目参建各方更便捷地访问数据，协同工作，使得建造过程更加集约、灵活和高效。

第四层是网络层，是通过网络方式进行数据传输，实现终端层与应用层高效连接的方式。

第五层是感知层，通过设置在工地现场的感知装置，将现场信息转换为项目信息数据。

8.1.2 团队组织架构建设

浙江华东工程建设管理有限公司智慧建造研究院（以下简称“智慧院”）是负责智慧化系统研发的专业团队，团队人数超过 20 名，先后在杭师大学校项目、良渚医院等数个大项项目开展过智慧平台及 BIM 技术开发与应用，并受到业主方的高度赞誉。

结合该项目的实际情况，智慧院安排 5 人，项目部安排 3 人组成了智慧建造工作组，组长由智慧院成员担任，项目建管平台与轻量化模型要求全员参与，组织机构如图 8－3 所示。

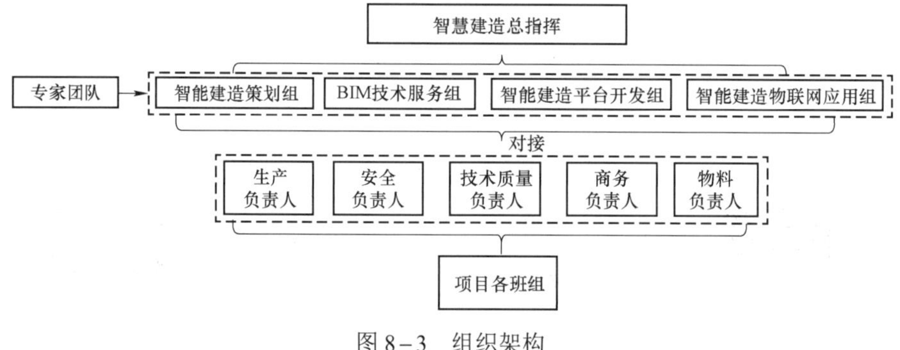

图 8－3　组织架构

智慧建造工作组结合项目的特点组织各方利用“头脑风暴法”讨论项目的需求和可行性，并编制智慧工地建设方案，并组织制定智慧工地实施流程（见图 8－4）等有关制度。

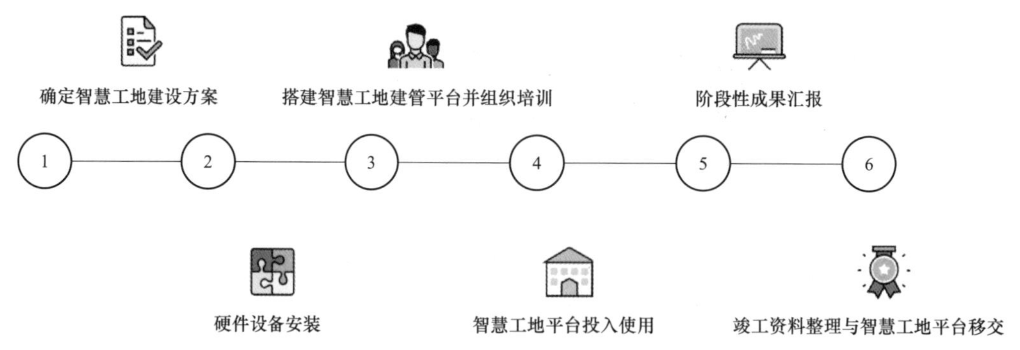

图 8－4　智慧工地实施程序

智慧院成员常驻项目部，同时建立项目沟通管理协调机制，定期组织或参加专题例会（见图 8－5），解决智慧工地与 BIM 实施中遇到的实际问题并形成会议纪要，提高沟通效率，落实数字化技术应用。

图 8－5　智慧工地研讨会

8.1.3　智慧工地应用情景设置

1. 超高塔筒结构稳定检测系统

以 2.0MW 柔塔和 2.0MW 混塔为对象，在充分调研国内外塔架动力学研究成果基础上，理论研究了两类塔架的振动模态与静、动力学特性，研发了基于 ARM 嵌入式系统的数据采集器，构建了分布式塔架状态监测网，通过振动分析技术、实时模型计算、多源信息融合与人工智能技术，实现了塔架振动、倾角、摆动、应力应变等结构动态响应的在线监测与分析，并将实测数据与理论计算同步显示互相验证。创新性构建了钢混塔筒和柔性塔筒振动监测技术体系（见图 8－6），解决了超高塔筒结构稳定监测和安全评估的难题，填补了国内在该领域的技术空白。

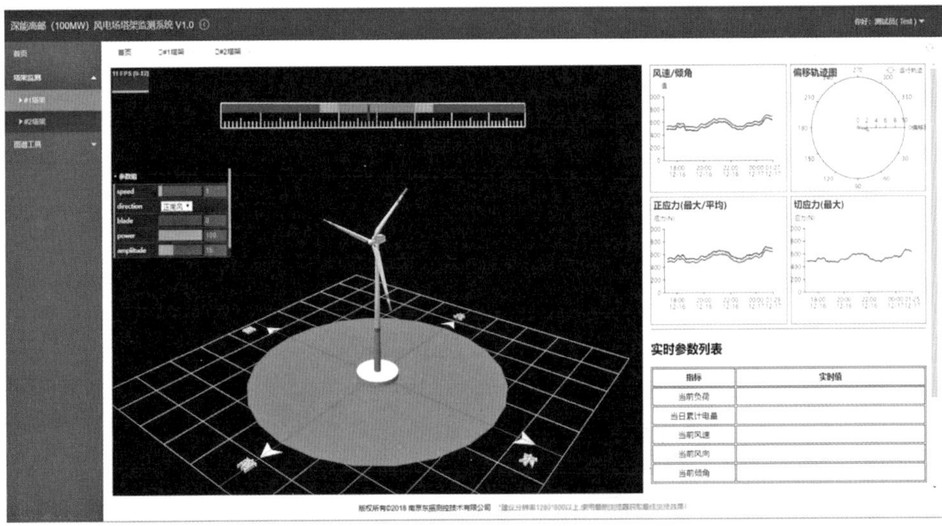

图 8－6　塔筒结构稳定检测系统

2. 机械管理

设备台账：图 8－7 中，对不同种类设备进行登记造册，设定检修期限，登记驾驶人员信息，定期通知检修任务。

报表 / 机械动态报表

搜索 重置 总数 16 筛选 16

机械名称

机械类型

机械名称	机械信息									
	机械类型	品牌型号	出厂日期	购买日期	使用年限	原值(元)	11-30	12-01	12-02	12
挖掘机-公司-006	挖掘机	卡特彼勒 320	2012-04-05	2012-12-06	15	-	15.1	0	8.6	9.
挖掘机-公司-007	挖掘机	神钢 SK200	2014-03-05	2016-03-01	15	0.00	11.9	0	8.5	8.
挖掘机-公司-008	挖掘机	三一 SY215	2012-03-14	2014-12-17	15	0.00	9.3	0.6	10.5	10
挖掘机-公司-009	挖掘机	三一 SY215	2014-01-01	2015-03-04	15	0.00	8.3	0	0.3	9.
挖掘机-公司-010	挖掘机	卡特彼勒 320	2016-03-12	2014-03-05	15	0.00	9.5	0	9.8	9.
挖掘机-公司-011	挖掘机	神钢 SK200	2014-11-06	2014-03-12	15	0.00	8.5	0	10.3	10

图 8－7　设备台账

3. 智慧塔吊

利用物联网技术和工业传感器技术手段，实现全方实时监控全过程不间断的安全监管施工安全的监测系统，它基于传感器技术、嵌入式技术、数据采集技术、数据融合处理、无线传输网络与远程数据通信技术、高效率地实现塔机单机运行和群塔干涉作业防碰撞的实时安全监控与声光预警报警功能，见图 8－8。

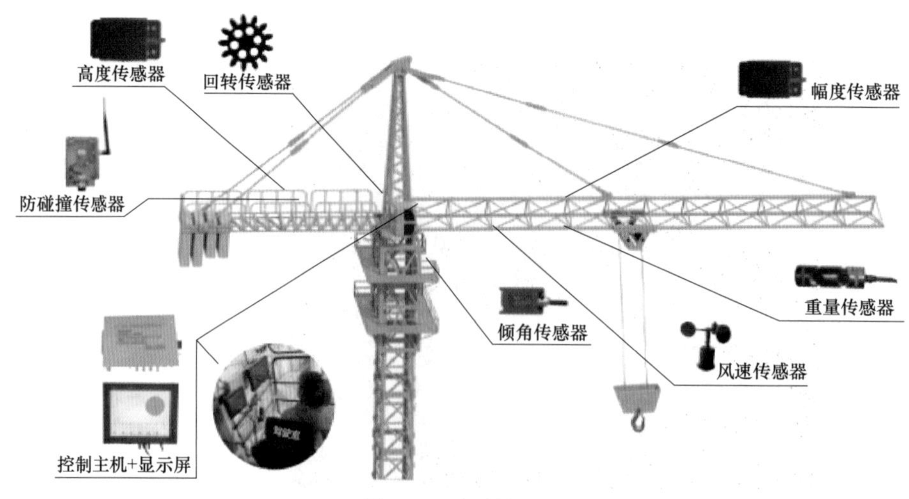

图 8－8　智慧塔吊

有效防止塔群内塔机、塔臂与障碍物之间发生碰撞，见图 8－9。当塔机载重，倾斜角度达到预警值时，检测仪会发出报警声，通过互联网监控站监控塔群内任一个塔机的情况，见图 8－10。

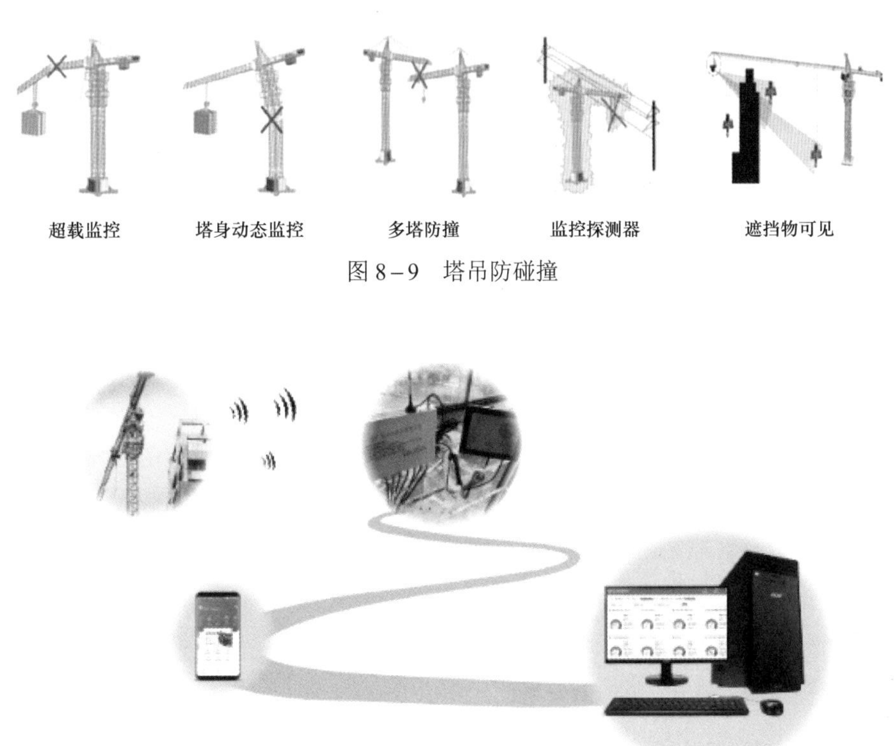

图 8－9　塔吊防碰撞

图 8－10　塔吊信息传输示意

4. 材料管理

材料进场使用智慧地磅实现车牌识别、防作弊抓拍、自动语音、全自动道闸等功能。

现场完成材料验收工作：

线上填报：通过 App 在线填报材料相关信息，包括进场日期、材料类别、数量、厂家、使用部位等；完成影像记录。

材料拍照点数：支持通过 AI 算法技术快速清点钢筋、线管等材料，并统计数量台账。

自动台账生成：通过线上填报及数量清点，后台自动生成材料台账记录。工作一次完成，免去现场清点电脑重复输入的工作，减少工作量。

该项目最大化利用原有乡村道路；新建道路采用建筑废料与钢板结合方式，重复周转，满足大件设备运输要求；建筑废料使用后立即恢复原貌，防止土地二次污染；合理布置场地，材料分类堆放整齐，见图 8－11，共节约用地约 1400m^2。

图 8－11　材料堆放管理

5. 四节一环保

（1）水质监测。图 8－12 中，在污水排放处安装 IoT 设备对排放的污水水质数据进行自动获取数据，实时自动监测数据信息并将数据接入平台，当数据超限时及时触发报警。该项目升压站生活污水经二次处理后用于绿化。累计节水 590m^3。

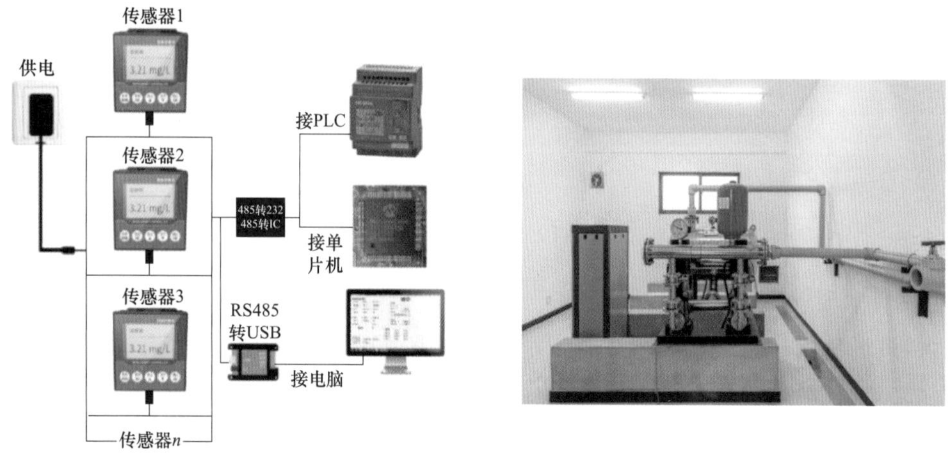

图 8－12　水质监控

（2）用水用电。

声光报警：监控数据超限，自动报警；提醒人员排查问题。

在线监测：内置无线传输，监控数据实时回传；独立编号方便查找。

数据台账：历史数据可查，往期用水、用电情况对比。

采用一级能耗节电设备（见图 8－13），并通过温度传感器自动控制开关，建设期间累计节约用电 2326kWh。

LED节能灯

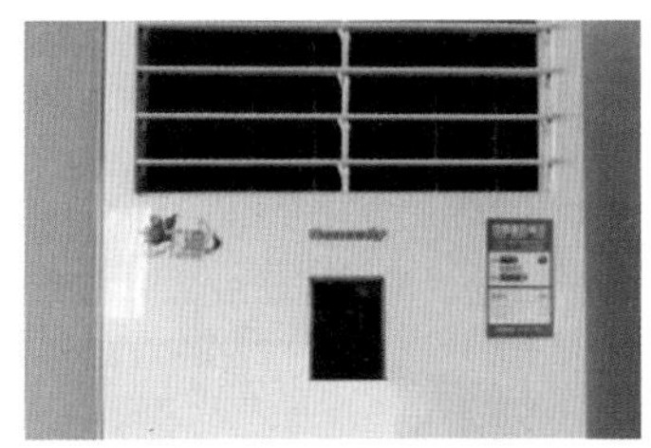

一级能耗空调

大型节能吊车

图 8－13　节能设施设备

6. 安全管理

安全教育培训：沉浸式的交底体验；近乎真实的交底效果；实现传统安全技术交底无法达到的效果。

8.1.4　智慧工地应用效益

改变传统施工模式，实现项目信息化管理，在该项目中应用物联网、BIM、移动互联网等技术，实现了对工程安全、质量、进度等全过程的精益管控；通过智慧工地的建设与应用，有效节约项目管理成本，提高施工质量。

实现施工过程精细化管理，该项目通过智慧工地建管平台与 BIM 技术，实现了施工技术全面信息共享，科学分析及风险智慧管控，对施工现场“人机料法环”等要素，实现统一调度、统一安排，确保施工现场管控及时有效，大大提升施工现场决策能力和管理效率。

提高项目的安全性、环保性，该项目通过智慧工地系统中的危险源管理、高空作业管理系统、视频监控等功能，有效提高项目的安全性，为项目建设保驾护航；同时，对于环境能耗的管理使施工现场更加节能环保。

8.2　电子沙盘系统

电子沙盘又叫数字沙盘、虚拟沙盘，集遥感、地理信息系统、虚拟现实等技术于一体，是将地形格网叠加上纹理模拟出真实的地形地貌，结合建模技术制作建筑、道路等模型，形成了虚拟 3D 场景，编程实现如地形的分析、漫游、标注等交互功能，同时能够模拟出真实情况下的自然环境。随着制作技术的不断进步，电子沙盘开始广泛应用工程建设领域。

由于风电场项目各风机机位分散，风机机位之间间距较远，项目前期施工阶段部分机位未开通机位道路等不利因素，同时风电场区内位于密集的河网、农田和诸多居民点等特点。通过建立电子沙盘给项目提供一个直观、全面的视觉效果，也为项目介绍、风机微观选址、场内道路确定、征迁拆迁等提供了极大的便捷。

利用倾斜摄影技术无人机对整个风电场区进行高精度拍摄，准确地还原风电场地形地貌，利用三维建模技术建立电子地形地貌模型，风机、铁塔、道路等模型叠加在倾斜摄影模型完成整合模型，见图 8－14、图 8－15。

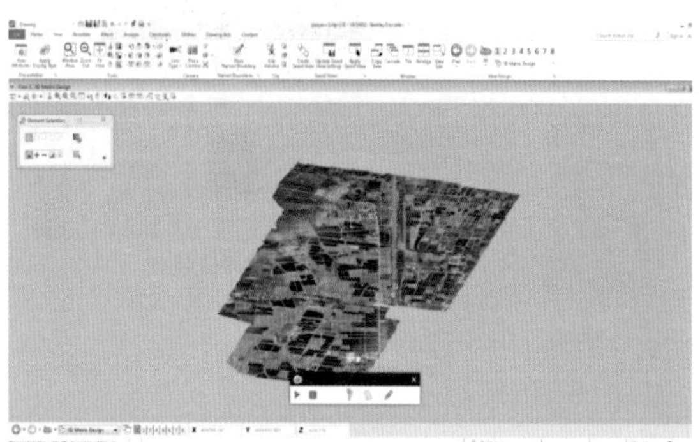

图 8－14　三维地貌模型

图 8－15　升压站模型

8.3　BIM　技　术

8.3.1　模拟施工

利用 BIM 三维可视技术显示模拟施工顺序，根据施工的总进度计划，分配好材料进出场和场地放置的位置，对材料进场量和消耗量进行精确的把控，能够安排好空间作业的施工顺序，避免施工冲突造成的人员窝工等问题。建立好工程的 BIM 模型，通过模型来分析现在所存在的问题，以及对后期的修改问题，见图 8－16～图 8－18。

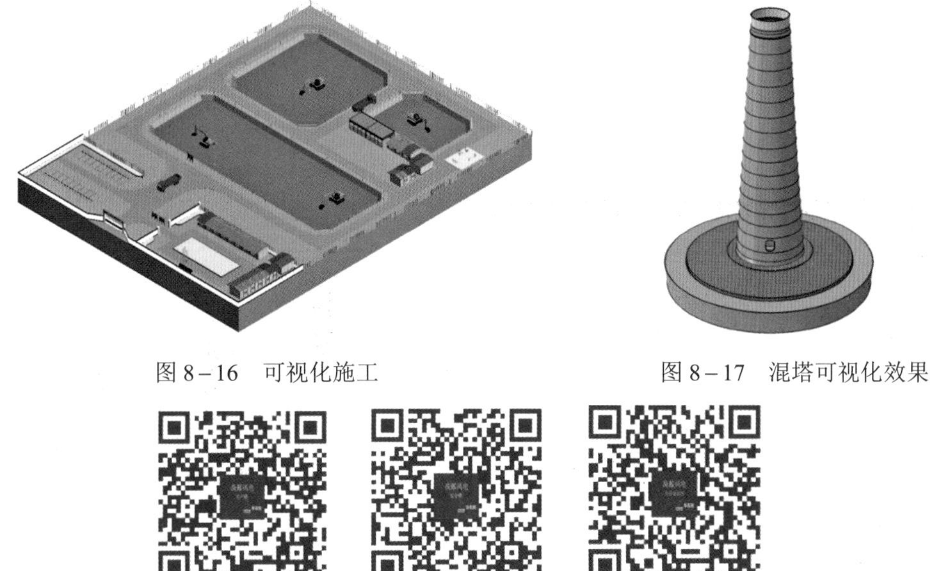

图 8－16　可视化施工

图 8－17　混塔可视化效果

图 8－18　三维效果二维码展示

8.3.2　项目优化

通过建立风电场三维实景模型还原微观选址、排布的工作过程，实现道路和线路等工程设计环节的业务数字化。将海量风资源数据实时与自主研发的数字化平台和工具连接，直观快速定位风电机位位置，为风电项目提供微观选址服务，见图 8－19。

基于 BIM 模型、GIS、地形和倾斜摄影，叠加基本农田、生态红线、交通条件等要素，计算填挖方工程量、运输路线规划和评估施工难度后对现机位点进行点位的微调，实现风机机位点位置的优化。

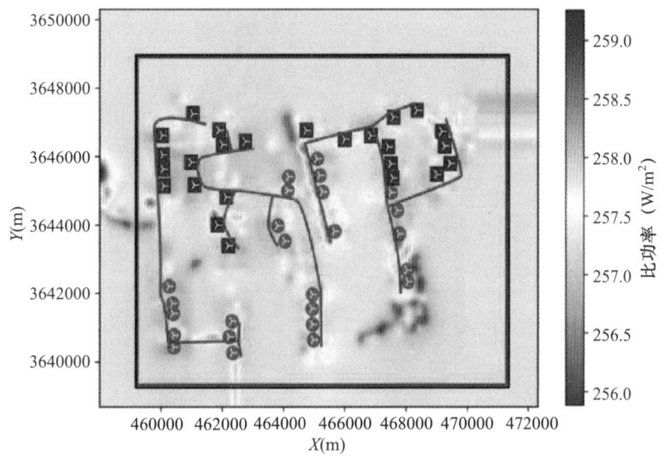

图 8－19　微观选址及道路优化

8.3.3 虚拟漫游

通过 BIM 模型导出虚拟漫游模型，可通过漫游查看，查看家具的布置、规格、尺寸等效果，为可视化精装修方案选定提供直观展示，使家具的布局更加贴合运行单位的真实想法，见图 8－20。

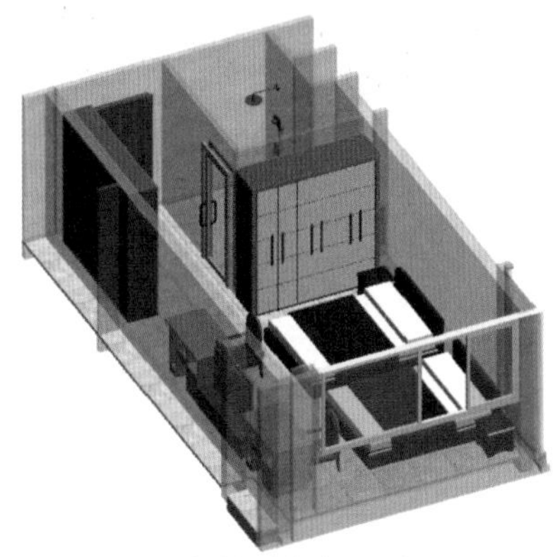

宿舍标准间家具排布

图 8－20　装修模拟

8.3.4 三维设计

通过 BIM 三维设计可以发现设计中的碰撞冲突，在施工前快速、全面、准确地检查出设计图纸中的错误、遗漏及各专业间的碰撞等问题，见图 8－21。提高施工现场的生产效率、建筑质量，减少施工中的返工，节约成本，缩短工期，降低风险。通过创建信息数据库，可以准确地计算工程量，降低工程预算的开支，通过 BIM 模型提取材料用料、管控造价、设备统计等，可为工程概预算提供可靠的依据。

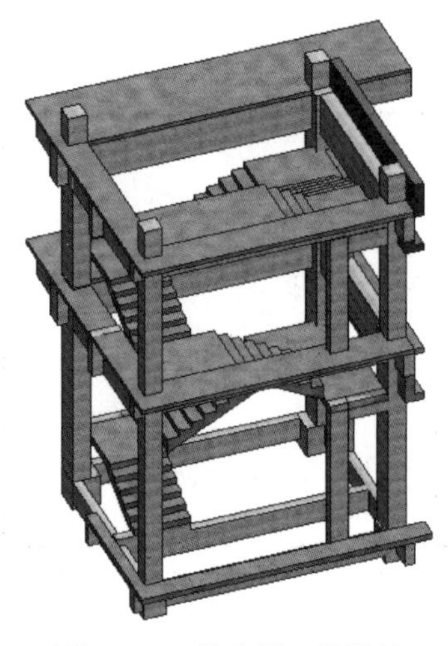

图 8－21　综合楼三维设计

第9章

电力手续办理

根据华东院与建设单位签订的总承包合同约定：工程总承包单位负责对电力并网手续的办理，由于工程总包单位在实施深能高邮协合风电场项目过程中全过程负责电力手续办理工作，按期取得各类证件，为建设单位并网后发电收益得到了有效保证，因此电力手续办理是项目重要的管理内容之一，为此项目部单独成立了手续办理部门，成员由深能高邮协合风电场手续办理人员组成，具有相当的经验。风电场发电并网手续的办理按顺序主要围绕以下三大类内容：

（1）电力业务许可证；

（2）购售电合同；

（3）并网调度协议。

以上证件的办理、合同的签订所需的各类支持性材料主要涉及国家电网江苏省公司、国家电网地方电力公司、江苏省电力科学研究院、检测委托单位等。涉网工作办理流程主要围绕以上三大合同签订、证书办理的各类支持性材料展开。三大类的办理有一定的逻辑顺序，但请注意三大类的各类支持性材料的办理必须同时展开。

特别说明：下文中需准备的材料仅供参考，最新材料清单以江苏省电力质量监督中心站要求为准。

9.1 前期手续

9.1.1 质量监督注册

对电力工程来讲，江苏省电力质量监督中心站是代表政府部门在项目施工、验收及商运前验收等关键性阶段进行质量安全监督的主管部门。因此在项目开工一个月内需江苏省电力质量监督中心站注册申请对该项目进行过程监督。注册申请需要的材料见表9-1。

表 9－1 支撑性材料

序号	材料名称	备注
1	质量监督注册申报书	一式两份，盖建设单位章
2	建设、监理、总承包、勘察、设计、施工、调试单位质量管理体系审查表	表内要求法人代表等有关人员签字盖章后生效
3	项目建设批准文件（可研、环评、安评、初可批复等）	提供复印件，加盖建设单位章
4	接入系统方案审查批复文件	提供复印件，加盖建设单位章
5	规划许可证［建设用地规划许可证、建设工程规划许可证、路径规划许可证（线路）］	提供复印件，加盖建设单位章
6	土地使用证（无征地的不需提供）	
7	中标通知书	含总包、分包单位
8	勘察、设计、施工、调试、监理单位资质及有关人员资格证明	提供证书复印件，加盖单位章
9	施工合同	提供签字页
10	监理合同	提供签字页
11	施工组织设计	提供审批页
12	批复概算文件及其他费用明细表	提供业主批复意见
13	监理大纲	提供监理单位签字审批页
14	担任各专业检测的单位需提供相应的资质（土建、金属焊接、电气热控）	各相关证书提供复印件加盖建设单位章

根据国家能源局 2016 年 4 月 5 日发布的《风力发电工程质量监督检查大纲》，质量监督检查共包括以下四个部分：

第一部分：首次监督检查

第二部分：风力发电机机组工程

第 1 节点：地基处理监督检查

第 2 节点：塔筒吊装前监督检查

第 3 节点：机组启动前监督检查

第三部分：升压站工程

第 1 节点：地基处理监督检查

第 2 节点：主体结构施工前监督检查

第 3 节点：建筑工程交付使用前监督检查

第 4 节点：升压站受电前监督检查

第四部分：商业运行前监督检查

省电力注册申报完成后，根据项目进展情况，及时申请省电力建设过程质监，根据如上四大部分监督检查内容，并结合江苏电力工程质量监督中心站规定，项目部 11 次邀请江苏电力工程质量监督中心站专家组进行过程质量监督。

（1）风力发电工程首次及地基处理阶段；

（2）风力发电工程风机塔筒吊装前和升压站建（构）筑物主要结构施工前；

（3）升压站建筑工程交付使用前；

（4）风力发电机组工程升压站受电前及风机启动前；

（5）第二批风机塔筒吊装前；

（6）风力发电工程第二批风机启动前；

（7）末批风机塔筒吊装前、升压站（综合楼、附属楼）主体结构施工前；

（8）风力发电工程第三批风机启动前；

（9）风力发电工程末批风机启动前；

（10）风力发电工程商业运行前；

（11）风力发电工程竣工备案前。

其中最后一次监督检查（风力发电工程竣工备案前）不在监检大纲范围内，但考虑到申报国家优质工程奖需要，总包项目部专门为此与江苏省电力质量监督中心站沟通后增加的一次竣工备案前监检，监检意见书见图 9－1。为项目监督检查画上圆满句号。

江苏省电力工程质量监督中心站

风力发电工程

竣工备案前监检意见书

工程项目　深能高邮东部风电场项目

工程规模　100MW（50×2.0MW）

监检机构　江苏省电力工程质量监督中心站

（盖　章）

2020 年 01 年 06 日

图 9－1　风力发电工程竣工备案前监检意见书

9.1.2 电力建设工程项目安全生产管理备案

电力建设工程项目安全生产管理备案书按表9－2中材料准备，装订一式两份并盖建设单位公章，填写备案申请表交国家能源局江苏监管办公室，经审查合格后取得《电力建设工程安全生产管理情况登记表》。

表9－2　　备案书支撑性材料

序号	附件材料名称	备注
1	项目简介	
2	项目核准文件	
3	环评批复文件	
4	接入系统审查批复意见	
5	工程安全评价批复文件	
6	施工进度	
7	工程项目与勘察、设计、施工、监理单位招投标和合同签订情况	提供相关合同签字扫描页
8	建设（管理）单位包括单位名称、地址、营业执照、项目负责人和安全管理机构负责人姓名及联系方式、安全培训及取证情况等	需提供相关证书复印件作为附件
9	参建单位名称、营业执照、组织机构代码、有关安全生产许可证、承装（修、试）电力设施许可证等资质证书情况、项目负责人、现场安全管理人员姓名及联系方式等	需提供相关证书复印件作为附件
10	勘察、设计、监理单位主要负责人、项目负责人、安全管理人员的安全培训及取证情况。施工单位主要负责人、项目负责人、安全管理人员、特殊作业人员的安全培训及取证情况	需提供相关证书复印件作为附件

9.2 电力业务许可证

资料准备（见表9－3）齐全后，需按顺序扫描成TIF格式文档（除申请表外，每个附件按顺序扫描成一个TIF文档，刻录成光盘），纸质版文件附件用分页纸区分开，装订成册。申请资料仅需移交一份纸质版（装订成册），一份扫描后的刻录光盘。

表9－3　　支撑性材料清单

序号	附件材料名称	备注
1	发电业务许可证申请表	
2	法人营业执照副本及其复印件；申请人为其下属不具备法人资格的企业提出申请，还需提供下属企业营业执照副本及其复印件	

续表

序号	附件材料名称	备注
3	（1）企业成立2年以上的提供会计师事务所出具的审计报告和企业年度财务报告，企业财务分析报告。 （2）企业成立不足2年的需提供会计师事务所出具的验资报告、审计报告、企业年度财务报告和企业财务分析报告。 说明：1. 企业成立时间不足1年的，提供会计师事务所出具的验资报告和企业财务分析报告。 2. 财务分析报告的内容应该包括：企业基本情况介绍，财务分析的资料来源；从企业偿债能力、资产运营状况、盈利能力等方面分析企业的现状，分析企业可能存在的财务风险及防范措施。对可能影响企业偿债能力如银行授信额度、长期租赁、担保责任或有负债等进行必要分析	（1）执业证书及其从业人员执业证书复印件，证件应有有效的年检记录，从业人员执业证书上所显示的工作单位应与所从事的单位一致，若不一致的，应提供有效的关系调转证明。 （2）企业财务分析报告的内容应包括：① 企业基本情况介绍，财务分析的资料来源；② 从企业偿债能力、资产运营状况、盈利能力等方面分析企业现状，分析企业可能存在的财务风险及防范措施；③ 对可能影响企业偿债能力如银行授信额度、长期租赁、担保责任或有负债等进行必要分析。要求6～7页纸。 （3）注册资本金变更提供材料情况说明（若发生）
4	生产运行负责人身份证复印件、任职文件复印件、专业技术任职资格证书或岗位培训合格证书复印件	
5	技术负责人身份证复印件、任职文件复印件、专业技术任职资格证书或岗位培训合格证书复印件	
6	安全负责人身份证复印件、任职文件复印件、专业技术任职资格证书或岗位培训合格证书复印件	
7	财务负责人身份证复印件、任职文件复印件、专业技术任职资格证书或岗位培训合格证书复印件	
8	按照申请表第8.1项、第8.2项填写顺序，提供各项目建设经有关主管部门审批或者核准的证明材料	
9	按照申请表第8.1项填写顺序，提供有关环境行政主管部门出具的环境保护验收合格证或者符合环境保护有关规定和要求的其他形式合法证明材料。 按照申请表第8.2项填写顺序，企业对投产机组符合环境保护有关规定的自评报告，以及有关环境行政主管部门出具的对项目环境影响报告书（表）、环境影响登记表的审批文件。并在规定时间内提交环境保护验收合格报告	（1）环保试生产核准文件原件； （2）电磁辐射环境影响报告； （3）建设工程项目符合环境保护规定的自评价报告（有固定格式，网上下载填写）
10	按照申请表第8.1项填写顺序，提供项目竣工验收的合法证明材料。 按照申请表第8.2项填写顺序，提供相关发电机组通过启动验收的证明材料或者有关主管部门认可的质量监督机构同意整套启动的质量监督检查报告。项目竣工后，还需在3个月内提供项目竣工验收的证明材料	质量监督部门出具的电力监检报告。 根据电力质检报告的整改意见，出具整改的汇总情况说明。需施工、监理、业主加盖章、签字

9.3　购售电合同

购售电合同是江苏省电力公司和深能高邮风电发电有限公司（运行单位）签订的合同，明确双方在电量购销方面的权利和义务。购售电合同签订前需准备的支撑性材料见

表 9-4。

表 9-4　　支撑性材料清单

序号	附件材料名称	详细说明
1	发电企业的法人营业执照副本复印件	
2	省发展和改革委员会等对项目的核准文件	
3	项目接入系统（一次、二次）审查意见、批复文件及落实情况	
4	风电发电参数：风电主机、箱式变压器、升压变压器等参数	
5	电厂电气一次接线图	需加盖业主单位公章
6	发电企业的公司章程	
7	发电企业地址、邮编、联系人、电话、传真	
8	发电企业开户行、账号、税务登记证副本复印件	
9	上、下网计量点设置点，上、下网关口计量用的 TA、TV 的型号、精度等级和变比、产权归属方；关口电能表型号、精度等级和倍率、产权归属方。供电公司出具的 TA、TV 电能表验收合格证明	
10	联网变压器规格、型号（包括启动备用变压器）	
11	双方资产分界示意图（需经所在地供电公司盖章确认）	资产分界示意图根据建设项目的具体情况确定
12	与所在地供电公司签订的临时供用电合同	
13	保证电能质量指标及无功补偿等情况说明及证明材料（需经所在地供电公司盖章确认）	（1）根据一次、二次接入系统意见编制的保证电能质量指标及无功补偿等情况说明及证明材料。 （2）低电压穿越能力检测报告及一致性承诺函
14	省电力质监站出具的机组整套启动前质检报告	分两个阶段进行电力质检
15	国家电力监管委员会颁发的发电业务许可证	

9.4　调度并网协议

调度并网协议需与江苏省电力公司调度信息中心对接申请调度设备命名文件，领取并网申请材料及并网调度协议合同、并网服务指南、发电厂运行规程、调度服务手册。考虑到提供的并网协议支撑性材料内容涉及电气专业，对专业要求比较高，办理手续过程中需安排一个电气专业的人员配合收集资料。支撑性材料见表 9-5。

表 9-5　　支撑性材料

序号	要求内容	具体分项	业务办理部门或资料来源
1	潮流、稳定计算和继电保护整定计算所需的发电机、主变压器等主要设备技术规范、技术参数及实测参数	发电机技术参数	设备供应商
		变压器技术参数	设备供应商
		110kV 送出线路实测参数	送出线路施工单位
		发电机低电压穿越试验报告及一致性承诺函	设备供应商
2	与电网运行有关的继电保护及安全自动装置图纸（包括发电机、变压器整套保护图纸）、说明书、电力调度管辖范围内继电保护及安全自动装置的安装调试报告	110kV 线路保护装置技术说明书及图纸	设备供应商
		110kV 母线保护装置技术说明书及图纸	设备供应商
		低压解列装置技术说明书	设备供应商
		变压器保护装置技术说明书及图纸	设备供应商
		升压站继电保护试验报告	（1）现场调试单位； （2）并网检测
3	与甲方有关的风电场调度自动化设备技术说明书、技术参数及设备验收报告等文件，风电场远动信息表，风电场电能计量系统竣工验收报告，风电场计算机系统安全防护有关方案和技术资料（五星级优先）	调度自动化设备技术说明书及设备验收报告	设备供应商
		风电场远动信息表	省公司自动化处
		风电场关口计量互感器检测报告	省电科院计量中心提供
		电能计量电能表检测报告	
		风电场计算机监控系统安全防护方案	设计院
4	与甲方通信网互联或有关的通信工程图纸、设备技术规范及设备验收报告等文件		设备厂家、设计单位
5	其他与电网运行有关的主要设备技术规范、技术参数和实测参数		设备厂家、设计单位
6	现场运行规程	现场运行规程	运行维护单位提供
7	电气一次接线图		设计单位
8	机组调试计划、升压站和机组启动调试方案	机组调试计划	施工单位
		升压站和机组启动调试方案	施工单位
9	风电场有调度受令的值班人员名单、上岗证书复印件及联系方式	调度值班人名单、联系方式	省公司调控处
		上岗证书复印件	
10	运行方式、继电保护、自动化、通信专业人员名单及联系方式		运行维护单位提供
11	乙方已委托有资质的技术单位进行技术监督专业管理工作，并签订涉网设备技术监督协议	电力监检报告	技术质量监督站
		电力监检复核报告	技术质量监督站

9.5 并网鉴定书

并网鉴定书是项目启动验收委员会对风力发电机组发电并网情况的鉴定，是具备条件向市电力公司申请带负荷并网请求。并网鉴定按风机机组启动并网批次确定。项目部根据质量监督站提供的支持性材料清单准备材料，主要材料清单目录包括：

1. 正文

（1）电力工程信息表；

（2）启动验收委员会启动并网意见；

（3）启动验收委员会会签表。

2. 附件

（1）电力工程手续情况表；

（2）项目核准文件；

（3）环评批复文件；

（4）环保试生产核准；

（5）建设工程竣工消防验收备案；

（6）安全生产管理情况备案；

（7）电力业务许可证；

（8）风电机组启动前质量监督检查报告。

9.6 OMS 运行生产管理系统并网申请

第一步：完成 OMS 运行生产管理系统接入省、市调度数据网，二次安防设备的安装调试。

第二步：分别向省、市电力公司申请获取 OMS 运行生产管理登录账号、登录地址。

第三步：通过 IE 浏览器，使用 OMS 运行生产管理登录账号登录，填写并网申请。向市电力公司调度中心申请并网。

第四步：市电力公司调度中心收到并网申请进行审核，审核通过后上报省电力公司调度中心。

第五步：省电力公司调度中心批复同意申请请求，通知市电力公司调度。由市电力公司调度中心向发电厂发出同意并网的通知。

9.7 上网电价的批复

上网电价批复是由江苏省物价局对建设单位提供的上网电价申请进行批复，需要准备各项材料（见表 9–6），按江苏省物价局的要求提供，当取得上网电价批复后，电力手续基本办理完成。

表 9–6 支撑性文件清单

序号	文件名称	要求内容	业务办理部门
1	上网电价申请请示	如《关于××有限公司××MW 风力发电项目上网电价的请示》（红头文件、带公司文号、原件，请示内容包含项目立项、建设、并网、运营、联系人、联系方式等情况描述）	项目公司
2	省发展和改革委员会项目核准文件	复印件，盖公司公章	省发展和改革委员会
3	与省（市）电力公司签订的《购售电合同》	复印件，盖公司公章	省、市电力公司
4	与省（市）电力公司签订的《并网调度协议》	复印件，盖公司公章	省、市电力公司调度中心
5	省住建厅出具的《项目启动并网鉴定书》	复印件，盖公司公章	省住建厅
6	电力业务许可证	副本复印件，盖公司公章	省能监办

第 10 章

收 尾 管 理

10.1 工 程 预 验 收

该项目根据合同约定于 2018 年 10 月 30 日 50 台风机全部并网，项目部申请通过了《里程碑节点完工报告》。项目依据《风力发电场项目建设工程验收规程》（GB/T 31997）、《风力发电机组 验收规范》（GB/T 20319）要求进行机组工程启动试运行，进行了机组启动 240h 试运行和工程整套启动试运行，2018 年 12 月项目通过试运行验收，项目整体达标投产并取得试运行验收证书，见图 10－1。

预验收证书

我公司深能高邮新能源有限公司作为发包人，在此接受贵公司 2017 年 08 月 15 日签订的深能高邮东部（100MW）风电场项目 EPC 总承包合同（合同编号 AC170026Y）项下的总承包工程。

2018 年 12 月 10 日，已经完成了深能高邮东部（100MW）风电场连续无故障 240 小时试运行验收，设计合理、设备运行可靠，工程质量符合规范、相关技术要求。

为了（总承包人）中国电建集团华东勘测设计研究院有限公司标准质保规定的原因，发包人在此证明，风电场可以以此时间节点起算并进入质保期。

（1）基础设施工程、房屋建筑的地基基础工程和主体结构工程，为设计文件规定的该工程的合理使用年限。

（2）电气管线、给排水管道、设备安装和装修工程，为 2 年。

（3）升压站设备与塔筒为 1 年。

发包人要求总承包人在质保期内继续做好、尾工尾项、专项验收、达标投产验收、竣工验收、创优、缺陷处理，以满足发包人在生产、运行、维护要求。对于总承包人不处理的缺陷，经发包人两次通知仍未处理的，发包人有权自行处理，费用从质保金中扣除。

发包人：　（公章）

姓　名（授权签署）

图 10－1　项目预验收证书

10.2　工程缺陷责任期和竣工验收

工程缺陷责任期为 1 年，即从 2018 年 11 月至 2019 年 10 月，缺陷责任期内，全部风机投入运行，整体运行平稳，对建设单位在此期间提出的相关缺陷及时进行了修复和消缺。2019 年 10 月，缺陷责任期满，建设单位组织进行了整体工程最终验收和项目交接验收，并颁布了最终验收证书和交付使用证明文件。风机厂家向建设单位提交质量保函，建设单位返还华东院项目履约保函，见图 10－2、图 10－3。

退还履约保函说明

深能高邮新能源有限公司：

根据《深能高邮东部（100MW）风电场项目 EPC 总承包合同》要求，承包人中国电建集团华东勘测设计研究院有限公司已完成承包范围内容，根据总包合同约定 4.2 履约保函：“总承包人应保证其履约保函在发包人颁发工程接收证书前一直有效。发包人应在工程接收证书颁发后 28 天内将履约担保退还给总承包人。”目前已具备还履约保函的条件，请予以办理。

附件：工程接收证书

深能高邮东部（100MW）风电场项目
EPC 总承包顾目部
2019 年 5 月 8 日

同意退还

图 10－2　履约保证金退还

深能高邮东部100MW风电场项目
移交生产证明文件

深能高邮东部100MW风电场项目2017年07月25日正式开工，2018年10月30日50台风机全部并网完成，2018年10月30日全部试运行完成并投入使用，2019年03月15日，项目全部移交生产，并在此期间项目处于消缺工作中，现已全部消缺完成，并通过最终消缺验收，并交付运行部门使用，特此证明！

深能高邮新能源有限公司
2019年03月16日

图 10－3　项目移交证明

10.3　专　项　验　收

工程建设合规性文件齐全，前期取得了规划、消防、环保、施工等许可，通过了环保、消防、水保等专项验收，严格执行工程建设标准强制性条文，未使用国家明令禁止的技术、材料、设备，未发生一般及以上安全质量事故。

2019 年 2 月，项目完成高邮市环保局组织的环保专项验收，并取得《关于深能高邮新能源有限公司“深能高邮东部风电场项目工程”项目竣工环保验收意见的函》。

2019 年 4 月，项目完成水土保持设施自主验收，并在江苏省水利厅报备，并取得

《省水利厅办公室关于深能高邮东部风电场项目工程水土保持设施自主验收报备证明的函》。

2019 年 7 月，扬州市高邮生态环境局、三垛镇人民政府、甘垛镇人民政府组成验收组，对深能高邮东部风电场项目工程固废污染防治设施开展了竣工环境保护验收，并取得《深能高邮新能源有限公司“深能高邮东部风电场项目工程”固废污染防治设施竣工环境保护验收意见》。

2019 年 5 月，编制和收集完成该项目工程档案，并移交高邮市建设档案馆，取得《建设工程档案接收证明书》。

2019 年 1 月，邀请高邮市白蚁防治所对项目进行了白蚁防治工程竣工验收，并取得《房屋白蚁预防工程竣工报告》。

2019 年 2 月，项目部收集消防验收材料，并组织高邮市公安消防大队对该项目进行了消防专项验收，并通过消防验收，取得《建设工程竣工验收消防备案凭证》。

10.4 履约情况评价

2019 年 9 月，自 2017 年 5 月签订的总承包合同履行完毕，整体合同履约情况良好，严格按照合同完成质量、安全、进度等项目目标，深能高邮新能源有限公司对项目履约情况非常满意，建设单位颁发感谢信见图 10－4。

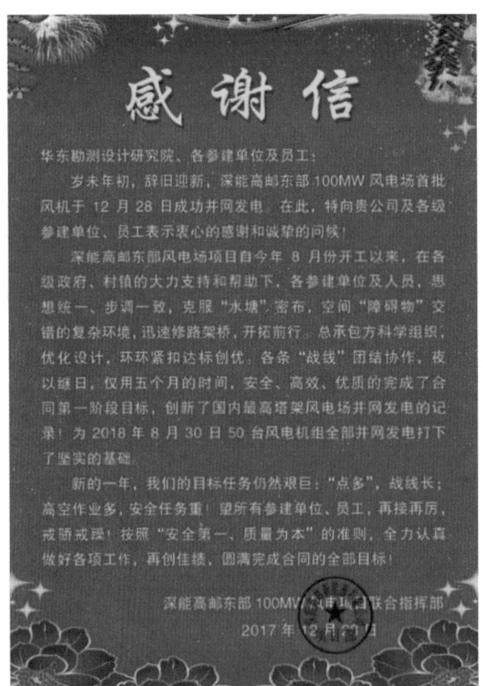

感谢信

华东勘测设计研究院、各参建单位及员工：

岁末年初，辞旧迎新，深能高邮东部 100MW 风电场首批风机于 12 月 28 日成功并网发电。在此，特向贵公司及各级参建单位、员工表示衷心的感谢和诚挚的问候！

深能高邮东部风电场项目自今年 8 月份开工以来，在各级政府、村镇的大力支持和帮助下，各参建单位及人员，思想统一、步调一致，克服“水塘”密布，空间“障碍物”交错的复杂环境，迅速修路架桥，开拓前行。总承包方科学组织，优化设计，环环紧扣达标创优。各条“战线”团结协作，夜以继日，仅用五个月的时间，安全、高效、优质的完成了合同第一阶段目标，创新了国内最高塔架风电场并网发电的记录！为 2018 年 8 月 30 日 50 台风电机组全部并网发电打下了坚实的基础。

新的一年，我们的目标任务仍然艰巨：“点多”，战线长；高空作业多，安全任务重！望所有参建单位、员工，再接再厉，戒骄戒躁！按照“安全第一、质量为本”的准则，全力认真做好各项工作，再创佳绩，圆满完成合同的全部目标！

深能高邮东部 100MW[illegible]联合指挥部

2017 年 12 月[illegible]日

图 10－4 建设单位颁发感谢信

10.5 竣工结算

2019年5月总承包项目部组织各分包单位编制收集竣工资料、竣工图纸，并移交建设单位，项目进入竣工结算阶段，2019年5月，建设单位组织审计单位对该项目进行竣工结算，并出具《工程结算审核报告书》，项目竣工结算完成。

项目部组织对项目执行效果进行了评价和教训总结，并向建设单位提交了项目完工总结报告，合同内容全部完成，项目关闭，项目部已宣布解散。

10.6 经验总结

2019年9月，深能高邮东部（100MW）风电场项目已全部收尾，整体项目质量达标，无任何质量安全事故，各项技术指标国内先进，经济指标达到预期，但是项目推进过程中仍然出现一些问题，项目部及时进行总结，形成华东院组织过程资产，为后续项目部实施提供切实可行的经验。

1. 合同管理

风机设备合同作为建设单位、华东院、厂家的三方合同，有利有弊。有利方面：由于现金流从华东院通过，能提高项目产值营收，华东院控制现金流，能有效约束厂家，提高华东院作为其中一方的管控能力。不利方面：高邮项目风机设备合同现金平进平出，建设单位没有给总包管理费，加上华东院给建设单位开具风机设备发票产生的税务成本，虽然很少，但也减少了相应利润，建议以后碰到此类项目，建议前期与建设单位，争取一定的管理费。

2. 质量管理

吊装作为风机现场施工最主要的环节之一，根据要求需要组织专家论证，专家组成员应符合国家规定。施工过程需多次组织进行技术交底，施工过程要求严格按施工方案执行。特别是风机力矩质量控制是重中之重。必须每个都要一一验收，并有画线记录。

3. HSE管理

重在前期策划，完善各类制度和流程，管理流程也要遵循合法合规，短、快的原则。前期多和分包方沟通，日例会、周例会多强调，口头、联系单、整改通知单、罚款单等方式多管齐下，目的是形成一致的安全管理理念和价值。若前期未形成上下衔接良好的安全管理体系，而到了项目实施阶段再去摸索和梳理，往往会导致分包方“不听话”，安全管理人员“累”。

风电项目施工强度大，重大危险性因素多，执行要跟上。方案、交底、现场防护、过程监控每个HSE管理动作要跟进现场进度。履约自评总结报告如图10－5所示。

深能高邮东部（100MW）风电场 EPC

总承包项目

履约自评总结报告

华东勘测设计研究院有限公司
HUADONG ENGINEERING CORPORATION LIMITED

二〇一九年九月

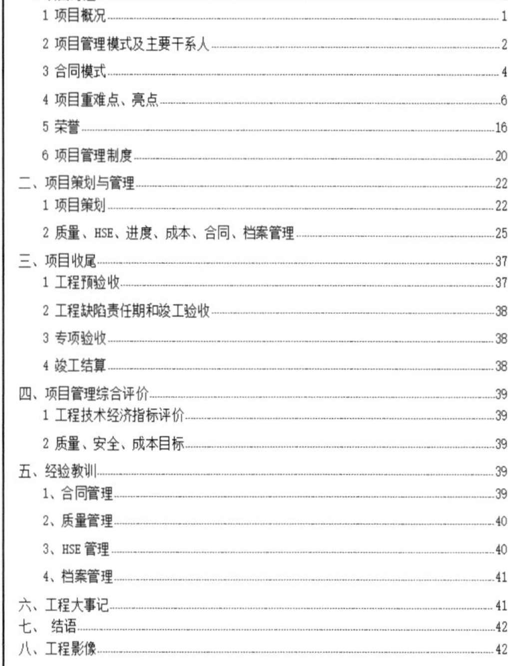

目 录

图 10–5　履约自评总结报告

第 11 章

风机基础施工技术

根据深能高邮东部 100MW 风电项目风机基础的设计要求。项目部精心合理地组织施工，充分发挥华东院的优势，采用科学的管理方法，不断提高工程施工项目管理水平；采用新工艺；有效地利用人力、物力资源，积极配合业主的工程协调工作；充分体现华东院“负责、高效、最好”的企业文化，严格落实安全文明施工制度，力求在整个项目的施工过程中实现安全、优质、高效、低耗，确保整个工程按照计划顺利进行，严格遵守规范、技术标准等各项规定，确保该工程质量标准，全面执行国家和电力行业颁布的有关规范、标准，争创国家优质工程。

为满足工程的施工质量、创优、进度、安全要求，加强内外的联系、协调、指挥、管理工作，该工程由项目经理对工程实行统一管理。管理人员按分工明确、责任清楚、各司其职、相互配合的原则，在各有关负责人的指导下开展工作，并与建设单位、监理相关部门对口，接受其监督、检查、指导。项目副经理负责日常生产管理工作，项目经理全面指挥管理整个工程施工的全部工作。

11.1 风机基础结构

深能高邮东部 100MW 风电场工程采用了两种风机基础结构形式，维斯塔斯风机基础采用现浇钢筋混凝土实心圆形扩展基础，混塔风机基础采用现浇钢筋混凝土空心圆盘基础。

现浇钢筋混凝土实心圆形扩展基础直径为 20000mm，圆盘厚 800～2500mm，埋深 3450mm，中墩直径 7000mm，中墩高度 3600mm，单个基础混凝土总量约为 554m^3，现浇钢筋混凝土实心圆形扩展基础竖向剖面如图 11－1 所示。

现浇钢筋混凝土空心圆盘基础直径为 20000mm，圆盘厚 800～1600mm，埋深 4000mm，中墩直径 14600m，单个基础混凝土总量约为 575m^3，垫层混凝土用量 65.5m^3，钢筋用量约为 66.4t，空心圆盘基础竖向剖面图如图 11－2 所示。

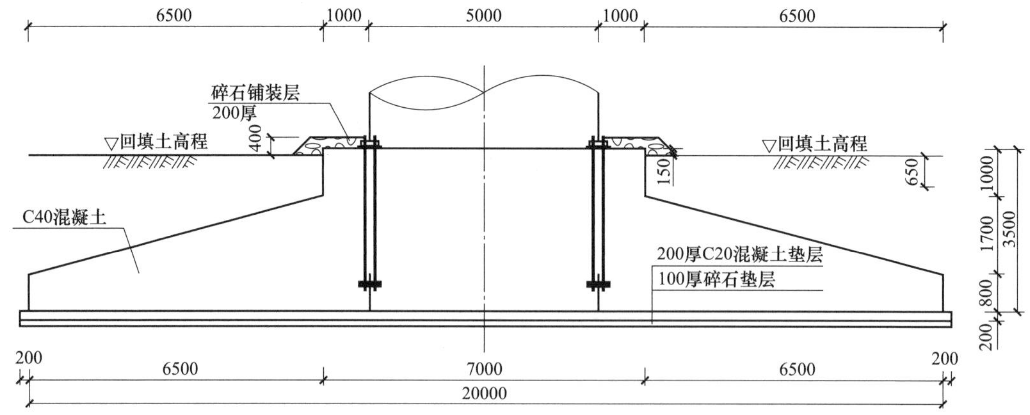

图 11－1　现浇钢筋混凝土实心圆形扩展基础竖向剖面

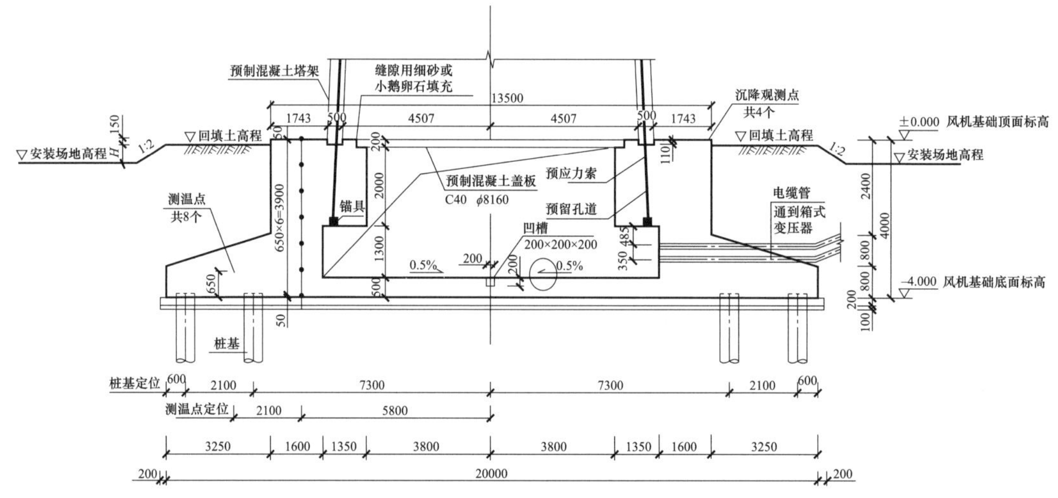

图 11－2　空心圆盘基础结构剖面图

11.2　施 工 进 度 计 划

单个风机基础施工工期为 32 个日历天，风机基础之间每间隔 7 天开始一台，依次类推；以首台风机为例，各道工序具体施工时间见表 11－1。

表 11－1　　风机基础施工工序消耗时间

序号	任务名称	工期
1	土方开挖、桩头处理	3 个工日
2	桩基检测	1 个工日

续表

序号	任务名称	工期
3	电缆管埋设、碎石垫层施工	2 个工日
4	混凝土垫层施工	1 个工日
5	测量放线、锚笼安装	3 个工日
6	基础钢筋绑扎、接地施工	10 个工日
7	基础钢筋验收	1 个工日
8	基础模板支设	1 个工日
9	基础混凝土浇筑	1 个工日
10	基础拆模、外部清理	1 个工日
11	沉降观测柱施工	1 个工日
12	回填土施工	1 个工日

11.3　施工准备及资源配置计划

根据工程特点和各种影响因素，以方便、合理、经济、施工总体要求和适合施工需要为原则，进行施工区域划分和施工现场总体布置。布置的主要临时设施包括路、水、电、材料场、机械停放场等。

1. 施工临时设施

项目部在距施工现场附近的司徒镇租用了原司徒财政所办公楼用于项目部管理人员办公、住宿；在司徒原初级中学租用了学校操场作为钢筋加工场和材料设备堆场。

2. 施工材料堆放

严格遵守业主的既定原则，利用好有限的平面道路和场地，在规定的时间及范围内解决好材料的进场、堆放、交叉使用、垃圾的清运和现场卫生等项工作，创建出环境良好、清洁卫生、布置有序的文明工地。

该工程材料各类材料做到计划提料、计划采购、计划储存、计划使用，使材料供应有序流动，不大量存货，不大量积压，不提前采购，减少现场存储压力，并保证现场需求。

现场材料的运输，考虑到计划采购、计划使用、材料滚动进场的具体情况，将安排搬运工和管库人员，保证到场材料、物资随到随进库，使材料进场存放和运输处于良好的控制状态。

11.3.1　施工现场布置

1. 现场材料、施工工艺质量检测

由于混凝土、钢筋工程量大，工地不便建立现场试验室。根据相关规定要求，确定所有建材试验，委托扬州市质量检测中心检测；混凝土由具有资质的商混站提供并出具相关资料。

2. 施工用电

因各个施工路段的施工现场不具备供电条件，故拟采用柴油发电机的方式来保证现场的施工用电。而施工项目部和材料加工场地临时用电将严格按照《风电场安全文明施工标准化手册》布置到位。

3. 施工用水

由于施工现场无水源，故只能采取供水车从场外拉水的方式解决水源，向各用水点供水，提供生产用水。现场备用一台洒水车，以备急用。施工项目部和材料加工场地由当地供水部门供水。

4. 生产、生活设施

施工现场距离周边村庄较近，道路施工时已就近租赁一套房屋主要用作现场办公及库房、生活住房，包括宿舍、食堂等。

原材料在项目部加工场地现场堆放，根据工程进度安排提前进料。

停止施工时机械在各区域现场集中停放，并派专人看护。

5. 通信设施

为便于联系方便，现场施工人员和机械操作员人手配备对讲设备进行通信。

6. 交通设施

为了便于人员交通方便，项目部安排越野车 2 台、工具车 2 台。

11.3.2 劳动力计划

现场施工人员数量是工程施工组织水平的重要标志之一，施工组织设计考虑加强管理，改进劳动组织，提高施工机械化水平，优选技术水平高的施工人员，以提高劳动生产率，适当减少现场人数为原则。

根据该工程的特点、工期要求、施工组织方案，按工程人员定额和施工进度计划的要求，工程施工高峰期计划达到 100 人左右。

项目经理部对劳动力进行动态管理。劳动力动态管理包括以下内容：

（1）对施工现场的劳动力进行跟踪平衡、劳动力补充与减员。

（2）对施工现场的作业班组下达施工任务书，进行考核并兑现费用支付和奖惩。

（3）项目经理部加强对人力资源的教育培训和思想管理，加强对劳务人员作业质量和效率的检查。

11.3.3 施工主要机械、机具设备

工程中主要用到的机械、机具等设备见表 11－2。

表 11－2　　工程主要机械、机具台账

序号	设备名称	型号规格	数量	额定功率（kW）	生产能力	用途
1	挖掘机		8	50	$0.3m^3$	基础挖方
2	自卸汽车		6	196	30t	土方等运输
3	蛙式打夯机		2	2.2		基础回填
4	钢筋切断机		2			钢筋加工
5	钢筋弯曲机		2			钢筋加工
6	钢筋套丝机		1			钢筋加工
7	钢筋对焊机		1			钢筋加工
8	汽车吊	25t	1			钢筋吊装
9	平板汽车	9m	1			钢筋运输
10	柴油发电机	30kW	2		30kW	施工临时供电
11	交流电焊机	BX－300A	6			材料焊接
12	水准仪	DSZ2	2			高程控制
13	经纬仪	DS－2	1			定位放线
14	GPS		1			定位放线

11.3.4　材料投入计划

材料运到施工现场的方法主要以汽车运输为主。风机基础混凝土由三垛和兴化的商品混凝土供应站提供，混凝土运输车直接运到施工现场，碎石主要由高邮石料场购买，汽车运进施工现场，运距 35km 以内；与厂家签订合同，钢筋由汽车转运到施工现场，柴油由加油车到现场加油。单个风机基础主要工程材料数量见表 11－3。

表 11－3　　单个风机基础主要工程材料数量

材料名称	单位	数量
碎石	m^3	30
C20 商品混凝土	m^3	60
C40 商品混凝土	m^3	535
钢筋	t	48
预埋铁件	块	8
各种预埋管道	m	200
接地扁铁	m	150

11.4 主要工程施工技术方案

11.4.1 施工工序总体安排

该工程根据临建布置及风机基础平面布置特点，我单位采用在混凝土集中搅拌站生产混凝土，用混凝土罐车运输，现场浇筑采用汽车泵入模。按照搅拌站至风机基础位置的走向及远近程度等条件，划分若干施工段进行流水作业。施工道路穿插进行施工，每施工一个施工段风机基础前，该区域场内道路必须提前到位。

11.4.2 风机基础各流水段施工流程

风机基础施工流程如下：基础开挖（包括降水措施）→桩头处理（包括桩头钢筋焊接等）→碎石垫层施工→混凝土垫层施工→浇筑仓面准备（立模、底层绑钢筋、接地、锚栓笼组件安装调平、埋管、架立上层钢筋、埋设测温线、沉降观测点等）→质检及仓面验收→混凝土配料→混凝土搅拌→搅拌车运输→混凝土入仓→平仓振捣→养护→拆模→质量检查→修补缺陷→土方回填→养护等。

11.5 基础施工主要施工方法及措施

11.5.1 定位放线及土方开挖

施工前，所使用的测量仪器——GPS、经纬仪、水准仪必须经计量检定所检定合格，并保证在有效使用期内，方可使用。根据勘探钻孔坐标定位放线（据中心 15m 做 4 个控制桩成十字布置，交点为基础中心点），控制桩用水泥砂浆保护。土方开挖采用两台挖掘机相互配合进行开挖，土方开挖时，开挖至据设计标高 300mm 时，改用人工配合开挖至设计标高，严格控制好开挖标高，禁止超挖。基坑及时采取维护措施，开挖时要预留 5m 马道，以便钢筋及周转料具的运输。根据土质情况按 1:0.5 放坡，若遇土质不良，放坡加大，用挖土机铲头平整部位将边坡夯实作为护壁，防止塌方。距离坑边 1.5m 范围内不得堆土。开挖过程中随时用水准仪监控开挖深度，人工清槽，随挖随清至设计标高。基坑上口 2m 范围内不得堆放土方及其他材料，作为安全施工通道。基槽开挖后检验基槽的基底土质、尺寸、平整度等指标，经监理单位、勘测单位、设计单位、建设单位、施工单位等代表验收合格后方可进行下道工序。

11.5.2　基坑排水施工

计划基坑内基础外围采用开挖明沟排水，以降低地下水位，消除雨水和地下水对基础施工的影响。

在基坑开挖过程中，预留出施工作业面的同时，对基坑边坡进行加宽处理。沿基坑边坡坑底挖排水沟，排水沟宽 50cm，深于基坑底以下 50～60cm，在基坑四周各设置一个排水井，基坑边坡土层中渗出的孔隙水及雨水将沿排水沟流向集水井，再由水泵将集水井内地下水通过降水干管排出。

明沟排水线路及集水井个数、位置的布置沿基坑边坡底根贯通设置排水沟。在基坑四周各设置一个集水井的原则，集水井均由排水沟外壁向边坡方向设置。

明排水沟的开挖排水沟按宽 50cm，深 50～60cm，沟外壁距边坡根部 30cm，采用机械开挖的方法。排水沟按 1%坡向集水井，保证排水沟排水通畅。

集水井的开挖集水井底低于排水沟底 50cm，保证潜水泵能全部没入水中，集水井开挖位置偏向边坡，保证后期施工基础筏板不受影响。集水井底部铺 5～10cm 厚石子，以防泥浆影响水泵抽水。

排水用潜水泵的确定由于集水井内水量有限，抽水采取间断式抽水，即水满则抽，无水则停的原则，这样便可选用出水量不大的水泵，选用出水量为 $4m^3/h$ 满足使用要求。

1. 基坑明沟排水设施的启用原则

无雨期间，集水井内集水水位超过排水沟水位，应立即启动排水泵将井内积水抽出，直至井内水位低于排水沟沟底，方可停止抽水，防止水井内水位过高而浸渍地基土。

有雨期间，由于边坡上雨水汇集流入集水井内的水量较大，应不间断地抽水，保证井内水位始终低于排水沟水位，若排水不及时，可采用更换较大出水量的水泵。

2. 基坑明沟排水注意事项

明沟排水设施完成后，安排专人管理排水设施。每天不间断定时检查各个集水井内水位情况，一旦水位超过规定限位，应立即开泵抽水，特别是下雨时，应全天巡查井内水位情况，及时开停潜水泵。

排水设施管理人员，须定期对集水井内沉淀物进行清理，保证潜水泵沉入水中的深度，避免因井内水位过浅而烧毁水泵。

集水井四周应做防护设施，防止人员不慎坠入井中受伤。

明沟排水设施在基坑回填前，应保证良好运行，确保基础筏板结构正常施工。

11.5.3　垫层施工

清理基底至设计标高，地基验槽合格后，现场根据定位及标高控制桩，放出垫层边线，且在基坑底设置标高控制点；首先进行碎石垫层的施工，待碎石垫层施工完毕，符合要求后进行下道工序施工。

混凝土垫层支模采用木模板，模板上口标高一致，且符合设计垫层标高要求；将中墩位置的钢筋绑扎完成，预埋铁安放符合设计要求后，进行隐蔽工程验收，验收合格后方可进行混凝土垫层的浇筑。

垫层混凝土浇筑采用罐车运送至现场，使用混凝土汽车泵浇筑，并用振捣棒人工振捣。

垫层浇筑时严格控制调平装置预埋件顶标高及位置，浇筑完毕后，用木抹子找平，使其表面平整。垫层中心预埋圆 8 的钢筋作为基础中心桩。浇筑完毕后垫层面找平压光，用塑料布覆盖养护，并加保温被覆盖养护。

11.5.4　锚栓组合件的安装

（1）检查锚栓、螺母和垫片、底法兰和荷载扩展法兰的 VUI 码。拧紧 2 个卡夹固定锚栓，力矩值 100N・m，确保模板/底法兰固定于辅助夹具。对齐模板法兰和底法兰，量测最靠近夹具边缘的两法兰的相应锚栓孔中心至该边缘的水平距离，并保证两者相等。所有的间隔支撑钢管件（10 组长管，20 根短管）安装就位。

（2）对穿锚杆（先穿过底法兰，再穿过模板法兰，并应确保吊装后锚栓的长螺纹端朝上），从靠近夹具端的外圈锚杆开始，依次向法兰远端进行，以便于锚笼的同轴性校正。所有锚栓安装就位，确保锚栓两端螺纹段无破损方可水平对穿锚栓（如有破损，应废弃不用），再仔细清除螺纹里黏附的灰尘（黄土）和其他杂物，以确保螺母（顺利）拧紧后螺母、垫片与法兰彼此间能充分贴合（无歪斜）。

（3）检查泡沫块是否有损坏，如有，使用胶带保护（修复）。

（4）螺母和垫片安装正确。

（5）检查模板法兰上表面与锚栓上端面的距离为 210mm。

（6）对 2×5 组间隔支撑钢管件上的螺母施加 200N・m 力矩予以紧固。对其他（非间隔支撑钢管件上的）螺母施加 50N・m 力矩予以紧固。

（7）检查模板法兰和垫片间充分接触。

（8）调适距离，使底法兰螺母的外表面至锚栓底端面的距离至少应有 2 个完整螺纹，并保证螺母与底法兰充分接触。

（9）检查底法兰下表面与锚栓下端面的距离为 50mm。

（10）量测锚笼横断面（螺栓孔中心距离）：3951mm。

（11）测量锚笼高度尺寸（从模板法兰上表面至底法兰上表面）：3665mm；组装锚笼的夹具上的两个卡夹间的净距，即模板法兰与底法兰之间的净距，也即定位钢管的总长，为 3640mm。

（12）再次核对两半圈锚笼对应组件的 VUI 码是否一致（并安装于锚笼上）。

（13）按照现场定位将两个半圈锚笼分别吊装就位，锚笼的拼接缝处正上方对应塔筒门，即该拼接缝所在锚笼直径垂直于塔筒门（曲面）。拴接两半圈锚笼于一体。

（14）检查两个半圈模板法兰间距，调整使其接缝处水平面高差在±2mm。

（15）校准锚笼的水平度确保底法兰的上表面与外侧垫层上表面齐平。

（16）再次检查底法兰下侧的锚栓螺母是否拧紧，现场配置钢筋前，必须对组装好的、保持直立状态的锚笼安装质量再行检验，确保底法兰下侧的螺母、垫片和模板法兰彼此之间充分（全）接触，没有空隙遗留；同时务必注意在即将浇筑混凝土前检查底法兰下侧所有的螺母和同时务必注意在即将浇筑混凝土前检查底法兰下侧所有的螺母或垫片，防止其遗漏或被盗。

（17）顺利安装鱼尾板，平放鱼尾板于模板法兰上段螺母的上端面即可，防止砸伤手。不可强行将锚栓从鱼尾板的孔洞穿过，更不可损坏锚栓的（上）螺纹。

（18）沿着模板法兰的上表面选定 4 点检查模板法兰的水准度。

（19）喷涂黄油于混凝土和泡沫块的界面上，以方便混凝土养护后泡沫块的移除。

（20）间隔 45° 测量模板法兰的外径（4678mm），以确保锚栓圈径，检查组装好的锚笼的圆环（几何圆形）充实度。允许最大偏差为 2mm。

11.5.5　基础钢筋工程

（1）钢筋进厂要有合格证，进厂后要进行复试（见证取样），合格后方可使用。

（2）钢筋采用加工场制作，现场绑扎成形的施工方案。

（3）钢筋表面要洁净无污染。损伤，带有油漆、老锈的钢筋不得使用。

（4）钢筋在存放过程中，不得损坏标志，按批分别堆放整齐，状态标识清楚，并采取覆盖措施，预防锈蚀或污染。

（5）下料前要先现场放样，根据钢筋原材长度和钢筋下料长度统筹安排，编制钢筋下料表，减少钢筋损耗，避免钢筋浪费。钢筋下料表审核后，才可进行大批量的加工。

（6）钢筋的级别、种类和直径严格按设计要求使用。当需代换时，要征得设计的同意并履行手续。

（7）制成后的半成品钢筋分类、挂牌堆放并架空码放整齐，根据现场需要运至现场进行绑扎，钢筋运料采用运输车运至现场，人工抬入基坑。为保证施工现场的安全文明施工，运料随运随绑，减少占地面积。

（8）钢筋连接，风电机组基础承台上表面放射性钢筋采用一根钢筋通长加工而成，不能焊接也不能绑扎连接；对直径 16～22mm 的钢筋，可采用绑扎连接或闪光对接头焊；对于直径≥25mm 的钢筋，采用直螺纹机械连接，直螺纹机械连接钢筋接头的性能指标应达到 A 级标准；环形等钢筋需要现场封闭连接时，一律采用绑扎搭接，搭接长度为 35d（d 为钢筋直径），不得在现场搭接焊；同一截面内的接头面积应小于钢筋总面积的 50%，连接区段的长度为 45d。

（9）钢筋安装前首先要对垫层进行清理，保证垫层表面清洁干净。

（10）钢筋绑扎使用 22 号火烧丝绑扎，绑扎要全扣绑扎，绑扎顺序先下后上。绑扎前，先根据施工图的钢筋间距划好线，再进行绑扎。绑扎的钢筋要求横平、竖直、规格、数量、位置。间距符合设计和规范要求。绑扎不得有缺扣松扣现象，钢筋网片相邻扣要互相交错，防止顺偏。

（11）钢筋底保护层采用厚度为 110mm、直径为 75mm 的圆形混凝土预制垫块，垫块间隔 800～1000mm 垫在钢筋下部。垫块要提前预制保证其强度。

（12）箍筋弯钩弯折角度 135°，直段长度大于等于 $10d$，纵筋或主筋弯折半径 R，当 $d \leqslant 25$mm 时，$R \geqslant 6d$；$d \geqslant 25$mm 时，$R > 8d$。

（13）钢筋绑扎完成后，进行四级验收，并做好各级检验记录。

（14）当钢筋的品种、级别或规格需作变更时，应办理设计变更文件。

11.5.6 基础模板工程

（1）基础模板使用定型钢模板，基础下部使用大角模板，在模板和基坑侧壁之间用斜撑顶牢。基础上部直径 6m 的圆柱形模板之间采用螺栓连接，同时侧向采用钢丝绳加固，并用 3t 倒链紧固，上中下三道；基础上部直径 6m 的圆柱形模板的上口做半径为 50mm 的 1/4 圆弧造型，以美化混凝土的成型效果。

（2）支模在钢筋绑扎完毕，并经监理验收合格后进行。

（3）模板施工前，模板表面清理干净，并刷隔离剂不得污染钢筋，安装模板用 25t 吊车将模板吊装就位。

（4）支模时在模板底部放置厚海绵条或在支模后要用砂浆封堵模板底，防止模板底部漏浆。

（5）为防止模板底口发生偏移，浇筑垫层时在安装模板线附近插 $\phi 20$ 钢筋头，模板底口与钢筋头间用木楔背紧加固。

（6）模板安装时按垫层上所弹边线进行，下口压边线，将模板调成垂直后进行加固，加固必须牢固稳定可靠。

（7）模板加固后必须有足够刚度、强度，严格检查验收。

（8）在混凝土浇筑前，将模板内的杂物清理干净。

（9）在混凝土浇筑过程中，设专人看护模板情况。

（10）混凝土的强度能保证其表面及棱角不因拆除模板而受损坏时，模板方可拆除。

（11）模板零件随拆随清理，不得随处乱扔。拆下的模板、钢管及附件及时运到指定的地点按规格码放整齐，最后对拆除现场清理一次，将散落的零件全部捡回，损坏的模板及配件挑出，统一处理。拆模后对混凝土外观进行验收，验收合格方可进行下道工序施工。

11.5.7　基础混凝土工程

（1）混凝土采用商品混凝土，在当地选择两家满足要求的商品混凝土厂家。

（2）钢筋绑扎、支模后，经四级验收合格后方可浇筑混凝土。

（3）混凝土的水平运输采用混凝土罐车。混凝土一次性连续浇筑完成。

（4）混凝土采用斜面分层浇筑循环布料，不得一侧下料防止基础偏斜，每层厚度为 30cm，上下层间隔时间不得超过初凝时间 1h，分层浇筑增加散热面，加快热量释放，使浇筑后的混凝土温度分布比较均匀，并可避免形成施工冷缝。控制好混凝土的坍落度和入模温度，并加强混凝土的振捣，确保混凝土的连续浇筑。振捣时振捣棒插入下层 100mm，严禁触碰钢筋、模预埋管，不得漏振、过振。浇筑时，设专人监护模板、埋管、锚栓笼水平度、钢筋的变化。如发现问题，需及时处理。混凝土要从锚栓笼四周均匀下料，锚栓笼周围混凝土必须加强振捣，保证密实。

（5）混凝土振捣使用 4 台插入式振捣棒，每台振捣器负责一面，振捣器电源使用柴油发电机。振捣时要求快插慢拔，并使振捣棒振捣时上下略有抽动，振捣棒移动间距无筋处 600mm，有筋处 400mm，为保证混凝土密实，以混凝土表面不再下沉，不再有气泡上冒为准。上层混凝土要在下一层混凝土初凝之前进行浇筑，振捣棒要插入下一层混凝土 100mm 以上。在振捣界限以内对混凝土进行二次振捣，并及时排除混凝土泌水，提高钢筋与混凝土的握裹力，防止出现裂缝，减少内部微裂，增强混凝土密实度。

（6）浇筑过程中随时检查坍落度，现场不得随意加水。在混凝土浇筑完后、混凝土初凝前及混凝土初凝后分三次抹面压实。

（7）浇筑过程中在现场随机抽取混凝土试块，每 $100m^3$ 取标养、同养试件各一组，每台风电机组需要随机抽取仓内混凝土试样（每台风机基础混凝土取一组、三个试件），并由监理见证取样过程。

（8）大体积混凝土的养护主要为了控制混凝土的内外温差和保持湿度，通过浇水和覆盖相结合的办法。混凝土终凝后开始浇水养护，在基础表面覆盖塑料布保水保湿，然后在基础表面和模板侧面覆盖棉被保温。养护期间，定人定时进行混凝土测温，根据测温结果，调节保温层厚度，以保证混凝土内外温差不超过 25℃，环境温度与混凝土表面温差不大于 20℃，养护 14 天，确保混凝土结构不出现温度裂缝。

（9）为了有效地控制裂缝的出现，必须控制混凝土水化热升温、延缓降温速率、减小混凝土的收缩、提高混凝土的极限拉伸强度、改善约束条件，采取以下措施：

1）降低水泥水化热。

a. 选用矿渣或普通硅酸盐低水化热水泥。

b. 根据试验掺加部分粉煤灰，代替部分水泥。

c. 添加高效减水剂，降低水用量。

d. 使用的粗骨料，选用粒径较大，级配良好的粗骨料。

提高混凝土的极限拉伸强度选择良好级配的粗骨料，严格控制其含泥量，加强混凝土的振捣，以提高混凝土的密实度和抗拉强度，减小收缩变形。

2）大体积混凝土测温。

a. 测温点的平面布置按设计要求布置，即在距离风机基础边缘 4.65m 处，深度距离垫层 1m 处设置 1 个测温点，在基础中心部位，从垫层表面 10cm 处开始，间距 70cm 均匀布置 6 个测温点。基础施工时设专人布设测温点，按规范要求埋设，测温点预埋时要将导线与钢筋连接牢固，以免位移或损坏。测温头（电子测温线）需要塑料布包裹保护，防止被混凝土污染。安排专职人员测温，并对其进行交底。测温人员要认真负责，按时按点测温，不得遗漏，不得作假，做好记录，并且每天向技术人员汇报监测的数据。测温工作要连续进行，前 3 天每 2h 测一次，以后每 4h 测一次，持续测温 14 天，或混凝土强度达到设计强度 85%，或经技术部门批准后停止。测温时发现混凝土内部最高温度与表面温度差大于 25℃，要及时报告，以便采取措施。

b. 混凝土中掺用外加剂的质量及应用技术应符合《混凝土外加剂》（GB 8076）、《混凝土外加剂应用技术规范》（GB 50119）等和有关环境保护的规定。

c. 钢筋混凝土结构、预应力混凝土结构中，严禁使用含氯化物的水泥。

d. 抗冻融性要求高的混凝土，必须掺用引气剂或引气减水剂，其掺量应根据混凝土的含气量要求，通过试验确定。

11.5.8 风机基础接地

风机基础承台呈圆形，半径为 9.5m。风机接地布置采用以风机为中心设置三圈环形水平接地带，最内圈圆环直径约为 4m，并上引四根接地线接至锚栓笼的内缘，同时从相对的两端引两根接地线接至等电位连接导体；中圈和外圈圆环敷设在混凝土基础外开挖的基坑内，直径根据风机基础的桩基位置确定，为 6～9m，接地环由两个连接端连接至等电位连接导体，安装角度相差 180°。

从风机接地网最外圈通过两根水平接地线与箱式变压器接地网相连，为保护箱式变压器免受雷击损害，每根接地线的埋地长度要求大于 15m。对于土壤电阻率小于 50Ω·m 的风机，需要对基础引出线、接地材料采取防腐蚀措施。

风机接地电阻要求：风机与箱式变压器相互间距离仅在 15m 以内，为降低投资及防止地网间的反击，风机接地装置与箱式变压器接地装置应联合成一个接地系统，风机箱式变压器接地系统包括风机及箱式变压器的工作接地、保护接地及防雷接地，其工频接地电阻值按风机制造商要求小于 4Ω，也满足规范要求的低压系统接地装置工频接地电阻不宜超过 4Ω 的要求。根据《建筑物防雷设计规范》（GB 50057）的要求，为使雷电流得到有效泄流，风机接地装置的冲击接地电阻不宜超过 10Ω。

11.5.9　接地网施工要求

地下部分所有接地网各交叉点均应采用可靠焊接方式焊接，搭接长度应满足规程要求，双面焊接，不得有虚焊、假焊现象。焊接处应采取涂防腐漆或沥青等防腐蚀措施。在水平接地体、黏土敷设好之后，剩余的敷设沟内需要回填的部分，要用筛过的细土分层夯实，回填不得用大石块、碎石或建筑垃圾等杂物。

风电机基础接地网采用水平接地为主，以垂直接地极为辅组成复合接地网。风电机基础接地网布置需充分利用土建基础钢筋网，两者需可靠连接。对各风电机基础的接地装置要严格按设计放线、定位、开挖水平接地沟槽，加垂直接地极。基础接地网须引出 4 处接地线与风电机塔筒内部接地线可靠连接。开挖中发现有直埋电缆和地下管道时，应先小心将电缆附近的土挖开，注意保护电缆和地下管道。

施工中发现地下有异物要及时报告安全负责人决定施工方法。如发现有损伤地下电缆情况要立即停止工作，研究处理办法。

接地装置应符合《电气装置安装工程 接地装置施工及验收规范》（GB 50169—2016）的有关规定，所有不带电运行的金属物体，如电气设备的底座和外壳、金属构架和钢筋混凝土构架、金属围栏和靠近带电部分的金属门框、电缆外皮和电线电缆穿线钢管等均应接地。除另有规定外，对电缆外皮和穿线钢管应做到两端接地。

接地体电焊搭接、焊接前彻底去锈。接头处作严格防腐处理。

接地引线在地面上、下各 40cm 的范围内不得有焊接头。

电焊焊接应平整无间断，不应有凹凸、夹渣、气孔、未焊透及咬边等缺陷。

每个风电机接地网施工完成后应分别单独实测接地电阻值。

11.5.10　基坑回填工程

基坑的回填应在施工监理和建设单位代表确认并填好隐蔽工程验收记录后方能回填。

混凝土强度达到 70%后，可进行回填。

回填前基槽内的木块、碎砖等建筑垃圾应清理干净，积水应抽取干净。经监理验收完毕、符合要求后，方可开始回填。

回填采用蛙式打夯机分层夯填，每层厚度 20～30cm，打夯遍数为 3～4 遍，对于蛙式打夯机不能走到的地方，辅以木夯夯实。打夯机行走应采取一定的路线，一夯压半夯，不得有漏夯的地方。

填方应从最低处开始，由下向上分层铺填压实，每层厚度以 30cm 左右为宜，经夯实后，再回填下一层，压实度要求大于 90%。压实标准为轻型击实。施工过程中应随时检查排水措施、每层填筑厚度、含水量控制、压实程度。基础施工完毕后及时回填基坑并平整场地，然后方可施工上部结构。

11.5.11 风机基础沉降观测

每台风机基础设置 4 个沉降观测点，对 4 个观测点均需观测和记录。

1. 观测要求

基准点尽量靠近观测点位置，但在基础沉降影响范围之外，即距风机基础边缘至少大于 80m，基准点不少于 3 个。

2. 观测时间与密度要求

（1）基础浇筑完成混凝土终凝当天开始第一次观测。

（2）基础浇筑完成后一周每天观测一次。

（3）基础浇筑完成一周后每 1～3 月观测一次。

（4）机组安装当天开始新一轮观测。

（5）机组安装后的一周每天观测一次，一周后每周一次。

（6）机组安装 1 月后第一年每月一次。

（7）机组安装第二年观测 2～3 次。第二年以后每年观测一次。

（8）当发现观测结构异常时或监理有要求时，应加强观测。

11.6 施工质量保证措施

11.6.1 组织保证措施

建立强有力的项目经理班子。我公司选派具有丰富的施工经验及较强组织协调能力的人员组成项目班子，为实现质量目标提供有力的组织保证。

公司各部门对项目经理部提供资金、技术、人员等方面的支持。对项目经理的工作进行固定连续的检查督促。协调项目经理部进行企业内部的各种协调工作。

项目质量管理应以业主项目部目标为总目标，即“达标投产、争创行优”，并不断改进质量过程控制，并根据专业特点制定该工程的质量管理重点，建立质检小组，对施工中可能出现的质量问题，进行原因分析，制定出预防措施，把质量问题消灭在萌芽状态。

项目经理部建立项目质量责任制和考核评价方法。项目经理应对项目质量控制负责。过程质量控制应由每一道工序和岗位的质量负责人负责。

建立动态质量控制体系，及时测定分析工程当前的质量动态，分析原因并采取有效对策，以随时、全面地控制工程质量，实行一个中心、二勤、三不放过、四个百分之百。

一个中心：以人为中心，加强对人的质量教育和管理，充分发挥人的积极性。

二勤：指挥人员、管理人员、质检人员、操作人员对质量工作做到勤看、勤管。

三不放过：质量管理过程中，问题原因查不清不放过，责任者未受到教育不放过，没有防范措施不放过。

四个百分之百：对于各个分项工程的质量工作施工前百分之百交底，施工中百分之百跟踪，施工材料、施工完毕百分之百检查，发现问题百分之百纠正。

11.6.2　管理保证措施

（1）以质量目标为核心，建立健全“全面施工质量管理”领导机构和配备各级质量管理人员，坚持持证上岗制度。在施工前对施工人员进行上岗培训并进行考核，不合格不能上岗。实行责任到人的管理办法。

（2）推行工程师质量负责制度，健全工程质量控制体系。严格把关，不合格产品不转入下一道工序。

（3）加强“工法”管理，以“规范”“标准”为准则，加强质量意识教育，遵守各项质量管理制度；以提高技术素质为中心，强化质量意识，确保工程质量。

（4）为了增强各管理人员、项目部质量人员及各作业班组的创优意识及精品意识，制定专门的管理办法，对重点部位、重点工序实行奖优罚劣制度。

1. 施工组织设计、施工方案编制及审批制度

在整个工程开始施工前，结合工程实际情况，在项目经理领导下由项目总工负责编写工程施工组织设计。该设计必须技术可行、经济合理、工艺先进，有利于施工操作、提高质量、加快进度、降低成本。该施工组织设计编制完成后，分别经我公司总工及监理工程师代表审批，并报业主备案。审批通过后的施工组织设计即成为指导整个工程施工的纲领性文件。

在每个单位工程施工开始前，由项目技术负责人主持编写单位工程施工方案。施工方案编写完成后，分别报总工和监理工程师审批。审批通过后的施工方案即成为该单位工程施工的指导文件。

2. 优选施工机械设备

施工机械设备是工程建设中必不可少的设备，对工程项目的施工进度和质量均有直接影响，因此在工程实施前，从保证施工质量的角度出发，本着因地制宜、因工程制宜，技术上先进、经济上合理、生产上适用、性能上可靠、操作维修方便等原则，选择施工机械设备，使其满足工程施工需求，保证工程质量的可靠性。

3. 材料质量制度

工程所需的原材料、成品、半成品等是工程施工的组成部分，材料质量是工程质量的基础，对所用材料、物资进行严格的质量检验和控制，加强对现场材料的管理，从以下几个方面提高材料的质量保障：

（1）掌握材料信息，优选供货厂家。采购物资时，须在确定合格的、有信誉的厂家采购，所采购的材料或设备必须有出场合格证、材质证明和使用说明书，对材料、设备有疑问的禁止进货。

（2）合理组织材料供应，保质、按量、如期满足工程需求，确保施工正常进行。

（3）合理组织材料使用，加强运输、仓库、保管工作，避免材料变质，减少材料损失，确保材料质量。

（4）严格控制、采购材料的质量；加强材料检查、验收，严把材料质量关。各类材料到场后必须组织有关人员进行抽样检查，发现问题立即与供货商联系，不合格者坚决退货。

（5）搞好材料复试取样、送验工作。采购物资根据国家、当地政府主管部门规定、标准、规范或合同规定要求及按批准的质量计划要求抽样检验和试验，并做好标记，确保材料质量。

（6）根据施工进度计划，合理安排材料、存放空间和顺序，各种不同类型、不同型号的材料分类堆放整齐。水泥、白灰等在运输、存放时需保留标牌，按批量分类。

4. 测量复核制度

（1）在施工组织设计中编制测量复核计划，明确复核内容、部位、复核人员及复核方法，并在施工过程中严格执行。

（2）加强对各施工工序的测量控制，达到有关规范的要求。

（3）施工过程中，未经复核或复核不合格的均不得进行下道工序施工。

5. 人员培训制度

全体施工人员在施工开始前先经技术素质和质量意识培训，培训完毕并考试合格后竞争上岗。

6. 施工前交底制度

（1）在每道工序施工前，施工员必须依据施工图纸、施工方案对有关施工队（组）进行技术、质量、安全书面交底，交底内容必须包括操作方法、操作要点及质量标准等。

（2）技术、质量、安全书面交底必须经有关人员签字生效，做到交底不明确不操作，不签字不操作。

7. 自检、互检、交接检及工序质量评定制度

（1）工程施工过程中，施工班组必须设质量负责人，工序完成后要做自检，各工号经理负责督促、检查工号的自检工作。

（2）每道工序施工完毕后，由施工班组、施工员、质检员进行工序质量评定，工序评定合格后邀请工程师验收，验收完毕方可进行下道工序。

8. 隐蔽工程检查验收制度

隐蔽工程的检查验收是防止质量隐患和质量事故的重要措施。如果某一道工序的施工结果被后道施工工序所覆盖，该工序必须进行隐蔽工程验收。隐蔽验收由项目部质量负责人主持，请设计单位、业主、工程师参加。隐蔽验收的结果及时填写《隐蔽工程验收记录》，并请有关人员及邀请单位签认。

9. 奖优罚劣制度

为了增强项目部管理人员、项目部质量人员及各作业班组的创优意识及精品意识，制定专门的管理办法，对重点部位、重点工序实行奖优罚劣制度。

11.6.3　施工安全保证措施

建立严格的经济责任制是实施安全管理目标的中心环节；运用安全系统工程的思想，坚持以人为本、教育为先、预防为主、管理从严是做好安全事故的超前防范工作，是实现安全管理目标的基础；机构健全、措施具体、落实到位、奖罚分明，是实现安全管理目标的关键。

项目部成立项目经理挂帅的安全生产领导小组，作业队成立以队长为组长的安全生产小组，全面落实安全生产的保证措施，实现安全生产目标。

建立健全安全组织保证体系，落实安全责任考核制，实行安全责任金“归零”制度，把安全生产情况与每个员工的经济利益挂钩，使安全生产处于良好状态。

开展安全标准化工地建设，全线按安全标准工地进行管理，采用安全易发事故点控制法，确保施工安全。

11.6.4　绿色文明施工措施

（1）建立创建安全文明工地领导小组，全面开展创建文明工区活动。

做到“两通三无五必须”，即：

两通：施工现场人行道畅通，施工现场排水畅通；

三无：施工中无管线高放，施工现场无积水，施工道路平整无坑塘；

五必须：施工区域与非施工区域必须严格分离，施工现场必须挂牌施工，施工人员必须佩卡上岗，现场材料必须堆放整齐，工地生活设施必须文明。

（2）加强宣传教育，提高全体施工人员对文明施工重要性的认识，不断增强文明施工意识，使文明施工逐步成为全体施工人员的自觉行为，讲职业道德，扬行业新风。

（3）在制定安全、质量管理文件时，一并考虑文明施工的要求，将文明施工的精神融汇于安全、质量的管理工作中去。

（4）注重施工现场的整体形象，科学组织施工。对现场的各种生产要素进行及时整理、清理和保养，保证现场施工的规范化、秩序化。

1. 开展文化活动

建造宣传栏、黑板报等文化设施，大力宣传工地文明施工、安全、质量、环保等有关的规章制度以及有关法律、法规的基本常识，增强职工的文明施工、遵章守纪的意识。

每月出一期工地简报，宣传文明施工活动，展示工地施工动态，表扬先进，批评落后。

开展劳动竞赛活动，及文明班组创建活动。

2. 做好施工作业场区管理

按施工组织设计的总平面布置要求对施工现场进行统一规划，合理布置各施工区域。

施工现场主要道路出入口设置专人值守，与施工无关的人员、车辆禁止出入。设置醒目、整洁的施工标牌。

在施工区内设置必要的信号装置，包括标准道路信号、报警信号、危险信号、控制信号、安全信号、指示信号。

保证施工现场道路畅通，场地平整，无大面积积水，场内设置连续、畅顺的排水系统，合理组织排水。

现场建筑材料的堆放，按照总平面布置指定的区域范围分类堆放，材料堆放由专人管理、专人清扫，保持场内整洁。

在施工区内适当的位置设置宣传教育栏，进行文明施工管理、安全保证等方面的教育宣传。

生产生活用水、电管线要沿线路边上挂（铺）设，避免乱拉接现象。

施工现场防火、用电安全、施工机械、散体物料运输等，严格执行国家或地方有关规范、规程和规定，禁止违章行为。

工程主要作业场所，实行管理区域责任制挂牌施工，管理责任落实到人，定期检查及评比。

对工作场所完工及下班前必须清理整洁，物品、机具、机械摆放整齐，做到工完场清，保证场容整洁。

3. 绿色文明施工考核、管理办法

文明施工管理系统实行分层管理，项目经理对整个工程文明施工进行宏观控制，项目部相关人员对文明施工进行全过程控制，施工队和作业班组对承担的项目或工序文明施工自我控制。

文明施工管理和监督领导小组依据该工程项目文明施工管理实施细则，将文明施工的评定分为“优良”“合格”“不合格”三个等级，按分项、分部、单位工程及施工厂队和作业班组逐级评定。

每周由文明施工管理和监督领导小组按实施细则进行详细检查，并认真做好记录。

提倡文明作业，严禁野蛮施工，对野蛮施工的行为进行制止，一经发现不论是否造成损伤，一律给予经济处罚。

文明施工管理监督机构每月进行一次文明施工评比，设月文明施工流动红旗，对得到流动红旗的施工厂队和作业班组进行奖励，对文明施工做得较差的施工厂队和作业班组进行经济处罚，限期改正。

11.6.5　环境保护措施

工程在施工期间将会给周围的环境带来一定的影响。污染的主要来源是施工期产生的废水、废气、废油、噪声、浮尘、建筑垃圾、生活垃圾等。对以上污染源，总承包单位在施工中采取相关的环境保护措施加以控制，最大限度地减少施工活动给环境及周围群众造成的不利影响。

第 12 章

混凝土塔筒设计与施工技术

混合塔筒是指塔筒结构采用钢材与混凝土材料组合的新型预应力混合式风电塔架。由于混合塔筒自振频率在 1P 与 3P 之间，避免与叶片的通过频率发生谐振，因而不用改变机组控制策略，其支撑刚度及抗疲劳性能提升，因此混合塔筒在风电高塔领域中具有独特优势。2015 年以前，目前仅有 15、35m 等高度较低的混凝土塔筒技术，55m 混凝土塔筒技术在国内对混塔工程领域的研究较少，国家/行业还未出台相关的标准，在行业内基本处于空白状态。

12.1 设 计 思 路

项目从高邮东部风电场项目的区域特点、风资源情况、现场交通运输情况、气候条件、当地社会经济发展水平等方面的现实条件和技术难点出发，根据国外混合塔架相关经验和以往混合塔架的经验，对该项目关键技术进行了研究和应用。

项目位于江苏省高邮市三垛及甘垛两个乡镇，场地较为平整，区域周边多为农田、鱼塘，气象站多年最大风速为 18.3m/s，多年极大风速为 25m/s。根据对测风数据的分析，风电场区空气密度为 1.225kg/m^3，轮毂高度处（140m 处）风速为 5.3～6.25m/s，50 年一遇最大风速为 22.51～23.06m/s，50 年一遇极大风速为 26.12～28.71m/s，15m/s 湍流强度特征值为 0.119～0.143，是典型的低风速高切变地区。

风场区为平原，地形平坦。根据分析计算，采用高轮毂塔架（140m）。塔架高度 140m，其中预应力装配式混凝土塔架高度 55m，上部钢塔架 85m。钢混塔架形式在不改变塔架自身频率的同时，利用风剪切特性使高层风资源开发变得有价值，使该区域风电场建设收益有所保障。项目研究工作技术路线如图 12－1 所示。

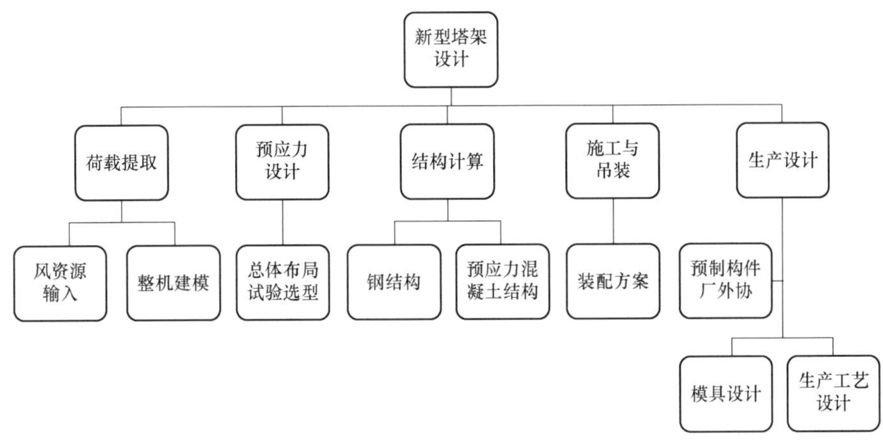

图 12-1　项目研究工作技术路线

12.2 混 塔 设 计

12.2.1　载荷提取

首先，针对深能高邮东部 100MW 风电场风资源特征进行分析并结合市场需求选择合适的轮毂高度、机型及适应的风资源数据。

其次，在总体技术设计方案的 Blade 载荷处理程序中输入这些风资源数据，输入塔架材料属性数据，将塔架与风机基础、机头、叶片整体建模，通过多体动力学分析和整机频率为研究重点，得出初步载荷。

最后，根据国内建筑行业的载荷标准进行载荷的组合，提出满足大直径装配式塔架设计所需的载荷。

通过对项目整机模型计算，该项目使用 140m 高混合塔架可得到最优经济性。

12.2.2　预应力设计

在整机建模计算的基础上，确定了采用 140m 混合塔架的形式。55m 高的混凝土塔架部分采用无黏结后张拉预应力体系。通过索具行业调查、试验报告收集、疲劳次数和疲劳幅值的转化计算，结合混凝土塔架的结构布局进行预应力索具锚固法兰的设计、索体设计、锚固端头设计，并进行 1000 万次疲劳试验（市场现有产品为 200 万次），以复核是否满足实际工程所需求的疲劳幅值。同时结合以往 120m 高塔架的实际使用经验，对项目的预应力进行设计。

为保证塔筒均匀受力，在塔筒周圈均匀布置 40 个预应力孔道，根据计算要求，在每孔预应力孔道布置相应预应力索数量。

项目 140m 钢混式风力发电机组塔架预应力工程采用后张无黏结预应力结构体系，其性能应参照《预应力混凝土用钢绞线》（GB/T 5224）的规定。

预应力钢绞线采用ϕ_s15.2 低松弛无黏结钢绞线，抗拉强度标准值为 1860N/mm^2，张拉控制应力为 1280N/mm^2，张拉端采用 12 孔群锚锚具，固定端采用 ovm.M15A－12 成套锚具，张拉端为斜锚具。

12.2.3 结构设计

结构设计计算需要满足《建筑地基基础设计规范》（GB 50007）、《建筑结构荷载规范》（GB 50009）、《混凝土结构设计规范》（GB 50010）、《建筑抗震设计规范》（GB 50011）、《高耸结构设计标准》（GB 50135）、《预应力混凝土用钢绞线》（GB/T 5224）、《预应力筋用锚具、夹具和连接器》（GB/T 14370）、等结构和风电行业规范。

混凝土塔筒为 0.500～55.560m 塔架结构，结构设计计算包括以下几个部分：

（1）承载力极限状态下，混凝土塔架各计算截面抗弯承载力、抗压承载力计算；

（2）承载力极限状态下，混凝土塔架端部锚固区局部受压承载力计算；

（3）正常使用极限状态下，混凝土塔架各计算截面应力控制、裂缝控制验算；

（4）疲劳极限状态下，混凝土塔架各计算截面疲劳验算；

（5）承载力极限状态下，混凝土塔架各计算截面抗震计算；

（6）承载力极限状态下，混凝土塔架有限元分析。

通过计算，混凝土塔架连接结构计算结果如下：

（1）塔架各计算截面抗弯、抗压承载力满足要求；

（2）塔架端部锚固区局部受压承载力满足要求；

（3）塔架各计算截面应力限制满足要求；

（4）塔架各计算截面裂缝控制满足要求；

（5）塔架各计算截面疲劳满足要求；

（6）塔架各计算截面抗震承载力满足要求。

采用 ABAQUS 软件进行实体有限元静力分析计算，分析混凝土塔架和基础结构的受力情况，找出 55m 预制装配式混凝土塔架受力薄弱部分，为预制装配式混凝土塔架的设计提供参考。

塔架为 55m 分片预制装配式混凝土塔架，在各预制混凝土段拼接处、塔架与基础连接位置、锚具与塔架结构接触位置均采用摩擦接触模拟，接触单元只受压不受拉。预应力索与锚具之间采用刚性梁建立约束关系。同时在塔筒顶部中心建立参考点，与塔筒壁采用刚性梁连接，以便施加风机载荷。

塔架整体结构线性静力分析时，通过三个分析步骤将载荷逐步施加到结构上。第一步施加预应力荷载和螺栓预应力，使得钢绞线中拉应力为 1280MPa 和螺栓预紧力为 630MPa。

第二步施加重力荷载，重力加速度取 9.8m/s^2。第三步施加极限载荷，荷载输入高程为 58.985m。混凝土塔筒承受的风机弯矩荷载和剪力荷载可能来自任何方向，参考已有的工程算例确定门洞位于受压区，极限弯矩荷载叠加轴力荷载作用下门洞位置的主应力数值最大，此时为极限弯矩荷载的最不利作用方向。

图 12－2～图 12－5 所示为部分计算分析结果，从这些结果文件中可以看出，混凝土塔筒有限元分析结果同工程算法结果保持一致。

12.2.4　生产设计

生产设计包括模具设计和生产工艺设计。模具保证预制构件的生产质量，生产工艺设计解决预制构件预制和吊装过程中涉及的工艺问题。

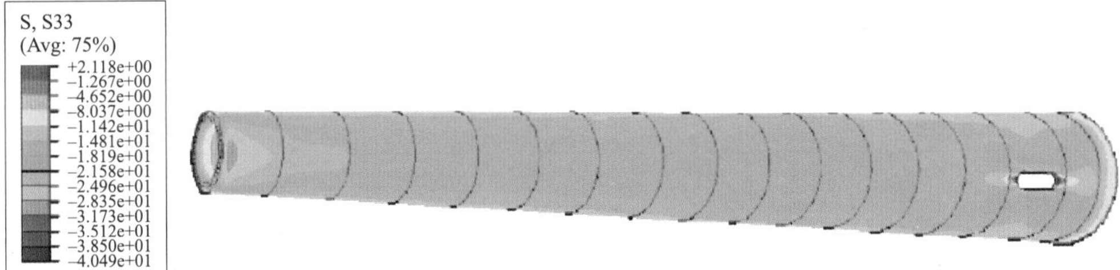

图 12－2　背风侧塔筒主拉应力

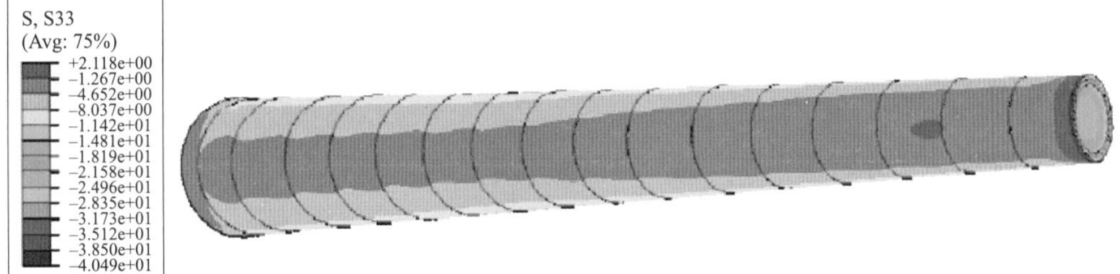

图 12－3　迎风侧塔筒竖向应力

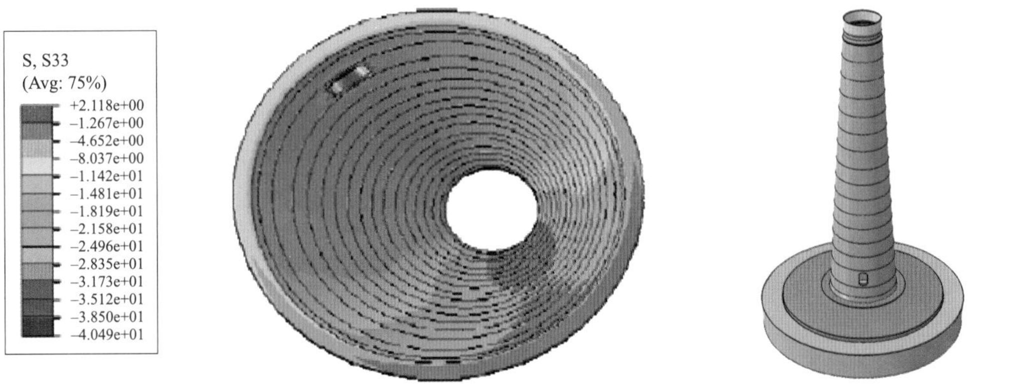

图 12－4　塔筒内侧竖向应力　　图 12－5　预制装配式新型塔架结构模型

12.3 混凝土塔筒施工

12.3.1 混凝土塔筒段预制

项目考虑国内的场地环境、施工技术要求等因素，结合以往类似工程经验，制定了符合预制混凝土塔筒的施工方案。混塔预制施工工艺流程见图 12－6。

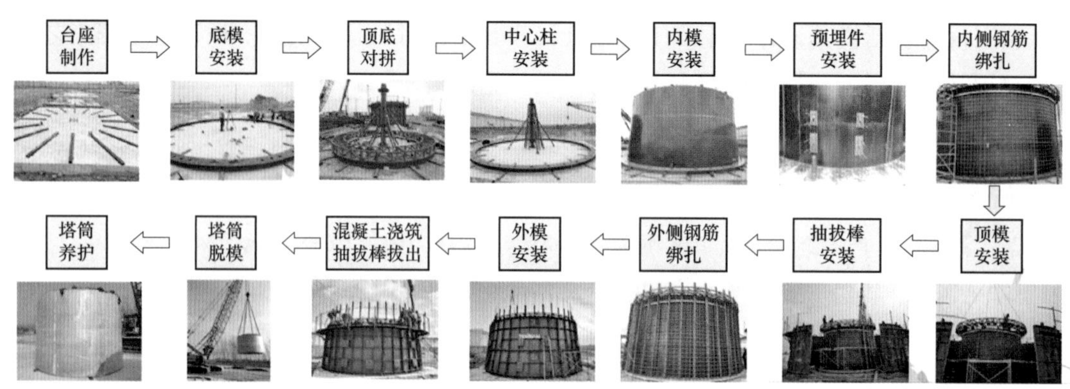

图 12－6 混塔预制施工工艺流程

1. 预制场地选择与布置

预制场地选择需要考虑的因素包括环保问题、离风机位的距离、场地面积、C60 混凝土供货能力等。

首先要考虑环保方面是否有问题，距民宅不可太近，防止噪声扰民，同时还需要考虑使用以后恢复原样，搞好水土保持。

场地面积包括预制场、钢模板堆放场、预制成品堆放场、钢筋堆场、钢筋制作加工场、场内环型道路、办公区、停车场、有条件的地方可以建民工临时住房。

混凝土要求采用 C60，因此混凝土所用的水泥、石子、黄沙、外加剂要求较高，因此，需要实地走访周边的混凝土厂家，考查 C60 混凝土厂家的原材料质量、级配及工艺要求和供货能力。

场地布置，按同时预制一套塔筒需要的模板计算，需要 9000m^2，同时预制两套混凝土塔筒场地设计与布置。按场地实际情况，确定场地布置图，考虑施工用水、用电、排水及施工预埋要求，为文明施工做好准备。塔筒台座按常规布置排成两排，直径大的与小的配对，台座与台座之间的净间距为 5～6m。图 12－7 所示为 23m × 100m 的布置图。

预制场地的要求，场地清表、平整场地、处理局部低洼部位，用 18t 压路机振动压实，土基的压实度应不小于 85%，达不到要求的要进行地基处理。堆放场地的设计，在土质较差场地，换填 500mm 砖渣、压实，面层 150mm 厚 C30 素混凝土。

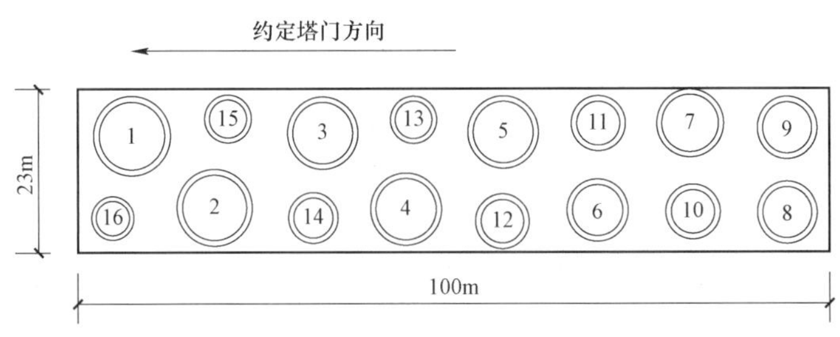

图 12－7　塔筒放置

场地施工道路的要求，要比基础台座要求高，防止大型履带吊的重压造成土体隆起，伤害到台座的水平。场地内施工道路需用 18t 压路机振动压实，土基的压实度应不小于 90%，达不到要求的要进行地基处理。

经多次考察，预制场地选择在高邮市车逻镇京杭大运河北岸边，距离项目约 9km，紧邻 C60 混凝土供货商。占场地面积 45 亩（30000m^2）。进出场地道路宽，交通方便。

2. 基础台座制作

在土路基上按场地布置方案，进行定位放线，做台座的圆形基础。基础的宽度为 1.3m，厚度为 0.3m，基础的中心线按塔门中心线确定。基础台座制作见图 12－8。

台座支模

台座基础

图 12－8　基础台座制作

3. 模板安装

（1）模板准备。工程使用混凝土塔筒预制专用模板作为混凝土胎模。在安装前进行打磨，涂刷脱模剂，底模板安装校正后。模型进场后应对模型进行细致全面的检查，进行试拼装。

（2）模板预拼装。

1）底模拼装。在台座上安装塔筒的底模（见图 12－9）。以中心点为准，按底模内半径画圆，按圆弧位置安装底模，并把四块底模拼在一起。测量底模的水平度、内外半径。

复核内圆与圆心的关系，合格后用满焊固定底模。在圆心预埋件上安装中心立柱（见图 12－10），和立柱上的支撑组成一个稳定的结构。

图 12－9　底膜拼装

图 12－10　中心立柱

2）内模、端模预拼装。内模由 10 块钢模组成，其中 2 块快拆模板。内外模板按塔门中心点开始安装。整套钢模板在出厂时均有编号，第一块模板的边对准塔门中心线，其他模板按编号顺序拼装。内模验收合格后进行打磨，涂刷脱模剂。经现场试验段试验，对比了模板布、脱模剂、模板漆、色拉油，最后选择了色拉油作为脱模剂。

对需要分片预制的混凝土塔筒段需安装端模（见图 12－11）。端模是通过螺栓固定在内模上的。端模的总厚度为 100mm，中间是空的，为的是通过预留孔预留钢筋，预留钢筋用于现场拼装的锚固。安装端模后，在端模上刷上缓凝剂，端模的两侧模板外边留 20mm 不刷。除了方便拆模，也便于高压水枪把混凝土塔筒端部冲成毛糙面。

图 12－11　内模端模安装

3）外模、顶模预拼装。外模板组装方法同内模，也要按顺序对准门洞中心线安装，内、外模板验收合格后，可以安装顶模。顶模由四块钢构组成，按编号顺序在地面拼装（见图 12－12）。

模板预拼装精度控制是整个混塔预制过程中精度控制的重要环节，如果预拼装达不到标准精度要求，将严重影响整个后续混塔后续预制的精度。模板预拼装精度验收标准见表 12－1。

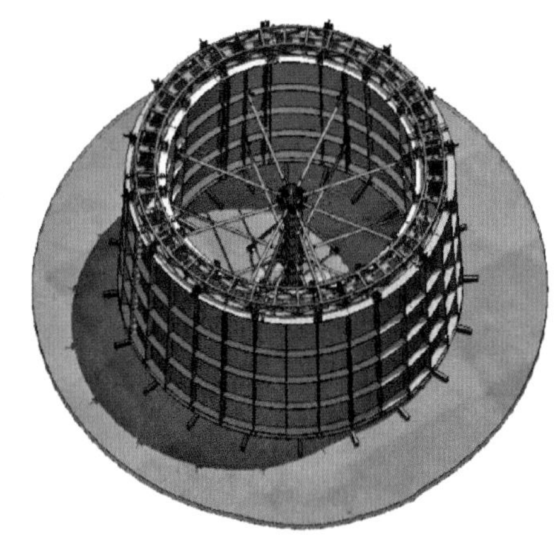

图 12－12　模具三维示意

表 12－1　　**模板预拼装精度验收标准**

序号	检查项目	验收标准（mm）
1	底模水平度	±2
2	底模外半径	±2
3	底模截面尺寸	±2
4	内模半径	±2
5	上口截面尺寸	±2
6	内模平整度	≤2
7	外模平整度	≤2
8	预埋件标高	≤3
9	顶模埋件平整度	≤5
10	预留门洞下口最低标高	±5

（3）预制钢筋制作安装。首先拆除预拼装的顶模、外模板，然后进行预埋件（见图 12－13）的安装，接下来内层钢筋绑扎（见图 12－14），接着进行预埋件和接地扁铁、抽拔棒的安装和外层钢筋的绑扎。绑扎钢筋的顺序为先立竖筋，然后绑环筋。

埋件1

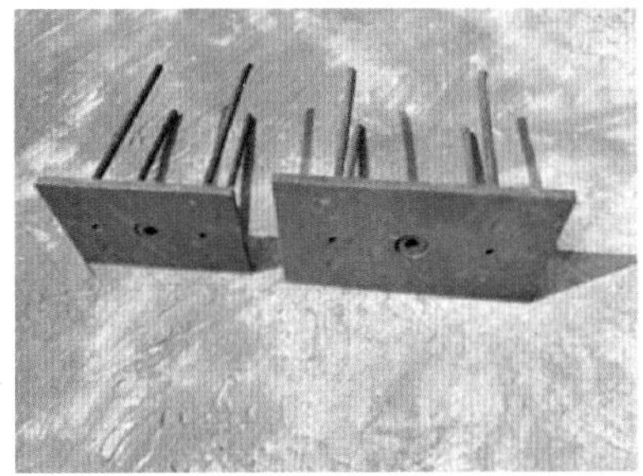

埋件2

图 12－13　塔筒埋件（一）

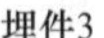
埋件3

埋件4

翻转埋件

图 12－13　塔筒埋件（二）

图 12－14　钢筋绑扎

（4）混凝土施工。塔筒的混凝土设计强度是 C60，抗冻等级 F50。通过在现场试验段浇筑确定混凝土的坍落度为 180mm±20mm。为确保混凝土的整体性，要求混凝土连续浇筑、分层浇筑，每层浇筑高度控制在 500mm 以内，分层振捣，要每隔 300mm 水平距离振捣一次，振捣棒要快插慢拔，减少气泡生成。定人定点振捣，防止漏振。

塔筒的养护，冬天采用蒸汽养护（见图 12－15）。蒸汽养护的效果显著，混凝土强度 24h 能达到 C30 以上，能确保拆模、吊运至堆场（见图 12－16）。

蒸养机

蒸养蓬布

图 12－15　蒸汽养护

图 12－16　预制完成后的塔筒片

12.3.2　混凝土塔筒段运输与拼装

预制塔筒装车、运输（见图 12－17），由于单段塔筒最大重量达到 70t，最高有 4.2m，分片后最宽有 6.52m，所以需要选择大型拖板车。如有需要提前处理。其次需到当地交通管理部门办理大件运输手续，得到交通管理部门批准方可运输。

塔筒运输的捆绑

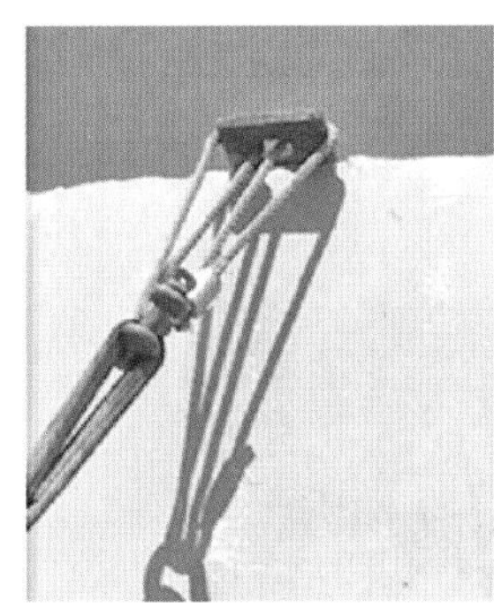

捆绑节点

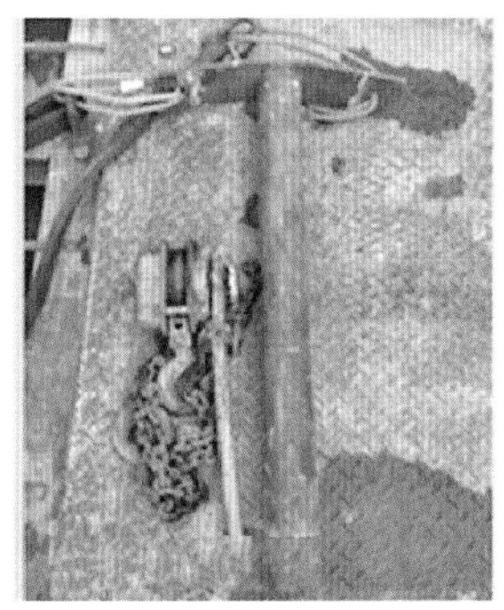

节点锚具与拉紧器

图 12－17　塔筒运输

为了顺利安全运输，要认真选择运输路线。提前了解沿线交通、村镇过道、村间小桥、电力线、通信线及影响走行的障碍物情况，对于转弯路面不够宽的，要提前做好加宽工作。塔筒装车后的捆绑要牢固，塔筒的顶部要安装至少三个节点锚具，用吊带配合手拉葫芦拉紧器拉紧。

混凝土强度达到 60MPa 后，利用平板车将混凝土塔筒运输时吊装平台，并放置在 6 个调平支撑模块上（见图 12－18）。利用支撑模块下方的螺栓调整塔筒的水平度，水平误差控制在 2mm 之内。U 形钢筋搭接部分宽度 100cm，误差控制在 2mm（见图 12－19）。

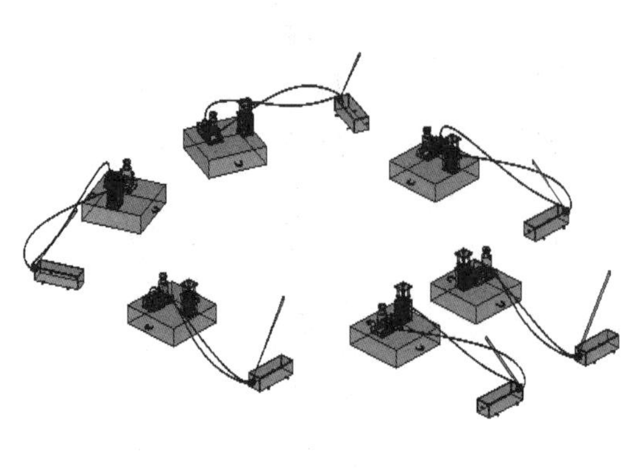

图 12－18　拼装示意

将 2 个 ϕ25 纵向钢筋从顶部穿入 O 形中，并利用电焊将纵向钢筋与 U 形钢筋进行连接。验收合格后进行模板施工，浇筑 C80 高强度灌浆材料，待强度到达设计要求后拆除模板（见图 12－20）。

图 12－19　混凝土塔筒对拼效果

图 12－20　拼缝完成后效果

12.3.3　混凝土塔筒吊装

混凝土塔筒部分吊装步骤：① 清洗混凝土塔筒；② 检查混凝土塔筒四处吊点；③ 准备找平材料；④ 安装吊点连接件；⑤ 使用找平材料找平基础水平度；⑥ 安装第一节塔筒；⑦ 调整一节塔筒水平度，并安装上一节塔筒；⑧ 重复第 7 个步骤直至安装第 16 节塔筒；⑨ 钢塔转换段安装；⑩ 预应力索穿束；⑪ 预应力索张拉（见图 12－21）。

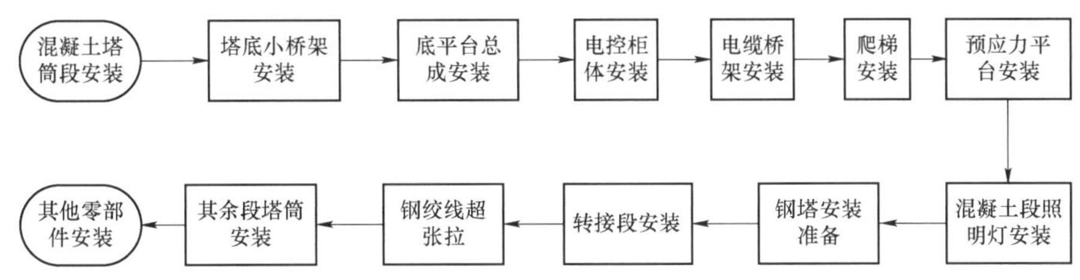

图 12－21　混凝土塔筒吊装流程

1. 第 1 段塔筒吊装

第 1 段塔筒吊装之前，塔筒抽拔棒（见图 12－22）已安装完成。先将基础凹槽内局部突出部位打磨平整，清理干净后洒水润湿，在凹槽六个预埋件的位置安放调平垫片（见图 12－23），其厚度在 10～15mm 内，用扫平仪对垫片进行调平（见图 12－24），使调平后的埋件水平度偏差控制在 3mm 内。基础预留孔道用泡沫临时封堵，防止坐浆料进入孔道影响预应力施工。

塔筒上口安装吊具，同时开始拌和坐浆料（见图 12－25），水灰配比在 0.12～0.14 范

图 12－22　抽拔棒安装

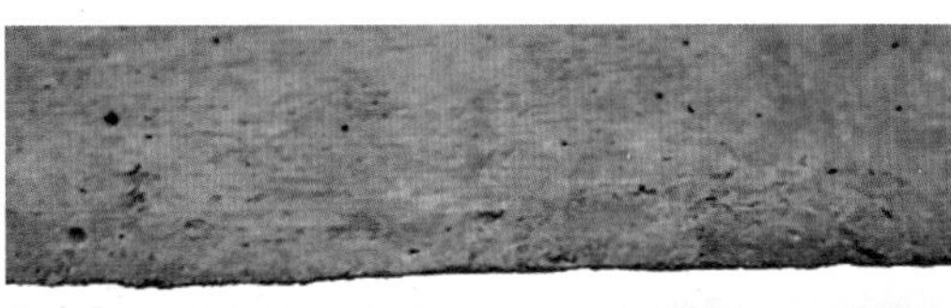

图 12－23　埋件调平

图 12－24　调平垫片

图 12－25　坐浆料拌和

围内。由于首段塔筒直径接近 10m，所需坐浆料用量较大，要求在搅拌时采用两台搅拌机同时作业，现场准备好塑料布，坐浆料摊铺后，表面进行覆盖，防止水分挥发，引起假凝现象。表面如有假凝现象，立即用喷雾器喷雾湿润。摊铺完成，信号工指挥吊车进行塔筒对孔坐浆，在塔筒下落至 500mm 高度处，工人使用特制钩爪钩住抽拔棒使其位置与基础预留孔道一一对应，缓慢跌落塔筒，最终下落至调平垫片上完成坐浆。

塔筒下落挤压外翻的坐浆料，要求内壁处抹平（见图 12－26），外壁处形成低于基础面约 20mm 的凹槽，后续在上面做防水层，同时将第 1 段塔筒与风机基础做接地处理。吊具脱钩后拔取抽拔棒，进行第一次通孔（见图 12－27）。试块制作：坐浆料试块尺寸 40mm×40mm×160mm，留置数量共不少于三组，置于塔筒顶、底部各一组，同条件养护，一组送实验室标养。

图 12－26　坐浆料摊铺

图 12－27　抽拔棒通孔

第 1 段塔筒坐浆完成后，在其上口以塔门方向、垂直塔门方向以及两条平分线的四个直径为基准，用四条工程线相交出塔筒中心，用吊线锥传递至基础盖板作为整个塔筒吊装的中心参考点。

2. 第 2～15 段塔筒吊装过程

第 2 段塔筒吊装时，内附件弧形梁、钢平台以及抽拔棒已安装完成（见图 12－28）。在第 1 段塔筒内壁搭设脚手架作为第 2 段吊装的操作平台，将第 1 段塔筒上口的六个预埋件调平至水平度偏差在 3mm 内，局部突出部位打磨处理，洒水润湿（见图 12－29）。信号工指挥 400t 吊车起吊第 2 段塔筒至第 1 段塔筒上口，在第 1 段塔筒中心位置架设激光垂直仪（见图 12－30），两名工人穿戴好高空作业安全带，携带钢卷尺一人拉尺头，一人拉尺尾，攀登至第 2 段塔筒上口的直径位置处，拉紧钢卷尺，通过激光垂直仪测量第 2 段塔筒的中心度偏差（由于 2 段钢平台在中心位置没有预留孔洞，在测量中心度时将钢平台临时切割一个可以通过激光的方孔，16 段吊装完成再将孔洞恢复原状），使其在塔门方向和垂直塔门方向的中心度偏差都控制在 10mm 内为合格（见图 12－31 和图 12－32），在塔筒内壁四个位置做好标记。将塔筒悬停至一旁，进行坐浆施工（见图 12－33），完成以后拔取抽拔棒，将第 1、2 段塔筒做接地处理，内壁做勾缝处理（见图 12－34），外壁悬挂的坐浆料进行铲除，后期对外壁再进行整体修整。在吊装前要求对内附件做防护措施，防止在吊装过程中下落的坐浆料附着在内附件上面，后期清理过程对附件造成破坏，第 2 段坐浆完后外爬梯必须安装到位（见图 12－35）。

第 2 段吊装完成后，需要将操作平台安装至塔筒内壁，作为坐浆施工中的平台。在吊装前，需要对操作平台的各项内容注意检查，各项内容合格方可进行操作平台安装。塔筒吊装检查内容见表 12－2。

图 12－28　安装弧形梁

图 12－29　吊具安装

图 12－30　上口预埋件调平

图 12－31　塔筒试拼

图 12－32　中心度测量

图 12－33　摊铺坐浆料

图 12－34　勾缝处理

图 12－35　成品保护

表 12－2　　塔筒吊装检查

序号	检查项目	检查内容
1	平台本体结构	平台有无变形、裂纹
2		伸缩梁有无脱销、断裂
3		镀锌方管有无断裂
4		定位钢筋、定位螺栓是否牢固
5		卡环连接处是否有开裂
6	工器具检查	卡环是否有变形、裂纹
7		钢丝绳是否有断丝、打结现象
8		平台与塔筒连接件是否有断裂
9		连接螺栓是否有断裂
10	吊车检查	吊车钢丝绳是否有打结、断丝情况
11		吊车吊钩是否有防松钩装置

续表

序号	检查项目	检查内容
12	吊车检查	吊车限位是否灵活有效
13		吊钩是否有裂纹、开口度是否不大于原尺寸 10%
14	安全措施落实情况	操作平台竹胶板是否满铺
15		平台内侧圆形围挡是否牢固
16		平台内侧是否有 30cm 挡脚板

第 3 段塔筒吊装过程同上，完成后将操作平台吊出塔筒内壁，安装第 3 段内附件大梁，完成后再将操作平台安装至塔筒内壁。后续第 4～15 段塔筒吊装施工中，每次坐浆完成均需将操作平台提升至上段塔筒并且临时固定，且每两段塔筒都需做接地处理（见图 12－36）。

图 12－36 塔筒吊装

3. 第 16 段塔筒吊装过程

由于第 16 段塔筒的工艺特殊性，在浇筑过程中需倒置浇筑，拆模完成后经过翻转恢复正常位置。浇筑前，先将过渡垫板置于底模上整平到 2mm 内，上口（实际下口）的预埋件调平至 5mm 内再进行浇筑。在进行第 16 段塔筒吊装时，由于第 15 段上口和第 16 段下口两个接触面都有预埋件，其水平度偏差均在 5mm 内，施工要求在第 16 段吊装完成后过渡垫板水平度偏差控制在 2mm 内。实际做法是：先将第 15 段塔筒上口调平至 3mm 内，再将第 16 段塔筒试吊至第 15 段上口，测量第 16 段过渡垫板的水平度，按照内中外三圈，每隔 45° 测一点的方式，三圈数据只做环向对比，偏差在 2mm 内即满足要求。如果测量过程中，局部不满足要求，在此位置做好标记，将第 16 段塔筒悬停至一旁，在第 15 段塔筒相应的位置通过加减调平垫片后重复上述步骤，直至第 16 段过渡垫板水平度偏差三圈都满足 2mm 为合格。第 16 段吊装完成后，将操作平台吊出塔筒内部，再将电气设备安装至第 2 段钢平台上面。

4. 转换段吊装过程

在第 16 段吊装完成，过渡垫板经复测后无误即可进行转换段吊装。在吊装前，400t 吊车先将转换段悬停至 2m 高位置，在转换段下法兰距离内外边缘各 5mm 的位置，连续不断地打一圈密封胶（见图 12－37），完成后要求密封胶均匀连续，不脱落为准。此时允许两名工人随转换段一起起吊，方便转换段就位和固定。转换段和 16 段通过事先安装在 16

段过渡垫板上的两个定位销进行固定，吊装（见图 12－38）完成，测量转换段上法兰水平度偏差，按内中外三圈每隔 45° 测一个点的方式，三圈水平度只做环向对比，满足 3mm 的要求即为合格。

图 12－37 转换段打胶

图 12－38 转换段吊装

12.3.4 混凝土塔筒张拉

1. 施工工艺流程

施工准备→预应力材料准备→下锚点安装→无黏结预应力筋施工→无黏结预应力筋张拉→张拉后预应力筋上下端处理及锚具保护。

2. 操作要点

（1）施工准备。进场施工之前，所有的设备经过校验检查，所有的人员经过安全技术交底，所有材料经过检查、复验并出具了相关报告，施工方案已经报审报验。穿筋之前对孔道进行疏通和下锚点进行检查，确认孔道无问题，下锚点周围混凝土无任何异常。

（2）预应力材料准备。钢绞线经检验合格后，按照施工图纸规定进行下料。按施工图上结构尺寸和数量，考虑预应力筋的长度、张拉设备及不同形式的组装要求下料。140m 塔架预应力筋下料长度为 59.2m。预应力筋下料应用砂轮切割机切割，严禁使用电焊和气焊。无黏结预应力筋、锚具及配件在运达现场后进行妥善保管。

（3）下锚点安装。当基础底模安装完成后，需要根据图纸尺寸进行下节点喇叭口的定位安装。每个塔筒含有预应力孔道 40 条，共需要喇叭口 40 个，对图纸中喇叭口的位置进行放样，找出各个喇叭口相对中心点及相邻喇叭口之间的距离，对喇叭口的位置进行定位，防止喇叭口的位置移动。安装完喇叭口后，再进行底筋及内侧模的安装等工作（见图 12－39）。

（4）无黏结预应力筋施工。根据现场情况采用在塔顶转换段内，用穿束机穿筋的方法穿筋。在进行钢绞线穿束前，先在预留孔道的下端安装锚具支撑架，并把下节点锚具放置于锚具支撑架上。穿钢绞线时由塔筒的上端向下端即张拉端向锚固端用穿束机进行穿筋。

钢绞线穿入孔道后，断筋时使用砂轮锯进行断筋，严禁使用电气焊断筋。

图 12-39　锚具安装

（5）无黏结预应力筋张拉。根据设计要求的预应力筋张拉控制应力取值，单束预应力筋的张拉控制应力为 1280MPa，张拉控制力为 179.2kN，实际张拉力根据实际状况进行按照设计图纸要求采用一次超张拉 5%的方法进行，张拉控制力为 188.2kN。

无黏结预应力张拉工艺流程：吊装钢塔筒转换段→穿筋安装锚具→小顶预紧至设计张拉力的 20%→大千斤顶整体张拉至设计张拉力 105%→锁定锚具，退出千斤顶→量测实际伸长值→校核预应力筋伸长值→预应力筋张拉端处理。

预应力筋张拉顺序：预应力筋采用先用小千斤顶预紧张拉至设计力的 20%，然后再用 250t 大张拉设备分批对称张拉至设计张拉力的 105%，具体张拉流程如下：

1）预应力群锚穿入的预应力筋为 11 根，用小千斤顶进行预紧张拉时，遵循先外后内的原则（依次张拉靠近塔筒圆心的绞线，再张拉远离塔筒圆心的钢绞线），具体张拉的拉索分布如图 12-40 所示。

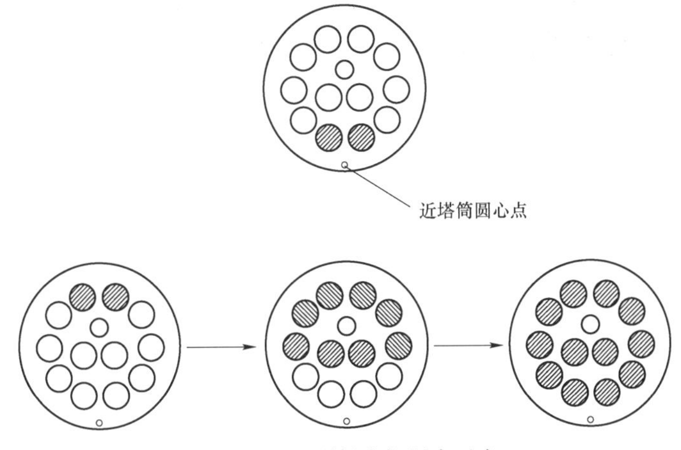

图 12-40　预紧张拉顺序示意

2）250t 大千斤顶张拉完成顺序：预紧完成后用两套千斤顶进行分批次对称张拉，张拉如图 12-41、图 12-42 所示。

（6）张拉后预应力筋张拉端处理及锚具保护。张拉完成经验收合格后，应将混塔上部和基础底部的锚具外露的预应力筋预留不少于 300mm 长度，多余部分可采用机械方法切断，再将张拉端清理干净。切筋完成后，用风电专用防腐油脂将锚具夹片涂抹包裹，然后用专用封端罩把锚具及外露钢绞线罩住，将密封罩内部空间封堵密实（见图 12－43）。

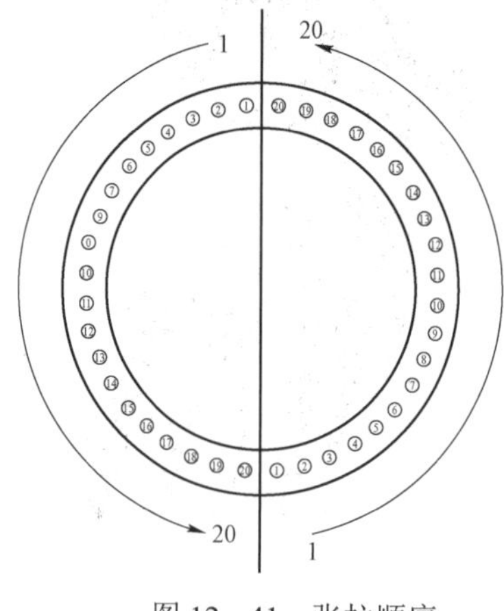

图 12－41　张拉顺序

图 12－42　张拉施工

图 12－43　封锚施工

12.3.5　混凝土塔筒涂装施工

1. 基本要求

塔筒底漆、中漆涂装在每段拼装完成后进行，面漆涂装及水平缝在吊装完成后统一涂装。清水混凝土涂料施工工艺流程：清理基面→缺陷修补→砂纸打磨→底漆涂装→砂纸打磨→中涂及色差调整→吊装坐浆→水平缝处理滚涂→面漆涂装。

深能橙油漆涂料无中涂层，底漆为透明环氧封闭底漆，面漆为深能橙聚氨酯油漆，每层用量 0.15kg/m^2，其余工艺同清水混凝土涂料施工工艺，16 段涂装完成后进行吊装作业。

2. 操作要点

（1）基面处理。施工前除去残留在混凝土面上的细小铁丝、钉子。擦出塔筒表面的标记线，检查塔筒模板拼缝和灌浆拼缝，对突出部位用角磨机打磨。保证基面必须清洁干燥，雨天严禁施工，表面不出现气泡。

（2）涂刷底漆。底漆是把微观保护材和标准底漆两者结合而开发的新型水性浸透型吸水防止型底漆。能够渗透到混凝土基面深层，形成特殊防水结构，产生渗透性吸水防止效果，同时起到封固作用。在底漆的施工中，严格控制边角的涂刷以及整体的均匀度。不得污染塔筒上下表面。

（3）涂刷中漆。因本工艺使用面漆溶解性很强，不能直接在底漆上进行涂装，为了确保涂料整体性能的稳定，必须在底漆与面漆之间涂装专用的清水混凝土保护中涂料作为过渡。施工时温度在 2～35℃，最高空气相对湿度在 85%。对存在色差的部位要及时使用专业色差调整材料修补处理。

（4）面漆涂装。面漆的涂装是整个清水混凝土保护工艺中解决耐污性、耐候性、耐久性的关键程序。能有效地抑制墙体因紫外线及酸雨作用产生的劣化、风化及盐害现象。同时，面漆和底漆产生的吸水防止层相辅相成，可以防止内部钢筋被腐蚀，长久地保持建筑物的坚固和美观。施工时温度在 2～35℃，最高空气相对湿度在 85%。涂饰应均匀，不得漏涂、透底、起皮和掉粉，与其他装饰材料衔接处应吻合，接口清晰。

（5）清理保护。涂刷完成后需要及时保护，防止污染，清理保护需要等到本段施工作业结束且已经渡过养护期，清理的养护材料应作为垃圾送至指定的地点和垃圾箱内处理。

（6）水平缝处理。水平缝涂装采用悬挂吊绳作业平台施工，工作绳悬挂端选择第 16 节内部平台，通常每次放吊绳 2 根，2 个作业面施工，每个作业面作业范围 2m，根据施工进度计划调整吊点数量，保证施工工期。

12.4　质量验收与表格

混塔结构作为一个分部工程或者是子分部工程，在项目实施过程中由于国内没有关于混塔工程的施工与验收的国家或行业标准，为此，项目部与施工单位、监理单位、建设单位、江苏省电力质量监督中心站等对接，多次召开验收标准制定协调会。各类验收标准以《烟囱工程技术标准》（GB/T 50051—2021）、《建筑工程施工质量验收统一标准》（GB 50300—2013）、《混凝土结构工程施工质量验收规范》（GB 50204—2015）等为依据，形成了多项验收表单供项目使用。验收记录表如下：

（1）模板拼装质量验收表（见表 12－3）；

（2）隐蔽工程验收记录（钢筋工程，见表 12－4）；

（3）隐蔽工程验收记录（埋件、埋管、螺栓，见表 12－5）；

（4）混凝土塔筒吊装验收记录表（见表 12－6）；

（5）混凝土塔筒拼装验收记录表（见表 12－7）；

（6）混凝土塔筒张拉验收记录表（见表 12－8）。

表 12－3　　　　模板拼装质量验收表

编号：

<table>
<tr><td>工程名称</td><td colspan="6">深能高邮东部 100MW 风电场混合塔架抬高基础工程</td><td colspan="3">施工部位</td><td colspan="3"></td></tr>
<tr><td>施工单位</td><td colspan="6"></td><td colspan="3">验收日期</td><td colspan="3"></td></tr>
<tr><td>总包单位</td><td colspan="12">中国电建集团华东勘测设计研究院有限公司</td></tr>
<tr><td>施工执行标准名称及编号</td><td colspan="12">《烟囱工程技术标准》（GB/T 50051—2021）、《建筑工程施工质量验收统一标准》（GB 50300—2013）、《混凝土结构工程施工质量验收规范》（GB 50204—2015）、《建筑工程大模板技术标准》（JGJ/T 74—2017）、《组合钢模板技术规范》（GB/T 50214—2013）、《混塔 MW 机组钢混塔架混凝土段施工质量验收规范》（GW－00JY.0155）</td></tr>
<tr><td rowspan="2">类别</td><td rowspan="2">序号</td><td rowspan="2">检查项目</td><td rowspan="2">标准尺寸（mm）</td><td rowspan="2">验收标准（mm）</td><td colspan="8">验收尺寸</td></tr>
<tr><td>1</td><td>2</td><td>3</td><td>4</td><td>5</td><td>6</td><td>7</td><td>8</td></tr>
<tr><td rowspan="10">主控项目</td><td>1</td><td>底模水平度</td><td></td><td>±2</td><td></td><td></td><td></td><td></td><td></td><td></td><td></td><td></td></tr>
<tr><td>2</td><td>底模外半径</td><td></td><td>±2</td><td></td><td></td><td></td><td></td><td></td><td></td><td></td><td></td></tr>
<tr><td>3</td><td>底模截面尺寸</td><td></td><td>±2</td><td></td><td></td><td></td><td></td><td></td><td></td><td></td><td></td></tr>
<tr><td>4</td><td>内模半径</td><td></td><td>±2</td><td></td><td></td><td></td><td></td><td></td><td></td><td></td><td></td></tr>
<tr><td>5</td><td>上口截面尺寸</td><td></td><td>±2</td><td></td><td></td><td></td><td></td><td></td><td></td><td></td><td></td></tr>
<tr><td>6</td><td>内模平整度</td><td></td><td>≤2</td><td></td><td></td><td></td><td></td><td></td><td></td><td></td><td></td></tr>
<tr><td>7</td><td>外模平整度</td><td></td><td>≤2</td><td></td><td></td><td></td><td></td><td></td><td></td><td></td><td></td></tr>
<tr><td>8</td><td>预埋件</td><td></td><td>≤3</td><td></td><td></td><td></td><td></td><td></td><td></td><td></td><td></td></tr>
<tr><td>9</td><td>预留门洞中心位置</td><td></td><td>≤5</td><td></td><td></td><td></td><td></td><td></td><td></td><td></td><td></td></tr>
<tr><td>10</td><td>预留门洞下口最低标高</td><td></td><td>±5</td><td></td><td></td><td></td><td></td><td></td><td></td><td></td><td></td></tr>
<tr><td>结论</td><td colspan="4"></td><td colspan="8">① ② ③ ④ ⑤ ⑥ ⑦ ⑧</td></tr>
<tr><td>质量员</td><td colspan="2"></td><td>总包方</td><td></td><td colspan="2">监理</td><td colspan="2"></td><td colspan="2">日期</td><td colspan="2"></td></tr>
</table>

表 12－4　　隐蔽工程验收记录（钢筋工程）

编号：GYDB－TS－06－ ××－××

<table>
<tr><td colspan="3">单位工程名称</td><td colspan="2"></td><td colspan="2">分部（子分部）
工程名称</td><td>机位塔筒预制</td></tr>
<tr><td colspan="3">验收部位</td><td colspan="5">机位　第　　段塔筒</td></tr>
<tr><td colspan="3">施工图号</td><td colspan="2">HQ642J－5D6－4－01～08</td><td colspan="2">设计变更编号</td><td>无</td></tr>
<tr><td rowspan="10">主要质量情况</td><td>钢筋级别</td><td>直径（mm）</td><td>数量（kg）</td><td>出厂合格证编号</td><td>试验报告编号</td><td>接头型式</td><td>接头试验报告编号</td></tr>
<tr><td></td><td></td><td></td><td></td><td></td><td></td><td></td></tr>
<tr><td></td><td></td><td></td><td></td><td></td><td></td><td></td></tr>
<tr><td></td><td></td><td></td><td></td><td></td><td></td><td></td></tr>
<tr><td></td><td></td><td></td><td></td><td></td><td></td><td></td></tr>
<tr><td></td><td></td><td></td><td></td><td></td><td></td><td></td></tr>
<tr><td></td><td></td><td></td><td></td><td></td><td></td><td></td></tr>
<tr><td></td><td></td><td></td><td></td><td></td><td></td><td></td></tr>
<tr><td colspan="6">质量问题及其处理情况</td><td>复查意见</td></tr>
<tr><td colspan="6"></td><td></td></tr>
<tr><td colspan="2">验收意见</td><td colspan="6"></td></tr>
<tr><td colspan="2">施工单位
检查结果</td><td colspan="6">班组长：　　　　　　　　质量检查员：
技术负责人：
年　　月　　日</td></tr>
<tr><td colspan="2">总包单位
检查结果</td><td colspan="6">质量检查员：
技术负责人：
年　　月　　日</td></tr>
<tr><td colspan="2">监理单位
验收结论</td><td colspan="6">专业监理工程师：
年　　月　　日</td></tr>
</table>

表 12-5　　　　隐蔽工程验收记录（埋件、埋管、螺栓）

编号：GYDB-TS-06-12-01

<table>
<tr><td>单位工程名称</td><td></td><td>设计图号</td><td></td></tr>
<tr><td>工程部位</td><td colspan="3">机位　第　　段塔筒</td></tr>
<tr><td>施工单位</td><td></td><td>计划浇筑（回填）日期</td><td>年　　月　　日</td></tr>
<tr><td>名称</td><td>规格</td><td>数量</td><td>备注</td></tr>
<tr><td>接地埋件（竖向跨接）</td><td>Q345C-150mm×150mm</td><td>6</td><td></td></tr>
<tr><td>接地埋件（环向跨接）</td><td>Q345C-150mm×150mm</td><td>4</td><td></td></tr>
<tr><td>底模限位调平埋件</td><td>Q345C-100mm×150mm</td><td>4</td><td></td></tr>
<tr><td>顶模调平埋件</td><td>Q345C-150mm×220mm</td><td>4</td><td></td></tr>
<tr><td>顶模限位调平埋件</td><td>Q345C-150mm×220mm</td><td>2</td><td></td></tr>
<tr><td></td><td>以下空白</td><td></td><td></td></tr>
<tr><td></td><td></td><td></td><td></td></tr>
<tr><td></td><td></td><td></td><td></td></tr>
<tr><td></td><td></td><td></td><td></td></tr>
<tr><td colspan="4">自检结果：</td></tr>
<tr><td>施工单位意见</td><td colspan="3">专业技术负责人：
年　　月　　日</td></tr>
<tr><td>总包单位意见</td><td colspan="3">专业技术负责人：
年　　月　　日</td></tr>
<tr><td>监理单位验收结论</td><td colspan="3">专业监理工程师：
年　　月　　日</td></tr>
</table>

表 12－6　　　　　　　　　　　　**混凝土塔筒吊装验收记录表**

编号：

<table>
<tr><td>项目名称</td><td colspan="4">深能高邮东部 100MW 风电场工程
混合塔架抬高基础工程</td><td colspan="5">工程部位</td><td>塔筒拼装</td></tr>
<tr><td>施工单位</td><td colspan="4">中国电建集团华东勘测设计
研究院有限公司</td><td colspan="5">验收部位</td><td></td></tr>
<tr><td>分包单位</td><td colspan="4"></td><td colspan="5">验收时间</td><td></td></tr>
<tr><td>检查项目</td><td>允许偏差</td><td colspan="8">实测值</td><td>结论</td></tr>
<tr><td>调平埋件平整度</td><td>≤3mm</td><td></td><td></td><td></td><td></td><td></td><td></td><td></td><td></td><td></td></tr>
<tr><td>塔筒中心点位移</td><td>10mm</td><td></td><td></td><td></td><td></td><td></td><td></td><td></td><td></td><td></td></tr>
<tr><td>预应力孔道位移</td><td>5mm</td><td></td><td></td><td></td><td></td><td></td><td></td><td></td><td></td><td></td></tr>
<tr><td>灌浆料强度</td><td>≥30MPa</td><td colspan="8"></td><td></td></tr>
<tr><td>吊车吊具连接件</td><td>符合方案要求</td><td colspan="8"></td><td></td></tr>
<tr><td>防流淌措施</td><td>符合要求</td><td colspan="8"></td><td></td></tr>
<tr><td>坐浆料性能</td><td>符合设计要求</td><td colspan="8"></td><td></td></tr>
<tr><td></td><td></td><td colspan="8"></td><td></td></tr>
<tr><td></td><td></td><td colspan="8"></td><td></td></tr>
<tr><td rowspan="6">验收意见</td><td rowspan="3">分包单位</td><td colspan="9">生产负责人：</td></tr>
<tr><td colspan="9">技术负责人：</td></tr>
<tr><td colspan="9">项目负责人：</td></tr>
<tr><td>总包单位</td><td colspan="9"></td></tr>
<tr><td>监理单位</td><td colspan="9"></td></tr>
<tr><td>建设单位</td><td colspan="9"></td></tr>
</table>

表 12-7　　　　混凝土塔筒拼装验收记录表

编号：

<table>
<tr><td>项目名称</td><td colspan="6">深能高邮东部 100MW 风电场工程混合塔架抬高基础工程</td><td colspan="3">工程部位</td><td>塔筒拼装</td></tr>
<tr><td>施工单位</td><td colspan="6">中国电建集团华东勘测设计研究院有限公司</td><td colspan="3">验收部位</td><td></td></tr>
<tr><td>分包单位</td><td colspan="6"></td><td colspan="3">验收时间</td><td></td></tr>
<tr><td>检查项目</td><td>允许偏差</td><td colspan="8">实测值</td><td>结论</td></tr>
<tr><td>灌浆料性能</td><td>符合设计要求</td><td colspan="8"></td><td></td></tr>
<tr><td>接头处混凝土</td><td>打毛，无浮石、杂物，振捣密实</td><td colspan="8"></td><td></td></tr>
<tr><td>拼缝模板安装</td><td>有足够的刚度、强度、稳定性</td><td colspan="8"></td><td></td></tr>
<tr><td>连接钢筋品种、规格</td><td>符合设计要求</td><td colspan="8"></td><td></td></tr>
<tr><td>连接钢筋间距</td><td>±10mm</td><td></td><td></td><td></td><td></td><td></td><td></td><td></td><td></td><td></td></tr>
<tr><td>接头钢筋焊接</td><td>符合规范要求</td><td colspan="8"></td><td></td></tr>
<tr><td>拼缝间距</td><td>≤2mm</td><td></td><td></td><td></td><td></td><td></td><td></td><td></td><td></td><td></td></tr>
<tr><td>拼缝处预应力孔道间距</td><td>±3mm</td><td colspan="8"></td><td></td></tr>
<tr><td>平整度</td><td>≤2mm</td><td></td><td></td><td></td><td></td><td></td><td></td><td></td><td></td><td></td></tr>
<tr><td rowspan="6">验收意见</td><td rowspan="3">分包单位</td><td colspan="9">生产负责人：</td></tr>
<tr><td colspan="9">技术负责人：</td></tr>
<tr><td colspan="9">项目负责人：</td></tr>
<tr><td>总包单位</td><td colspan="9"></td></tr>
<tr><td>监理单位</td><td colspan="9"></td></tr>
<tr><td>建设单位</td><td colspan="9"></td></tr>
</table>

表 12－8　　　　混凝土塔筒张拉验收记录表

编号：

项目名称	深能高邮东部100MW风电场工程 混合塔架抬高基础工程	工程部位	预应力张拉
施工单位	中国电建集团华东勘测设计研究院有限公司	验收部位	
分包单位	北京天杉高科风电科技有限责任公司	验收时间	
检查项目	允许偏差	实测值	结论
过渡垫板水平度	±2mm		
预应力筋力学性能	符合设计及规范要求		
锚具、夹具和连接器的性能	符合设计及规范要求		
预应力筋外观质量	无黏结预应力筋护套应光滑，无裂缝，无明显褶皱		
预应力筋用锚具、夹具和连接器外观质量	表面应无污物、锈蚀、机械损伤和裂纹		
预应力筋断裂或滑脱	断裂或滑脱的数量严禁超过同一截面预应力筋总根数的3%，且每束钢丝不得超过一根		
实际张拉力值允许偏差	±5%		
预应力筋伸长值允许偏差	±6%		
张拉工艺	符合方案要求		
验收意见	分包单位	生产负责人：	
		技术负责人：	
		项目负责人：	
	总包单位		
	监理单位		
	建设单位		

2022 年，华东院作为主编单位组织混塔施工单位共同编制中国电力规划设计行业协会《陆上风力发电机组预应力装配式混凝土塔筒施工与验收规范》的团体标准，大纲目录包括范围、规范性应用文件、术语和定义、基本规定、混凝土环片制作、混凝土环片安装、预应力工程、质量验收和职业健康安全与环境保护共九章。团体标准征求意见稿征询函见图 12－44。

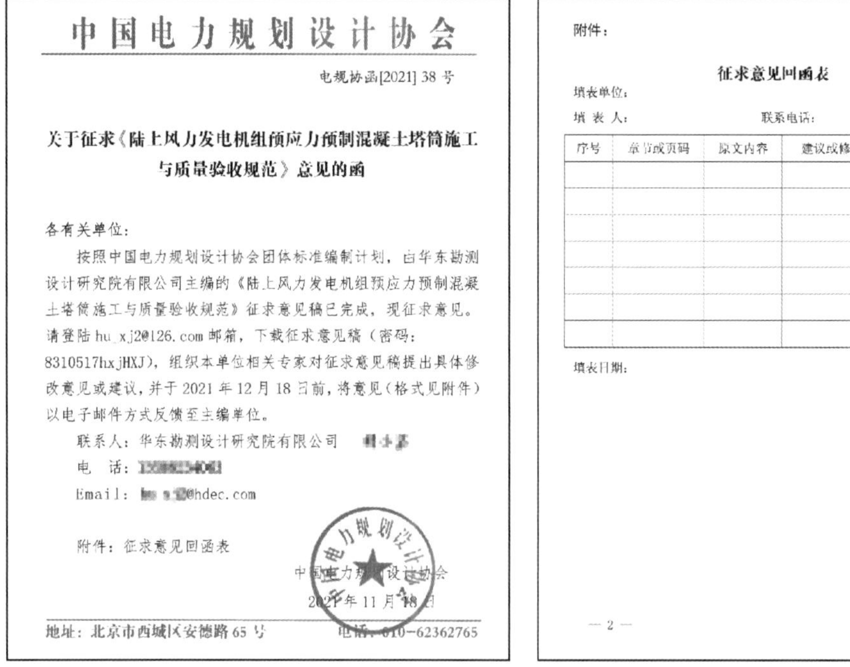

中国电力规划设计协会

电规协函[2021] 38 号

关于征求《陆上风力发电机组预应力预制混凝土塔筒施工与质量验收规范》意见的函

各有关单位：

按照中国电力规划设计协会团体标准编制计划，由华东勘测设计研究院有限公司主编的《陆上风力发电机组预应力预制混凝土塔筒施工与质量验收规范》征求意见稿已完成，现征求意见。请登陆 hu_xj2@126.com 邮箱，下载征求意见稿（密码：8310517hxjHXJ），组织本单位相关专家对征求意见稿提出具体修改意见或建议，并于 2021 年 12 月 18 日前，将意见（格式见附件）以电子邮件方式反馈至主编单位。

联系人：华东勘测设计研究院有限公司

电　话：

Email：@hdec.com

附件：征求意见回函表

中国电力规划设计协会

2021 年 11 月 18 日

地址：北京市西城区安德路 65 号　　电话：010-62362765

附件：

征求意见回函表

填表单位：

填 表 人：　　联系电话：

序号	章节或页码	原文内容	建议或修改内容	修改理由

填表日期：

— 2 —

图 12－44　团体标准征求意见稿征询函

第 13 章

风力发电机组吊装施工

13.1 吊装应具备的条件

1. 风电场的要求

通向风力发电机组安装地点的道路必须能满足重载卡车和吊机的通行要求，安装场地必须能满足货物堆放、吊机安装等要求。

风机基础混凝土强度达到设计要求，接地地阻测试小于 4Ω，二次灌浆强度达到设计要求，基础沉降满足设计要求。

2. 场地的要求

在基础周围平整一块吊装平台，吊装平台尺寸为 60m×30m，场地与风机基础承台表面基本相平。场地承载力需满足现场各类吊车正常工况要求。在场地周围范围内，不应该有高于场地地面 1.5m 以上的无法移动的物体。

主吊机械 800t 履带吊为风电专用吊装机械，臂杆组装区域要求整体长度达到 160m，组装场地道路宽度要求 6m 宽，满足辅助机械施工要求。

3. 设备卸车及摆放的要求

设备主部件现场卸车时应提前检查吊索具的安装位置及可靠性。塔架、叶片卸车前应提前确定起吊设备的重心，注意实际重心以不同厂家提供数据为准，现场须做适当调整。

卸车时注意，设备要放置在坚硬的地面或临时性台架上，避免摆放地点土层的下陷造成设备倾斜及损伤。

为防止设备长期存放发生塑性形变，必要时可做专用支架。

设备摆放后，由项目部组织监理单位、供货商、施工单位等各参建方确认设备数量准确及外观质量后签字确认，并移交施工单位。

设备移交给施工单位后，施工单位应对安装现场进行妥善看护，确保设备及附件完好无损、无遗失。

4. 资料准备

吊装开始前需要具备的基本资料有：

基础施工单位提供的基础交安验收表、基础混凝土强度试验报告及《风力发电机组接地网检测报告》；设备厂家随车提供的塔架、叶片、轮毂、机舱、控制柜、螺栓、电缆等出厂合格证书。

5. 天气的要求

雷雨天气禁止吊装。混塔厂家和柔塔厂家风机对天气的要求略有不同，因此设备厂家要求机组各部件吊装时需对允许的最大安全风速进行测量确认。

混塔要求如下：

（1）塔架和机舱：进行 10min 的测量，轮毂高度最大风速不超过 10m/s。同时满足吊车抗风稳定性要求，风速为 5 级风。

（2）轮毂：进行 10min 的测量，轮毂高度最大风速不超过 8m/s，同时满足吊车抗风稳定性要求，风速为 5 级风。

柔塔风机要求如下：

（1）塔架和机舱：进行 10min 的测量，轮毂高度最大风速不超过 8m/s，同时满足吊车抗风稳定性要求，风速为 5 级风。

（2）轮毂：进行 10min 的测量，轮毂高度最大风速不超过 8m/s，同时满足吊车抗风稳定性要求，风速为 5 级风。

13.2 吊装前的准备

1. 组织措施

吊装过程中，项目部、监理单位和设备厂家对安装过程和安装工具等进行监控，保证施工安全和施工质量。项目部安排一名现场专职安全员，监督和纠正施工过程中的不安全行为。监理单位定时开展现场的监理例会。

2. 设备检查

在吊装开始前，再次进行一次风力发电机组设备检查，将风力发电机组各个部件的完好程度进行详细的记录，出现损坏的部件需要进行责任认定及相应的修理或更换。

3. 起重作业吊装区域地基要求

起重作业吊装区域包括：主机组装、拆卸区域和主机行驶调整吊装作业区域两大块，根据现场条件有可能时两者也可合并在一个区域。

（1）主机组装、拆卸区域地基要求：平整无积水，地基承载力 $F \geqslant 12t/m^2$；

（2）主机行驶吊装区域地基要求：与风机基础面基本相平，不得低于塔基基础面 0.5m，平整、无积水，地基承载力 $F \geqslant 18t/m^2$；

（3）地基处理（分层夯实符合要求，压实度满足 0.94，并检测合格）；

（4）800t 履带吊起重机履带轮迹范围铺设路基箱，考虑主机需要在吊装作业区域内行走，路基箱块数应随行驶长度的增加而增加，以适应现场地基情况的准备；

（5）主吊接地采用自带的软铜线连接至风机接地网或接地钢筋上，防止雷击；

（6）准备配重进行地基预压以检验地基承载力，为了测试履带吊吊装区域地基是否满足要求，采用静载试验测试地基承载力。

4. 场地布局

吊装场地布置方案如图 13－1 所示。

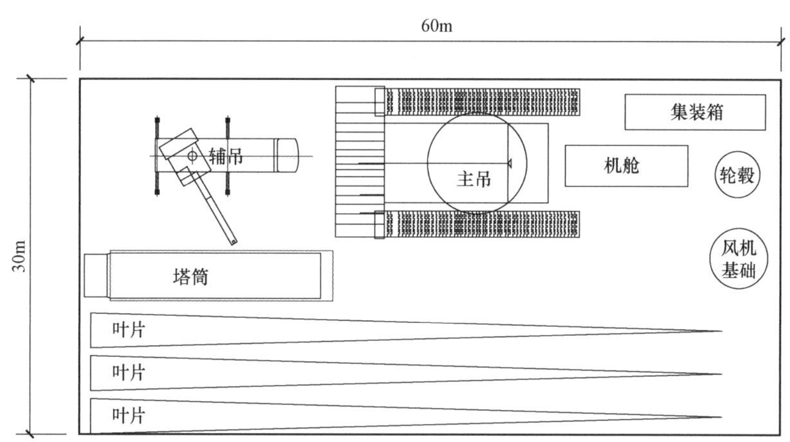

图 13－1　吊装场地布置

5. 施工机械和工器具准备

（1）主要施工机械设备准备。主吊机械、辅助吊机械、运输车辆、通勤车辆。

ZCC8000W 型 800t 履带吊：塔筒、机舱、发电机、叶轮等部件吊装。

QAY300 型 300t 汽车吊：较大风机部件卸车，安装风机底部平台及各电气设备。

QUY70 型 70t 履带吊：主吊组装、塔筒溜尾、机舱附属小部件安装、发电机翻身配合、主吊机械吊装需要的配合作业；风机设备卸车、箱式变压器卸车吊装、主吊机械安装拆除配合作业。

QY25K 汽车吊一台：电气盘柜、电缆等风机小部件卸车、倒运、安装等。

（2）工器具准备。吊具：叶片、机舱、塔架、轮毂、叶轮、叶片支架护套、叶尖护套等；手动力矩扳手、电动力矩扳手、液压力矩扳手；汽/柴油发电机；缆风绳；高密度泡沫；其他常用的小型工器具。

主要施工机械、工器具、起重索具见表 13－1。

表 13－1　　主要施工机械、工器具、起重索具

序号	名称	型号/规格	数量	备注
1	800t 履带吊	ZCC8000W	2	主吊
2	300t 汽车吊	QAY220	1	辅吊
3	履带吊	QUY70	1	辅吊
4	汽车吊	QAY70	2	辅吊

续表

序号	名称	型号/规格	数量	备注
5	发电机	20kW	1	包括配套组件
6	发电机	15kW	1	
7	装载机	ZL50	1	
8	皮卡车		1	人员通勤
9	随车吊	10t	1	配件倒运
10	平板车	100t	3	
11	张拉器		2	
12	转接头	1/2′ ～3/4′	6	
13	重型套筒	30～75mm	32	
14	组合套筒	8～32mm	2	
15	便携式发电机		2	
16	便携式电锯		1	
17	电动扳手	200、600、1000N·m	4	
18	液压扳手	5 型	6	
19	力矩扳手	200～760N·m	3	
20	连接杆	2″	4	
21	叶尖护套		3	
22	撬杠		1	
23	钢丝刷		4	
24	填缝枪		2	
25	钻头组件	8～12mm	1	
26	冲击钻		2	
27	加长杆	12′、3/4′、1/2′	若干	
28	锉组件	12′	2	
29	丝锥		2	
30	锤击扳手	46、55、60cm	6	
31	组合扳手		4	
32	活动扳手	450mm×55mm	2	
33	呆扳手组合		2	
34	二硫化钼		若干	
35	密封胶	Sikaflex	若干	
36	清洁剂、去油剂		若干	
37	记号笔		6	

13.3　风机吊装施工流程

13.3.1　柔塔 137m 风机设备吊装施工流程

施工流程如图 13 – 2 所示。

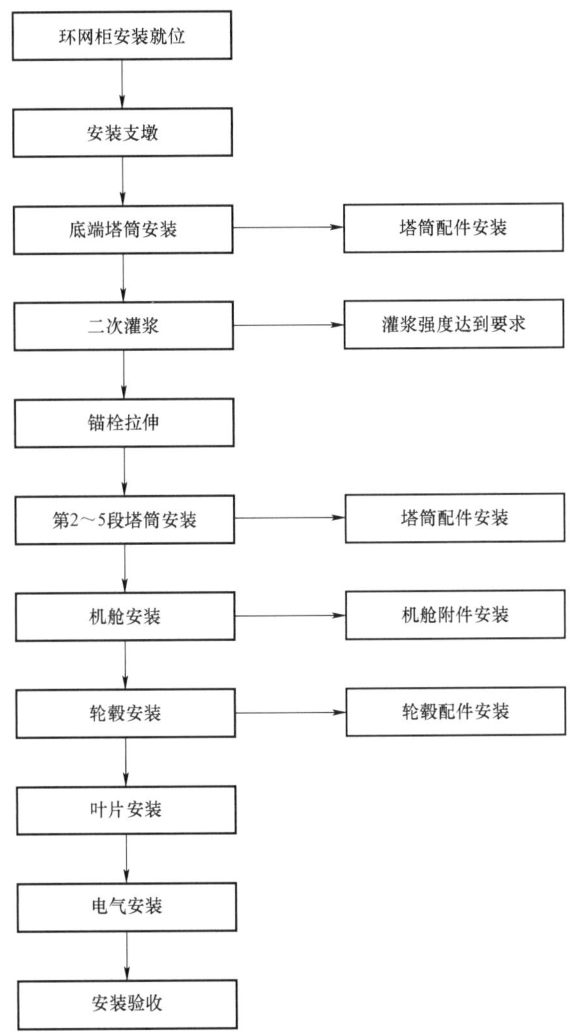

图 13 – 2　维斯塔斯 137m 风机施工流程

13.3.2　混塔 140m 风机设备吊装施工流程

施工流程如图 13 – 3 所示。

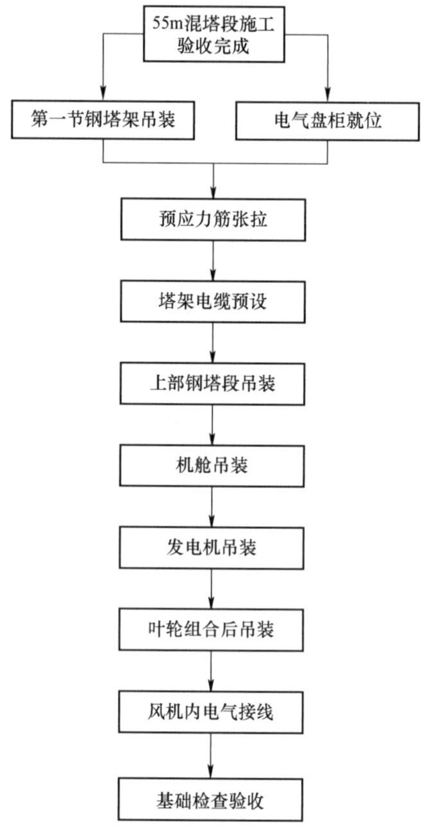

图 13－3　柔塔 137m 风机施工流程

13.4　柔塔风机安装工序

13.4.1　安装前施工准备

1. 设备开始吊装之前必须满足的作业条件

（1）检查并确认风力发电机组基础已验收，符合安装要求。

（2）组织有关人员认真阅读和熟悉风力发电机组制造厂提供的安装手册。

（3）由现场指挥者牵头，执行详细的安装作业计划。明确工作岗位，责任到人。明确安装作业顺序，操作程序、技术要求、安全要求，明确各工序各岗位使用的安装设备、工具、用具、辅助材料等，并按需分别准备妥当。

（4）确认安装当日气象条件适宜，当工作地点风力达到 8m/s 的情况下不得进行受风面积大的起吊作业；当工作地点风力大于 10m/s 不得进行起吊作业，当工作地点风力大于 10m/s 不得进入轮毂内作业。

（5）清理安装现场，去除杂物，清理出大型车辆通道，准备好平坦、坚实的足够风机吊装的施工场地。

（6）清理发电机组基础台基部分上表面，清理地脚螺钉螺纹表面。去除防锈包装，个别损坏的螺纹用板牙修复。

（7）确定起重机械已完成报验并进驻现场。

（8）办理风力发电机组出库领料手续，由各安装工序责任人负责按作业计划与明细表逐件清点，并完成去除包装和清洁工作，运抵安装现场。

（9）所有施工人员必须进行技术交底，未参加交底人员不得参与现场施工。

2. 基础及法兰检测验收

（1）风机基础经验收合格后方可进行机组的安装。

（2）检查电缆孔、排水系统、基础内地线安装位置。

3. 到货设备卸车和检查验收

（1）塔筒卸车和检查验收。塔筒运输车到达卸车地点后由辅助吊车抬吊卸车，卸车时使用设备专用吊具，以免损坏塔筒防腐层。

（2）塔底电控柜体卸货。主要采用两根扁平吊带进行卸车。

4. 机舱卸车

运输机舱的车辆到达现场后，在卸车之前，仔细核实货物与装箱单是否相符，检查货物在运输过程中是否发生了损坏。并确认随机舱到货的附件数量是否正确，外观是否完好无损，确认无误后并对法兰内螺纹、结合面和轴承表面进行清理。主要检查内容：检查机舱罩是否有损坏，如有损坏及时修补；检查机舱设备是否存在缺陷，取下机舱控制柜钥匙并存放好；根据装箱单检查机组设备是否齐全，并检查设备是否损坏。

5. 轮毂卸车

轮毂卸车和验收内容：核查轮毂的交货清单，检查手孔盖板等配件是否齐全；检查轮毂的防腐层是否受到损坏，如果有，则用修补漆进行修补；复查轮毂的对接标记位置是否准确；轮毂卸货时，按预先制定的现场布置方案，将轮毂卸到方便叶轮组装的位置。卸车时使用足够吨位的吊带或带柔性护套的钢索，用枕木分别垫在法兰的凸缘处，并尽量保持轮毂和延长节水平放置。轮毂与主轴相连的法兰面朝下；清除法兰面上的防锈油，砂布清除法兰连接面的铁锈和杂物。

6. 叶片卸车

叶片卸车和验收内容：核对装箱单的内容与实际货物是否相符；检查所有叶片表面是否有划痕或损伤，有划痕和损伤的地方及时用修补漆修补；检查液压缸、液压管和接头，所有外露接头均用专用塑料堵头密封；如果发现叶片上出现微小的裂纹或损伤，则通知厂家进行修复；检查完毕后，使用 2 台 70t 履带吊将叶片卸到预先指定的地方，吊具需使用尼龙吊带。起吊时根据叶片的重心位置调整吊点，保证吊点之间有合适的距离，吊绳与叶片的后缘部位安放叶片护具，见图 13－4。

13.4.2 塔筒安装

塔筒各段安装操作流程基本相同，当顶段塔筒吊装完成后，必须连续完成机舱吊装。若不能连续完成机舱吊装，则不允许吊装顶段塔筒。如吊装顶端塔筒完成后风速突然增大，不满足吊装机舱条件，则主吊不允许脱钩，并承受 15t 重量，同时关闭人口盖板及塔筒门。

图 13-4 叶片卸车

1. 底段塔筒安装

吊装底段塔筒时，使用 300t 汽车吊与 70t 履带吊抬吊立起塔筒。底段塔筒重量 61t，300t 汽车吊抬吊塔筒上法兰，臂长 31.4m，工作半径 9m，额定载荷 85t，70t 履带吊抬吊塔筒下法兰，臂长 15m，工作半径 5m，额定载荷 52.3t。

两个起吊装置尽可能分布在塔筒的上法兰上。塔筒吊起直立时，70t 履带吊承受塔筒 55%的重量为约 33t，载荷率为（33+2）/52.3≈66.9%，其中 2t 为钩头、索具的重量。

300t 汽车吊承受塔筒 45%的重量约为 28t，载荷率为（28+3）/85≈36.5%，其中 3t 为钩头、索具的重量。综上计算，安装底段塔筒的主、辅吊机的载荷率皆符合安全要求。底段塔筒直立后，70t 履带吊落钩，300t 汽车吊承受全部塔筒的重量，载荷率为（61+3）/85=75.3%，符合要求。

2. 塔筒中Ⅰ、中Ⅱ、中Ⅲ、顶段吊装

待灌浆料强度达到设计值后开始吊装第 2 段塔筒，吊装第 2 段塔筒时，使用中联 ZCC8000W 风电专用履带吊与中联 70t 履带吊抬吊立起塔筒。

吊装中Ⅰ段塔筒时，使用中联 800t 风电专用履带吊与中联 70t 履带吊抬吊立起塔筒。中Ⅰ段塔筒重量 66t，中联 800t 风电专用吊抬吊塔筒上法兰，臂长 147m 主臂+7m 副臂，工作半径 24m，额定载荷 96t，70t 履带吊抬吊塔筒下法兰，臂长 15m，工作半径 5m，额定载荷 52.3t。两个起吊装置尽可能分布在塔筒的上法兰上。

塔筒吊起直立时，70t 履带吊承受塔筒 55%的重量约为 36t，载荷率为（36+2）/52.3≈72.7%，其中 2t 为钩头、索具的重量。800t 履带吊约承受塔筒 45%的重量为 30t，载荷率为（30+9）/96≈40.6%，其中 9t 为钩头、索具的重量。综上计算，安装底段塔筒的主、辅吊机的载荷率皆符合安全要求。

塔筒直立后，70t 履带吊落钩，800t 履带吊承受全部塔筒的重量。

载荷率为（66+9）/96=78.1%，符合要求。

在双机抬吊过程中，800t 履带吊和 70t 履带吊均可以根据现场实际吊装情况进行适当的回转、行走。当塔筒直立后，由主吊单机就位。

3. 高强度螺栓组紧固件施工

高强度螺栓组施加拧紧力矩步骤：先用电动扳手以 700～1000N·m 力矩将高强度螺栓组拧紧；再用液压扳手对高强度螺栓组拧紧，拧紧一般分两步进行，第一步按施工力矩要求值的 75%施加拧紧力矩，第二步按施工力矩要求值的 100%进行终拧。高强度螺栓紧固如图 13－5 所示。

螺栓组的拧紧可按图 13－6 所示“三角对称法”顺序施工。

图 13－5　高强度螺栓紧固

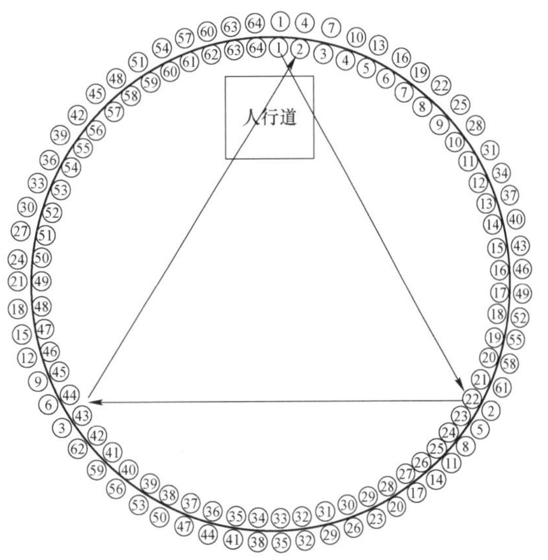

图 13－6　“三角对称法”顺序施工

塔筒底段与基础锚杆连接的螺栓按照要求用张拉器预紧力。

高强度螺栓组终拧结束后用颜色笔在螺杆端面画“｜”加以标记，见图 13－7。

图 13－7　标记示意

为了防止高强度螺栓组受外部环境的影响，使扭矩系数发生变化，故拧紧过程一般应在同一天内完成。

13.4.3　机舱安装

机舱吊装前准备完成后，使用中联 800t 履带吊为主力吊机进行单机起吊就位。

（1）指挥主吊机匀速提升机舱至塔筒顶部，通过操作吊机和牵引绳并用导销定位机舱螺孔，主吊缓缓下降使得机舱主轴承端面落位于塔筒法兰面上，吊机保持 50%的负载。

（2）机舱对正落位后，迅速安装机舱与塔筒连接螺栓，并用电动扳手对角紧固所有螺栓，螺栓施工过程中吊车仍需保持 50%以上的负荷。

（3）所有螺栓初紧完成后，拆下索具并松开吊带，指示起重机操作员将索具移出工作区。

（4）按要求紧固所有机舱、塔筒连接螺栓。

（5）待全部力矩紧固完成后，关闭机舱顶盖天窗及机舱侧门。

13.4.4 轮毂的安装

轮毂组装施工程序如下：

（1）主轴准备：确保轮毂安装在恰当的孔中。使叶片 A 能笔直地朝上，以确保主轴的位置；转动主轴，使齿轮箱收缩盘放气阀处于大约 6 点钟的位置，并且叶轮紧锁盘上做标记的孔旁边的参考螺栓孔与主轴对齐。

（2）准备导流罩：导流罩和导流罩前部在生产过程中就已装配并预安装；因此，这两部分应在现场再次组装。从导流罩舱取出所有松散物，确保导流罩上的数字和导流罩前部的匹配；取出轮毂控制器内的所有零部件，并安装/使用零部件。

（3）导流罩盖板安装：在导流罩上用小袋里的 8mm 螺栓、垫圈和螺母安装导流罩盖板，用 Sikaflex 密封缝隙。

（4）安装轮毂吊轭：将吊轭连接到起重机上；将吊轭引导到叶片 A 的叶片轴承处，用两个螺母将吊轭装配在叶片轴承顶部，缓慢放下吊轭，使吊轭能连接到轴承的底部；用 2 个螺母和 2 个配套套管将吊轭装配在叶片轴承顶部，并将所有 4 个螺栓紧固到规定值。

（5）安装导流罩前部：把起重机系到导流罩前端吊耳上，并将其吊至轮毂顶部；检查导流罩内部的标记是否和前端内部标记对准；确保电缆槽同叶片 A 成直线，且中心控制器和中心起重支架成直角；组装零部件时，在导流罩和导流罩前部内做标记，可以起到导向作用；当达到正确朝向时用螺栓安装导流罩前端；待所有螺栓紧固完成，用密封胶密封导流罩和导流罩前部之间的接缝。

（6）指示主起重机操作员，将起重机与轮毂吊点固定连接。

（7）打开液压泵上的电源，确保液压缸安装在轮毂外部。

（8）指示主起重机缓慢吊起，使得轮毂继续倾斜，直到运输支架离开地面。

（9）启动泵，并将液压缸的活塞推至底部，此时轮毂成角为 6°或 3°，必要时，调节轮毂，以配合主轴法兰。

（10）将辅助吊机移至轮毂支架上方，并连接轮毂支架，逐步移出轮毂运输支架。

（11）待轮毂支架移除，并检查无误，指示主起重机缓慢吊起，逐渐将轮毂起吊至机舱主轴前方。

（12）指示主起重机缓慢靠近主轴，将轮毂对准主轴，并导入主轴法兰的正确位置。此时叶片 A 应指向正上方。

（13）迅速安装所有轮毂与主轴法兰对接螺栓。

（14）所有螺栓最终力矩完成后，拆下索具，指示起重机操作员将索具移出工作区。

（15）将拧紧螺栓用油彩笔做好防松标记。

13.4.5　叶片安装

1. 对机舱和轮毂作准备

在进入轮毂前，确认已完成相应的风轮、电气设备和叶片上锁挂牌程序。

在轮毂内作业时必须锁紧风轮。进入轮毂之前始终缚系到合适的锚固点上。

安装机舱里的偏航控制，以便将机舱和轮毂偏航至正确位置。

安装盘车装置，以便能够水平安装叶片。安装和启动齿轮润滑泵。

电动润滑泵必须“基本启动”20min 润滑之后才允许对盘车装置进行供电。

如果进行了基本启动（20min 润滑）之后两天内就必须使用盘车装置，那么对盘车装置的供电将延迟 2min（润滑 2min）。

如果进行了基本启动（20min 润滑）必须在两天之后使用盘车装置，在允许对盘车装置进行供电之前控制器将自动将定时器复位到“基本启动”以进行 20min 的润滑。

2. 起吊叶片

按照《柔塔多叶片安装器使用手册》来组装柔塔多叶片安装器。

（1）向上吊升叶片，使其与轮毂在同一水平面上。

（2）引导叶片进入轮毂，塔上、地面人员密切配合，通过人工控制缆风绳顺利到位。

（3）要求两名服务技术人员将叶片引导到位，一名在轮毂内，另一名在轮毂外。

（4）一名服务技术人员必须操作变桨泵和偏航控制盒。

（5）通过接地和连线以放掉静电。

（6）在开始作业之前用高压/低压测电工具来测量确保零电压。

（7）将放电电缆连接至机舱内的吊车井道。

（8）使用绝缘棍将放电电缆连接到叶片上的接地螺栓上。

（9）将叶片导引入位。

（10）在将叶片导引至叶片轴承上时，必须将两个作了标记的柱头螺栓导入叶片轴承上 TC 标记两侧螺栓孔内。

（11）将导引绳从渔网兜牵过来，并将其系到轮毂内结构件上。

3. 安装叶片垫圈和螺母

将叶片引导进入叶片轴承之后，安装所有垫圈和螺母，见图 13－8。

（1）正确安装垫圈，使倒角对向螺母。

（2）安装螺母，使螺母上的字母指向上方。

（3）当安装了 10%的垫圈和螺母，必须从柔塔多叶片安装器上拿掉安全绳，使得叶片划入从而接触叶片轴承。

图 13－8　单叶片吊装

（4）用小型电动冲击扳手（VT730101）紧固尽可能多的螺母，紧固大约 60 个螺母。

（5）在对至少 60 个均匀分布的螺母进行紧固后，才可移除起重机。

（6）确保起重机司机、机舱人员和地面上手持引导绳的人员之间的无线电通信顺畅。

（7）拆下导流罩中的其中一个舱门，让柔塔厂家多叶片安装器和起重机可见。

（8）通过打开柔塔厂家多叶片安装器上的固定夹，来松开固位器。

（9）起重机卸载，外出松钩人员配备安全可靠的防护设施，监护人员全程保护。

（10）将机舱/叶片偏航离开柔塔厂家多叶片安装器。

（11）放低柔塔多叶片安装器。安装导雷跳线，连接荷载传感器和避雷传感器。

4. 紧固剩余的螺栓

（1）将液压变桨泵开关置于“ON（开）”位置，变桨叶片直至能够到其余的柱头螺栓，紧固螺栓时要锁上叶片。

（2）用小电动冲击扳手安装和紧固剩余全部垫圈和螺母。

（3）将叶片变桨约 90°，在此位置可以锁上叶片锁紧装置。

（4）离开轮毂之前装好检修孔盖板。

5. 检查

（1）对轮毂螺母进行 10%扭矩检查。

（2）检查制动块和制动盘之间的隙间距是否均匀。如果间距不均匀，则使用以下方式调节制动装置：完全打开制动装置，释放系统中的压力；拧松锁紧螺母；通过旋转螺钉的方式调节制动块和制动盘之间的气隙；拧紧锁紧螺母。

（3）检查是否安装了机舱顶部地门上的插销。安装主轴轮毂适配器进出口盖。

（4）对所有塔筒法兰连接件进行 10%扭矩检查。

（5）为了提供可靠的腐蚀保护，需在螺栓上补防锈漆。

（6）清理塔筒内部的擦伤。需要时在擦伤处上补漆。

13.4.6　风机附件安装

1. 连接动力电缆

在每条电缆接头处剪去一截套管，套管用来提供绝缘，并保护不受机械和其他外部的影响。对于每个电缆接头，缩紧两端的套管以露出电缆两端的某一头。因为电缆已预先装好，所以可使用压线钳来连接各段塔筒之间的动力电缆。

通过夹紧套管来滑动可收缩的套管。使用电热风枪，套管会收缩。必须注意到套管只是从底部到顶部收缩，从一端到另一端收缩，以防形成气泡和套管燃烧。

2. 检查扭矩

为了增加安全性，使用棘轮扳手或与安装不同的液压扳手对所有螺栓进行最后一次检查；在最后复检的过程中，能检测到不正确的螺栓连接和有缺陷的安装工具。在初始安装中，用棘轮扳手或与安装不同的液压扳手对 10%的连接螺栓作抽样检查（如有不合格，则全部检查）。

3. 防腐层修补

在每个部件吊装前，必须全面检查是否有损伤，如有损伤，必须修补。

为了提供可行的防腐保护，在装配好塔筒后再次给法兰涂漆。

对机舱或塔筒内任何由搬运或安装造成的损坏，必须进行维修和修补。

特别是安装过程中螺母、螺栓和垫片的防腐层容易受到破坏，所以螺栓力矩检查合格后所有的都需要喷锌。

根据设备厂家要求，完成机组其他附件设备安装。

13.5　混塔风机安装工序

13.5.1　安装前准备工作

设备开始吊装之前检查并确认风力发电机组基础已验收，清理安装现场，去除杂物，清理出大型车辆通道，风机设备吊装平台“土建交付安装”程序完成。确定起重机械已完成报验并进驻现场。所有施工人员必须进行技术交底，未参加交底人员不得参与现场施工。

1. 塔筒卸车

塔筒运输车到达卸车地点后由 2 台 70t 汽车吊抬吊卸车，卸车时使用设备专用吊具，

图 13-9　吊带卸车

以免损坏塔筒防腐层。塔筒到货后进行检查和验收：

验收用枕木垫在塔筒法兰处，使其水平放置。在支撑处用三角木打“堰”，防止塔筒滚动。

塔筒两端每一侧做好支撑防护措施，主要采用两根扁平吊带进行卸车，见图 13-9。

运输机舱的车辆到达现场后，在卸车之前，仔细核实货物与装箱单是否相符，检查货物在运输过程中是否发生了损坏。并确认随机舱到货的附件数量是否正确，外观是否完好无损，确认无误后并对法兰内螺纹、结合面和轴承表面进行清理。

2. 轮毂卸车

核查轮毂的交货清单，检查手孔盖板等配件是否齐全。检查轮毂的防腐层是否受到损坏，如果有，则用修补漆进行修补。复查轮毂的对接标记位置是否准确。轮毂卸货时，按预先制定的现场布置方案，将轮毂卸到方便叶轮组装的位置。卸车时使用足够吨位的吊带或带柔性护套的钢索，用枕木分别垫在法兰的凸缘处，并尽量保持轮毂和延长节水平放置。轮毂与主轴相连的法兰面朝下。

3. 叶片卸车

叶片卸车和验收内容：核对装箱单的内容与实际货物是否相符。检查所有叶片表面是否有划痕或损伤，有划痕和损伤的地方及时用修补漆修补。检查液压缸、液压管和接头，所有外露接头均用专用塑料堵头密封。如果发现叶片上出现微小的裂纹或损伤，则通知厂家进行修复。

检查完毕后，使用 2 台 70t 汽车吊将叶片卸到预先指定的地方，吊具需使用尼龙吊带。起吊时根据叶片的重心位置调整吊点，保证吊点之间有合适的距离，吊绳与叶片的后缘部位安放叶片护具。

采用 2 车抬吊的卸车方式进行叶片卸货。吊装就位，运输车停靠在吊车吊臂作业半径范围内。在叶片离叶根法兰约 1m 处及叶尖玉树支架吊环处各安装好一根扁平吊带，叶根吊带可兜着吊装叶片，然后与吊车连接。2 台车配合，指挥吊车将叶片平稳缓缓地提升离开运输车，指挥运输车立即驶离现场，然后缓慢卸到地面上。

13.5.2　塔筒安装

1. 塔筒吊装前准备工作

（1）吊装前确认基础平台和变流器、控制柜等已经安装完毕并验收合格。

（2）清除塔筒外壁的杂物、泥垢和油污等。

（3）检查平台支架和支撑钢板是否牢固，避免有松动零件在吊装中落下。

（4）检查筒内动力电缆支架的稳固性以及螺栓的紧固情况。

（5）清理塔筒法兰和法兰上的螺栓孔，除去上面的毛刺。

（6）检查塔筒表面是否有防腐漆破损，如有破损应在吊装前按照规范补刷防腐漆；检查塔筒法兰是否变形（法兰面内十字对角测量），发现变形通知塔筒厂家处理。

（7）清理干净塔筒、爬梯、接地耳板等表面污物及防护膜。

（8）在基础环法兰表面外倒角处涂抹一圈密封胶，要求距法兰外边往内小于等于 5mm，所涂抹胶体宽度小于等于 5mm。

（9）将螺栓、螺母、垫片摆放至法兰安装孔附近，反向平衡法兰螺栓应全部采用液压油拉伸器紧固，且不应涂抹 MoS2。

（10）塔架吊装工具必须采用设备厂家提供的专用吊具，专用吊具吊装完 33 台塔架后重新检测，合格后方可继续使用，否则更换，吊满 66 台报废。

（11）根据实际情况，可事先在地面安装好塔筒灯及插座，具体操作请参考接线工艺（此步骤也可在塔筒安装完毕后内部接线时做）。

（12）松开塔筒内电缆夹板螺栓，勿拆卸（此步骤也可在塔筒安装后接线时做）。

（13）将 3 根以上塔筒导向绳均布绑扎于塔筒下法兰孔上。

（14）用主吊车、辅助吊车分别将组装完好的主吊具、辅助吊具吊至塔筒的上、下法兰适当位置并进行安装。

2. 塔筒吊装

（1）主吊、辅吊配合水平起吊塔筒至离地面合适高度时，清洁与地面接触部分的塔筒外壁污物，如有油漆破损要补刷油漆。

（2）辅助吊车配合主吊车使塔筒从水平状态提升至竖直状态。

（3）主吊车竖直提升塔筒至塔筒下法兰离地面合适高度，此时辅吊不再起作用，辅吊完全松钩，拆掉辅助吊具（见图 13－10），并移走辅助吊车，以便主吊安装塔筒。

（4）主吊车提升第 1 段塔筒至电控柜柜体上方合适高度（约 1.5m）时，塔筒缓慢下落，并用 3 根导向绳配合调整塔筒位置以防止塔筒与柜体磕碰，快接近基础环时拆掉导向绳，并缓缓旋转塔筒确定塔筒门的方向。

（5）继续缓慢下落塔筒，当塔筒底部距离基础环（或塔筒）法兰表面 2cm 左右时，借助定位销或撬棒引导两法兰孔对中，使两法兰对接标记对正，如图 13－11。

（6）塔筒对正后，下塔架吊装就位并将全部螺栓初拧后，采用液压拉伸器对螺栓 180° 对称施加预拉力到超张拉油压。基础法兰和锚栓可先拉伸到超张拉油压的 80%，待二次拉伸时到超张拉油压的 100%。

图 13－10　拆掉辅助吊具

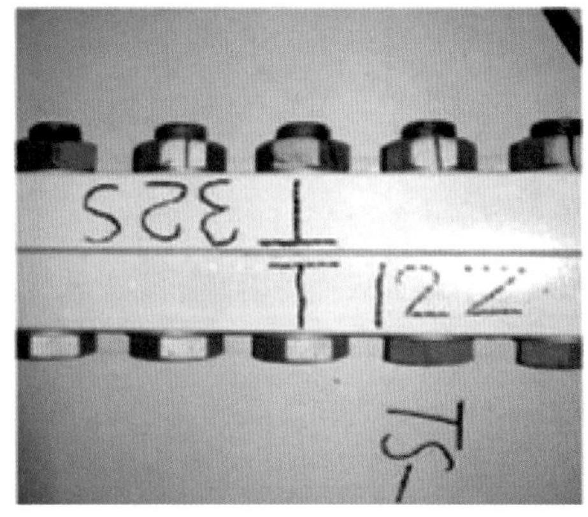
图 13－11　法兰对接标记

（7）当下段塔架与预埋基础法兰有 1/8 以上螺栓拉伸到 80%的超张拉油压，且其他螺栓用手动扳手或电动扳手初拧后，塔架可以脱钩开始安装中段塔架，此时应继续对未拉伸的螺栓进行对称拉伸至 80%的超张拉油压。

（8）塔筒安装完毕，及时将塔筒之间接地线安装完好；具体塔筒接地线安装参见电气接线工艺手册内容。

3. 其余各段塔筒安装

其余各段塔筒安装方法同上；最后一段塔筒安装时，可预先在地面将电缆放于顶段塔筒上平台并固定好，剩余电缆放于机舱内部；并及时清洁各塔筒内外表面及塔筒法兰。

13.5.3　机舱安装

（1）拆除机舱与组装支架的连接螺栓，用主吊机械缓缓吊至塔筒上法兰，注意刚起吊时控制机舱的摆动，避免机舱与支架碰撞而损坏，起吊过程中配合缆风绳保证机舱起吊安全，塔筒上必须有一指挥人员指挥吊车司机。

（2）起吊机舱时，塔筒中的工作人员可在螺栓的所有螺纹上涂抹润滑剂。

（3）起吊机舱至塔架上法兰面适当高度（100mm），用导正棒导正后缓缓放下机舱至两法兰面接触，先安装一部分垫圈和涂好的固体润滑膏的螺栓，然后放下塔筒至两法兰完全接触但主吊机械提升力维持在 5t 左右。

（4）待所有螺栓手工穿入后用电动扳手按十字对角线方向预紧螺栓，预紧力控制在 600N·m 内。

（5）50%力矩紧固完成后，吊车松钩，拆卸机舱吊具，及时、迅速、连续使用液压力矩扳手按十字对角线方向紧固螺栓三遍，分别是终紧值的 50%、75%、100%。

（6）安装机舱时依据主吊车可移动区域确定机舱口朝向，确保便于后续发电机及叶轮的安装，如果场地条件允许，一般要求机舱口与主风方向一致。

13.5.4　叶轮安装

1. 叶片组装

（1）清理干净叶片表面、叶片法兰及螺纹孔。

（2）安装叶片雷电记录卡片。

（3）将双头螺栓人工旋入叶片法兰内（见图 13－12），要求露出叶片法兰长度在为 280mm±1mm，旋入叶片法兰的螺栓不涂抹固体润滑膏，露出叶片法兰的螺柱螺纹表面涂抹固体润滑膏，叶片支架挡住的上头螺栓可在拆除支架之后补上。叶片双头螺栓及螺母涂抹固体润滑膏。

图 13－12　叶片双头螺栓安装

（4）安装叶尖护带，并在护带上安装 2 根导向绳便于往 2 个方向拉（见图 13－13）。

图 13－13　护带安装

（5）安装叶片吊带。

（6）确定首个叶片的组装朝向，首只叶片组装尽量与主风方向一致，防止因迎风面大时叶片受力较大而摇晃。

（7）搬运叶片时首先缓缓起吊叶片至脱离地面后再拆卸叶片法兰运输支架，旋入剩下的双头螺栓，起吊过程中叶片保持平稳，避免叶尖触地伤及叶片。

（8）叶片组装时要求叶片 0 刻度线与轮毂变桨轴线所画 0 刻度褐色线须对齐。

（9）叶片法兰面与变桨轴承法兰面贴合后，先安装垫片，再安装涂油润滑脂的螺母。

（10）叶片组装完成后必须垫实方可松钩。

（11）依次完成剩余叶片的组装工作。

（12）叶片组装完成后要进行密封。

2. 叶轮吊装

（1）主吊车、辅助吊车各自挂好主吊带、辅助吊带。

（2）叶轮起吊：现场吊装经理指挥主吊车和辅助吊车同时匀速缓缓起吊，待轮毂支架稍离地面后，拆卸轮毂支架，继续提升到一定高度后清洁轮毂法兰面和螺纹孔，必要时用丝锥过丝处理，项目现场视情况安装叶轮定位螺栓。

（3）辅助吊车配合主吊车将叶轮由水平状态慢慢调整至竖直状态，确保叶尖不触地。待第三个叶片呈竖直向下时，将辅助吊车脱钩并拆除叶片护具、护带（拆除辅助吊具时防止被护具砸伤）；辅吊脱钩后，缆风绳提前拉住叶片以便于控制叶轮倾角，主吊车继续匀速缓缓提升（见图 13－14），地面人员设专人拉住两叶尖导向绳使叶轮平稳起吊至发电机安装位置。

图 13－14　三叶片吊装

（4）机舱中的安装人员通过对讲机与吊车保持联系，指挥吊车缓缓平移，轮毂法兰靠近发电机动轴法兰时暂时停止。

（5）轮毂法兰与发电机动轴法兰对接：地面人员听从机组上指挥要求，吊车配合使轮毂法兰面与发电机动轴承法兰面保持平行对接状态；必要时可通过手拉葫芦协助对接。

（6）为进一步加强吊装过程中的叶轮控制，在第三只叶片上用缆绳绕几圈。

13.5.5　其他附件安装

（1）安装好未安装的其他附件，安装过程尽可能在机舱内部完成，若需出机舱必须系好安全带（绳）。

（2）关闭所有顶部盖板，单根分别放下控制电缆和动力电缆，让其垂吊于塔筒内。

（3）将风机连接螺栓全部按照螺栓拧紧清单要求力矩拧紧。

（4）清理机舱和塔筒内的卫生，收集工具；完成风机的安装，进行转场。

13.6　专项安全技术保障

13.6.1　安全技术措施

起吊部件离开地面或运输车辆约 100mm 时应暂停起吊并对起吊索具、吊耳、起重机械进行检查，确认正常后方可正式起吊。

每次起吊作业都应设专人指挥，每部吊车各设一名监护人。起重指挥人员要由技术熟练、施工经验丰富、懂机械性能、有一定应变和判断能力的人来担任；作业前必须详细了解每项作业的内容和要求，熟知各部件的重量和吊点位置；在起吊重物前，先检查吊耳、吊具、索具是否可靠，检查起吊方式是否合适。

风机吊装作业中，地面和高空各安排一名起重指挥人员，两名起重指挥人员根据吊装部件所在位置不同分阶段进行指挥，严禁其他人员指挥。起重机械操作人员要严格按照起重指挥人员指挥进行操作。作业中如两名指挥人员同时发出指挥信号，操作人员不得进行操作，只有一名指挥人员发出指挥信号时方可操作。起重机械的工作条件不符合有关的安全规定时，起重指挥人员不得指挥其作业。

起吊部件时，起吊物应绑挂牢固，吊钩悬挂点应在吊物重心的垂直线上，吊钩钢丝绳应保持垂直，不得偏拉斜吊，作业人员不得位于吊物前方和后方（位于起重机械位置看吊物）。吊物周围所有死角均不得站人。部件落钩时应防止由于吊物局部着地而引起吊绳偏斜。

地面组装时，单件设备下必须有两个以上支点，防止其塌腰或上翘等严重部件移位，对人员、设备造成伤害。

起重作业中所用的各种指挥信号及通信种类必须符合《起重机　手势信号》（GB/T 5082—2019）规定的要求。起重指挥人员在作业中除使用对讲机指挥以外，指挥时必须位于配合起重机械操作人员听力和视力所及的明显处，不允许在操作人员的盲区和隔音区进行指挥；如使用对讲机进行指挥，必须根据公司相关要求办理《使用对讲机进行起重指挥申请》。作业中使用对讲机指挥时必须保证电池电量充足，并每台对讲机配备一块存满电的备用电池，防止指挥过程中对讲机电量低，不能准确传递指挥信号。

高空作业必须配备工具包或工具箱，严禁工具、螺栓、轴销等部件的高空落物。高空作业使用的工具、工件，上下传递时，必须采取必要的安全措施，不得用甩抛的方法传递。工器具及零部件必须摆放有序，安装结束后应清点。

由于安装作业过程中涉及人员多、工种多，各工种应相互联络，服从统一指挥和调配，分工要明确，坚守岗位，尽职尽责，避免发生设备损坏及工种间的相互伤害，保证吊装工作的顺利进行。

吊装作业区拉设安全警戒绳，施工区域设安全监护人一名，非施工人员严禁进入施工作业区，施工人员应自觉接受安全管理人员的管理和监护。

吊装过程中需监护吊车钢结构、限位，通过在主吊履带下方垫木板找平的措施减少带载行走产生的振动。

加强冬季安全施工措施，防冻、防滑、防霜等，确保施工安全。

施工人员应严格执行“一对一”安全监护制度。

在雷雨天气或潮湿的环境禁止使用电动工具及其他带电机械；雷雨天气禁止接打手机、使用对讲机和带有天线的电气装置。雨后使用电动工具，除确保漏电保护装置有效外，还应避免使线路直接接触到地面积水处；检查配电箱是否进水，对被雨淋的用电设备进行绝缘测试，测试合格后方能使用。

起重机在雷雨前必须做好停车方案，汽车式起重机必须在雷雨前收车，履带式起重机在雷雨前必须将臂杆趴落到低于附近构筑物。

恶劣天气特别是雷雨天气，禁止进行风机安装工作，工作人员不得滞留现场，更不得在风机内部进行作业。

履带吊作业完毕收车时，应摘除挂在吊钩上的索具，并将吊钩升起；起重臂变幅到安全幅度（起重臂角度 70°），刹住制动器，所有操纵杆放在空挡位置并切断主电源，如遇天气预报风力将达六级时，应将臂杆转至顺风方向并松开回转制动器；当接到七级及以上大风预报时，履带吊卸去所有负载，将吊臂趴落到地面。汽车式起重机还应将支腿全部支出。

履带吊停车时，应选择地基坚实的路面，防止下雨后出现地基下沉现象；各类机械设备不能停或存放在沟边、回填土区域或可能存水的坑内。

移动式起重机、柴油发电机、汽油发电机加油时严禁吸烟、动用明火。

现场工具房放置要支垫牢固，不得放置在沟边、回填土区域或可能存水的坑内；在倒运到位后及时做好防雷接地，确保接地电阻小于 4Ω。

风机吊装现场 24h 需要安排专人进行设备看护。

设备存放时，要求场地平整、坚实，迎风面要求顺风摆放，加强防雨、防沙、防风工作，如控制柜、叶片等。

塔架放置时，支撑塔架的枕木、沙袋要距离法兰面 1～2m 处。

塔筒、机舱、轮毂等卸车后，需垫枕木或采取其他措施防止设备下陷。同时要有防风、防雨水、防沙尘措施。

叶片放置时，必须在前支架下垫枕木，防止地面下沉；叶片最低处离地面的距离至少 100mm，防止叶片触地开裂或受损。

现场指挥人员应唯一且始终在场，其他人员应积极配合并服从指挥调度。

现场安装废弃物或垃圾应集中堆放，统一回收，严禁随意焚烧，以免引起火灾事故。

风机内部工作必须由两个或以上的人员来共同完成。

吊装过程中注意吊点的准确，慢起慢落，避免磕碰，注意设备的成品保护。吊具挂钩摘钩时应避免磕碰元器件造成损坏。

13.6.2　对施工人员的素质要求

所有施工人员须身体健康，经查体合格，能够从事分派的工作。

所有施工人员进行安全教育培训，并培训考试合格。特殊作业人员必须持有有效的资格证书，做到持证上岗。

施工人员必须熟练掌握本工种技术，具有一定处理问题解决问题的能力，熟知本工种作业纪律及作业规范，施工人员做到持证上岗。

施工人员必须熟悉掌握《柔塔 V110 风力发电机组安装手册》《混塔 GW115/2000 风力发电机组安装手册》及风机主机供应商现场专家的技术交底内容，必须经作业文件交底并签字；并经过相应的培训考核。

施工人员必须详细了解作业工序及工艺要求，熟知施工中技术、质量、安全控制点，并能根据要求做出有效控制。各工种必须严格按照各自的作业规程要求进行作业。

13.6.3　施工机械、工器具的要求

严格按照标准和规范使用机械和工器具，严禁误操作。

配合机械：所有配合机械在使用前必须经过检查验收，起重机械有技术监督部门检验合格证；新安装的机械必须按规定进行载荷试验，并且满足试验要求。

起重索具必须经检验为合格品：起重索具必须经检验符合安全使用要求，专用吊具及吊带外观无异常，所有起重用具必须都有合格证。

所有用于安装作业的工器具全面检查：使用的工器具应规格齐全、完好无损，高空使用的工器具系好保险绳。严禁安全用品不合格投入使用。

风机吊装索具：要求风机吊装索具全部使用厂家提供的吊装专用吊具，其他索具严禁在风机安装过程中使用。吊带起吊负荷及安全系数见吊带标签。

13.6.4 电应急及处理措施

1. 风电场场所

夏秋季雷雨天气，施工现场建筑物屋顶区域施工、进入或靠近无防雷接地铁质集装箱、金属构件附近场所、吊装、泵车作业等场所。

2. 应急处置措施

（1）发生雷击后要及时报告 HSE 部，若有伤者，转移至安全地带进行救治；若发生火灾且火势较大及时拨打 119。

（2）HSE 部、综合部迅速赶往现场组织施救，若伤情严重及时联系 120。

（3）综合部安排车辆护送伤者到医院救治。

（4）HSE 部做好事故现场的保护、勘查；配合有关部门做好事故原因的调查取证工作。

13.7 保 证 措 施

施工过程是项目部进行质量控制的中心环节。过程是否规范将直接影响工程的施工质量。为了确保工程的施工安装质量，施工过程划分为一般过程、关键过程、特殊过程。

13.7.1 一般过程控制

（1）一般过程受控的条件：按计划配备合格的人员、满足施工要求的机械设备、鉴定合格的计量器具和机械设备、有效的施工文件、合适的操作环境。

（2）一般过程的施工由项目部施工员提供必要的施工文件，进行详细的书面交底；作业人员按手册、规范、标准的要求进行操作。在过程操作及质量控制中，作业人员要坚持开展“三工序”活动，即“检查上道工序、保证本道工序、服务下道工序”，使过程始终处于受控状态。

（3）一般过程检验由施工员组织进行。班组长负责班组质量自检和自检资料的积累、管理工作。班组的每个操作者对自己的工程质量随时进行自检，工序交接时互检，合格后才能进行下道工序的施工。

（4）质检工作由质检员负责，质检员根据施工现场的施工进度做好工序跟踪控制，实施专职检查并及时做好记录。对查出的质量问题填写“整改通知单”，通知有关人员限期整改，整改后由质检员确认。

（5）同专业工种之间的过程交接由项目工程师组织质检员、相关施工员及有关人员参加，进行检查验收，交付方出具中间交接资料，接受方检查认可后，办理中间交接手续。土建与安装的交接由总包方组织双方相关人员进行中间交接验收并办理中间交接手续。

（6）一般过程质量验评分项、分部工程完成后，由施工员进行分项、分部工程质量预检并填写分项、分部工程质量检验评定表，由项目工程师组织评定，由质检员核定质量等级；单位工程由公司有关部门组织预评定；单位工程完工后的正式检验评定由总承包方组织，要邀请建设单位和监理单位人员参加。

13.7.2 关键过程控制

（1）关键过程指该工程起决定作用的过程。安装工程包括设备安装、机组调试等。

（2）关键过程的文件控制按公司质量手册和程序性文件执行。在分项工程施工时，除向作业人员提供施工手册、规范和标准等技术性文件外，还需专门的工艺文件或作业指导书，明确施工方法、程序、检测手段，需用的设备和器具，以保证过程质量满足规定要求。

（3）施工过程中由项目负责人指定设备管理员负责施工机械设备管理，并组织维护和保养。

（4）施工员根据施工过程对环境条件的要求，如安装工程，设备解体安装的防水、防尘及焊接、防腐等工程对环境温度的要求提出具体措施，经项目部工程师批准，由施工员组织实施，质检员负责监督检查。关键过程施工的检验、监控和验证与一般过程控制相同。

13.7.3 特殊过程控制

（1）特殊过程即过程的结果不能通过其后检验和试验完全验证的过程。

（2）作业前，项目总工对各专业人员资格、工艺措施、设备状况等进行认可，并做好记录。质检员要核定从事特殊项目操作人员的上岗证是否有效，且与所从事的操作内容是否相符，禁止无证上岗。

（3）按照批准的施工工艺流程实施。

（4）其他要求按关键过程控制的条款执行。

第 14 章

风电机组塔筒振动检测技术

塔架作为支撑机舱的结构部件，是风电机组中的主要支承装置。随着风电机组功率的增大，特别是在低风速区，为了获取高空更好的风资源，塔架的高度和质量不断增大，塔架结构的安全性也越来越得到重视，尤其是近年来发生多起倒塔事故，造成了重大的经济损失，对塔架安全状态评估的需求也越来越迫切。

载荷与振动是影响塔架安全的重要因素。在风电机组整个寿命周期内，塔架除了受到风轮、机舱以及自身的重力作用，还要承受吹向风力机和塔架的风压，以及各种风况引起的随机动态载荷影响，其承受的疲劳载荷和极限载荷非常复杂和不规则。另一方面，塔架属于受迫振动，其来源包括风轮转子的旋转不平衡质量、不对称空气来流、风剪切、尾流等多重因素，在不均衡风轮载荷作用下塔架将形成前后、左右及扭转等多自由度振动。除风轮旋转造成塔架振动外，风轮轴向力的变化、叶片变桨距时产生的共振、转矩传递到发电机上产生的振动响应等都会传递到塔架上引起振动。当振动过强或其振动频率与塔架自振频率接近而引起共振时将造成严重的破坏作用。

大型风电机组工作区域通常比较复杂，运行环境恶劣，且单机容量不断向大型化发展，整机的动力学特性也越来越复杂。塔架作为高柔性结构，时变与交变载荷以及引起的振动会对其结构的可靠性产生重要影响，而塔架的工作状态又直接影响风力发电机组的性能，因此对塔架动、静力学特性进行研究，对塔架状态进行监测，对其安全稳定性进行评估，对于保障风电机组的安全可靠运行具有重要意义。

我国风电超前跨越式发展导致了相关技术研究的滞后，给风电行业带来一系列问题，成为近来风电场重大事故频发的不可忽视的因素。其中风电机组各关键部件的监测及诊断技术存在严重不足，距离风电行业的现实需求还相差较远。通过该项目探索性研究及工程应用实践，将填补风电塔架在线监测与评估的空白，对于完善风电机组状态监测体系、保障机组安全运行、提高经济效益具有重大的现实意义。

项目与东南大学火电机组振动国家工程研究中心合作，以深能源高邮 100MW 风电工程柔塔 2.0MW 风电钢塔和混塔 2.0MW 风电混塔为对象，在充分调研国内外塔架动力学研究成果基础上，理论研究了两类塔架的振动模态与静、动力学特性，研发了基于 ARM 嵌入式系统的数据采集器，构建了分布式塔架状态监测网，通过振动分析技术、实时模型计算、多源信息融合与人工智能技术，实现了塔架振动、倾角、摆动、应力应变等结构动态响应的在线监测与分析，并将实测数据与理论计算同步显示互相验证，形成了风电机组塔架状态监测及安全评估成套系统。

该项目通过连接 SCADA 系统，可将塔架、传动链、风况及生产过程参数进行信息融合，分析轮－舱－塔的耦合响应及复杂工况下的状态变化规律，在此基础上通过基于大数据挖掘的状态分析和基于深度学习的塔架劣化趋势预测模型，可对塔架健康状态做出更全面的评估，为塔架监测分析与维护提供智能化手段，并可成为风电智慧运维体系中的重要组成部分。

通过该项目的实施，可在相关技术标准、积累一定的运行数据与运行经验基础上，深入分析不同工况下塔架的状态特性，为优化塔架结构设计、积累工程管理经验、完善风电机组监测体系与风电施工规范提供科学依据。

14.1　塔筒监测和安全评估

项目基于有限元分析方法研究了塔筒振动模态、应力分布、固有频率等静动力学特性，并将计算结果以图表形式直观地显示出来。监测系统则通过构建分布式塔筒监测网络，对塔筒振动、倾角、摆动和应变进行实时监测，采用振动分析技术、实时模型计算、多源信息融合与人工智能技术对塔筒状态进行评估（见图 14－1）。

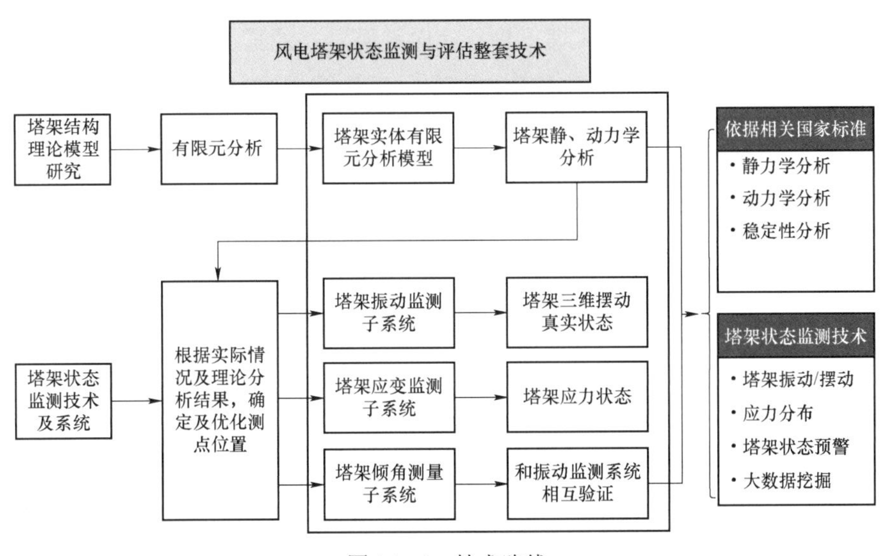

图 14－1　技术路线

14.2　塔筒静、动力学特性分析

基于有限元分析方法建立塔筒三维分析模型，开展塔筒静、动力学特性研究。构建了塔筒、机舱及相关结构的实体三维有限元分析模型，根据塔筒实际参数对模型进行优化，施加多种固定支撑条件，改变计算约束条件，研究了塔筒固有频率、振动模态及影响这些动力特性的因素，为塔筒振动分析、优化塔筒结构提供了依据。

1. 静力学分析

通过有限元模型对塔筒进行抗极限载荷破坏设计分析，求解塔筒在极限工况下的应力应变、刚度和位移变形情况。研究了塔筒危险点应力和塔筒位移变化情况，采用强度理论校核危险点应力，防止塔筒发生过载破坏，确保风力机在极端风力条件下安全可靠运行。

2. 动力学分析

计算了塔筒的固有频率及极限风载荷下的应力、应变、振动幅度等参数，对塔筒极限强度、塔筒在风载荷下的塔筒变形、塔筒门框开口强度等进行了研究。

3. 稳定性分析

作用在塔筒顶部的轴向力会产生对塔筒各截面的弯矩，当外部载荷产生过大弯矩时会导致塔筒某一截面超出其屈服极限，使得塔筒发生损坏甚至倒塔。另外，塔筒顶端产生过大的位移会引起机组的激烈振动，导致机组无法正常运行。基于塔筒有限元三维模型数值计算并分析了在不同风载荷条件下的塔筒屈曲性能，研究了塔筒临界载荷及其相应的失稳模态，为提高塔筒结构的抗失稳能力提供指导依据。

上述理论分析值均可在不同风速下进行实时计算，并通过监测系统直观显示。

研究结果表明，切应力主要沿高度方向变化，沿圆周方向变化较小；正应力沿高度和圆周方向均有变化，由于圆周方向迎风处的正应力最大，对塔筒安全的影响也最大（见图 14－2）；塔筒主要为切向振动，沿高度方向的振动与一阶振型曲线一致（见图 14－3、图 14－4）。

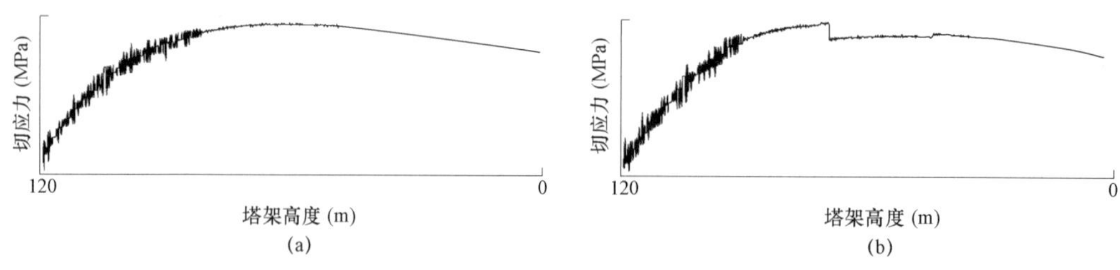

图 14－2　钢塔/混塔沿高度方向切应力、正应力分布（一）

（a）某一风速下钢塔切应力分布；（b）某一风速下混塔切应力分布

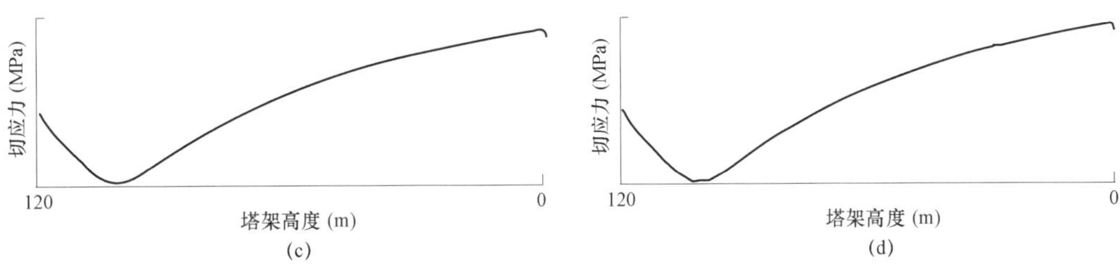

图 14－2　钢塔/混塔沿高度方向切应力、正应力分布（二）

（c）某一风速下钢塔迎风面正应力分布；（d）某一风速下混塔迎风面正应力分布

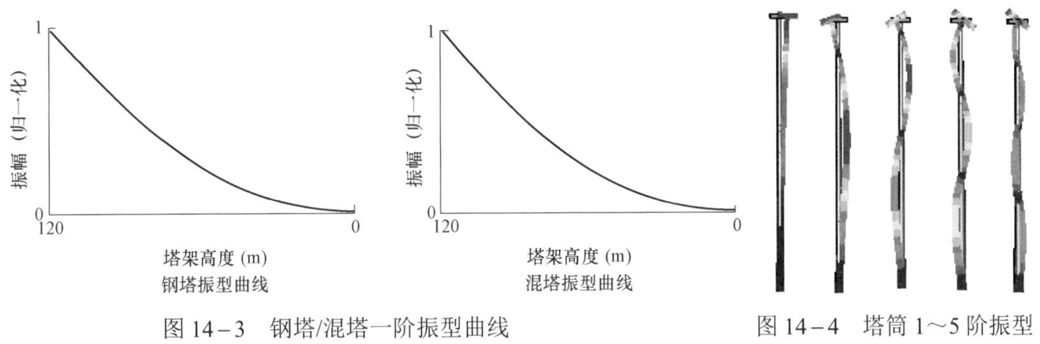

图 14－3　钢塔/混塔一阶振型曲线　　图 14－4　塔筒 1～5 阶振型

频率分布图（坎贝尔图，见图 14－5）可用来对风电机组的动态稳定性进行判定。通过理论计算绘制了塔筒固有频率和高次谐振频率与风轮转速之间的关系，为风力机的运行提供指导依据。

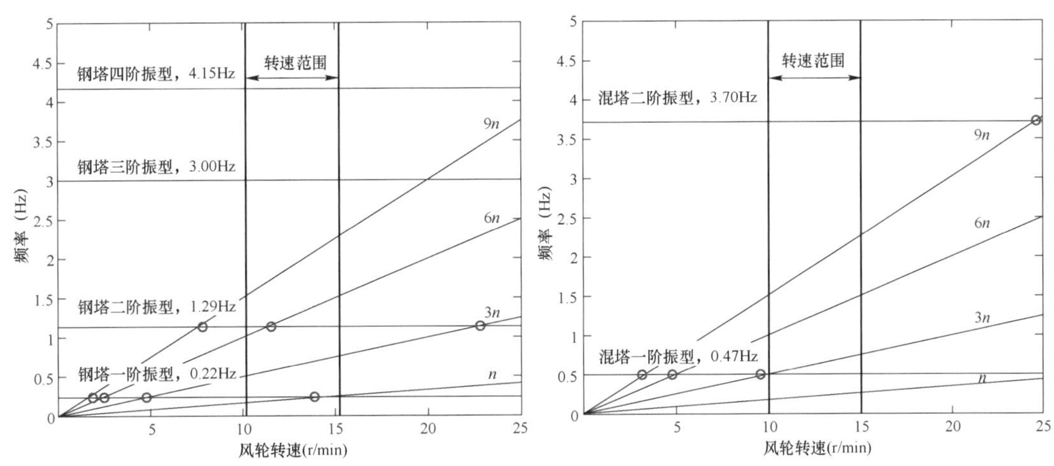

图 14－5　钢塔/混塔坎贝尔图（过原点斜线表示叶片频率的倍频）

针对复杂工况下塔筒振动与应力状态的实时计算（见图 14－6）问题，提出了基于模态叠加法的塔筒状态计算模型，仅需根据塔筒有限数量的监测值即可计算得到整个塔筒的振动与应力分布，且能满足在线监测要求。

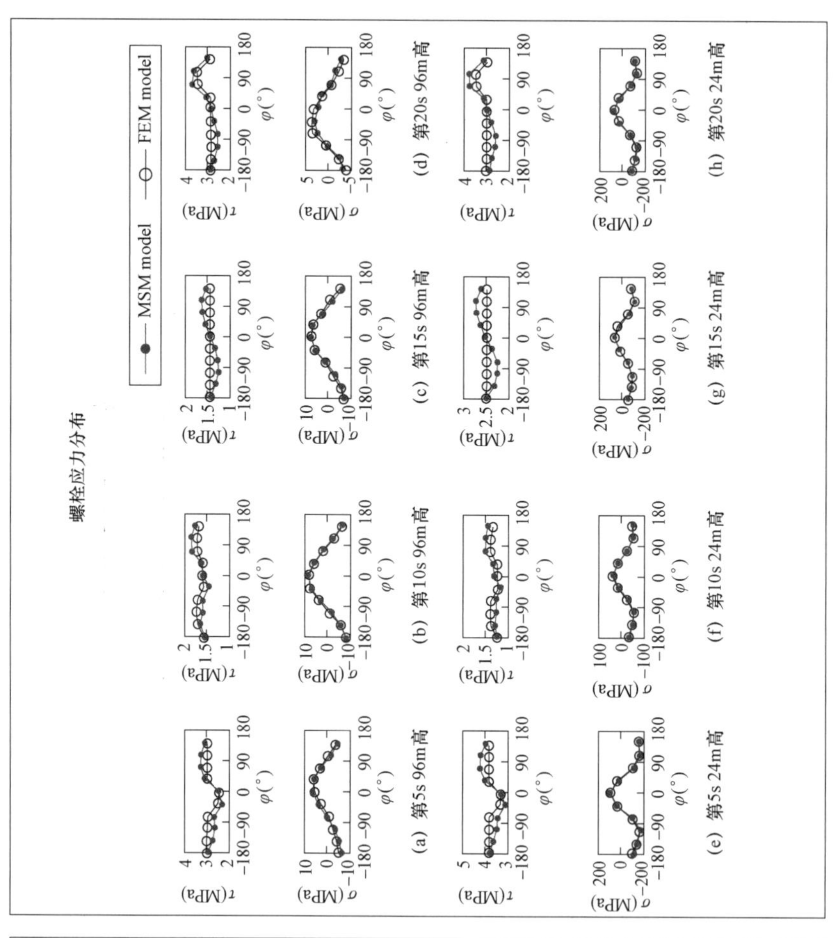

塔架整体振动

MSM model
FEM model

(a) 第5s (b) 第10s (c) 第15s (d) 第20s

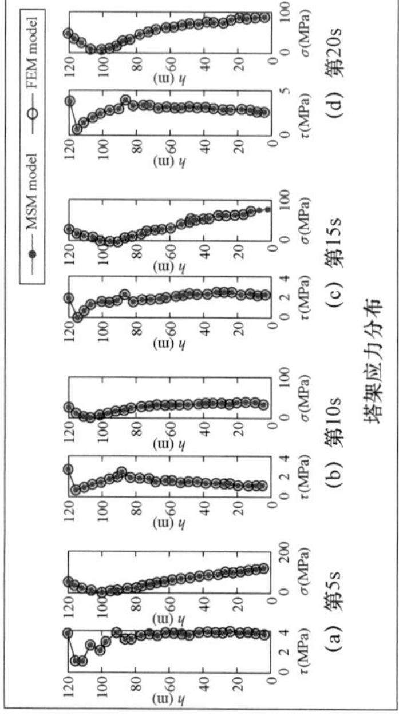

图 14-6 实时计算振动与应力

14.3　在线监测、分析与评估

开发了基于 ARM 嵌入式系统的数据采集器，构建了分布式塔筒状态监测网，通过振动分析技术、实时模型计算、多源信息融合与人工智能技术对塔筒状态及其动态响应规律进行在线监测、分析与评估。

1. 测点布局与优化

塔筒状态监测应对典型高度部位的振动和应力集中的区域进行监测，才能实现对塔筒整体状态的有效评估。根据动力学研究成果及成本优化原则，对传感器选型、测点分布与优化进行了深入分析，构建了塔筒垂直高度上的立体检测网络。① 振动：钢塔振动测点布置在塔筒中段、顶层及塔底，混塔振动测点布置在钢混连接面、顶层及塔底，三个层面每层等间隔布置 4 个测点，采用超低频加速度传感器通过磁座固定在法兰盘上，见图 14－7。② 倾角：在塔顶安装一个双轴倾角传感器，实时监测塔筒倾斜和晃度，并和振动传感器测量值相互印证。③ 应变：在塔底、塔顶和中段，根据主风向及与之垂直处互为 90°各安装一个应变片，构成塔筒垂直维度上的传感器阵列来获取三维应力分布。

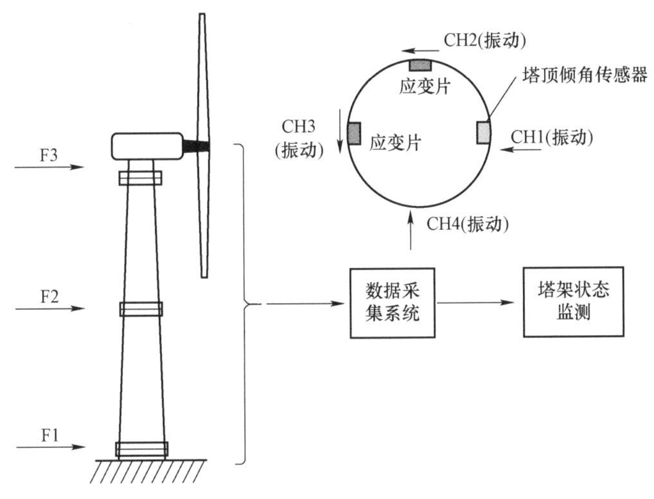

图 14－7　塔筒测点安装

2. 模块化电路设计的数据采集器与分布式监测网

基于 ARM 嵌入式硬件系统设计采集器，可实现涡流、速度、加速度、光电及 4～20mA 等多类型传感器信号的混合输入，具有高速运算性能，就地完成数据采集、运算和存储，既可作为独立运行的分析系统，也可通过以太网接口方便地构建分布式监测网络实现集中监测，见图 14－8。多重系统自检自诊断功能和抗干扰设计，适合复杂环境的数据采集与组网。建立了塔筒长期状态数据库，集中存储所有塔筒的状态数据，为监测、分析、诊断、预警以及远程诊断提供数据接口及网络服务。可通过以太网接口从 SCADA 系统获取风电机组生产运行信息，为实现多源信息融合诊断提供了平台。

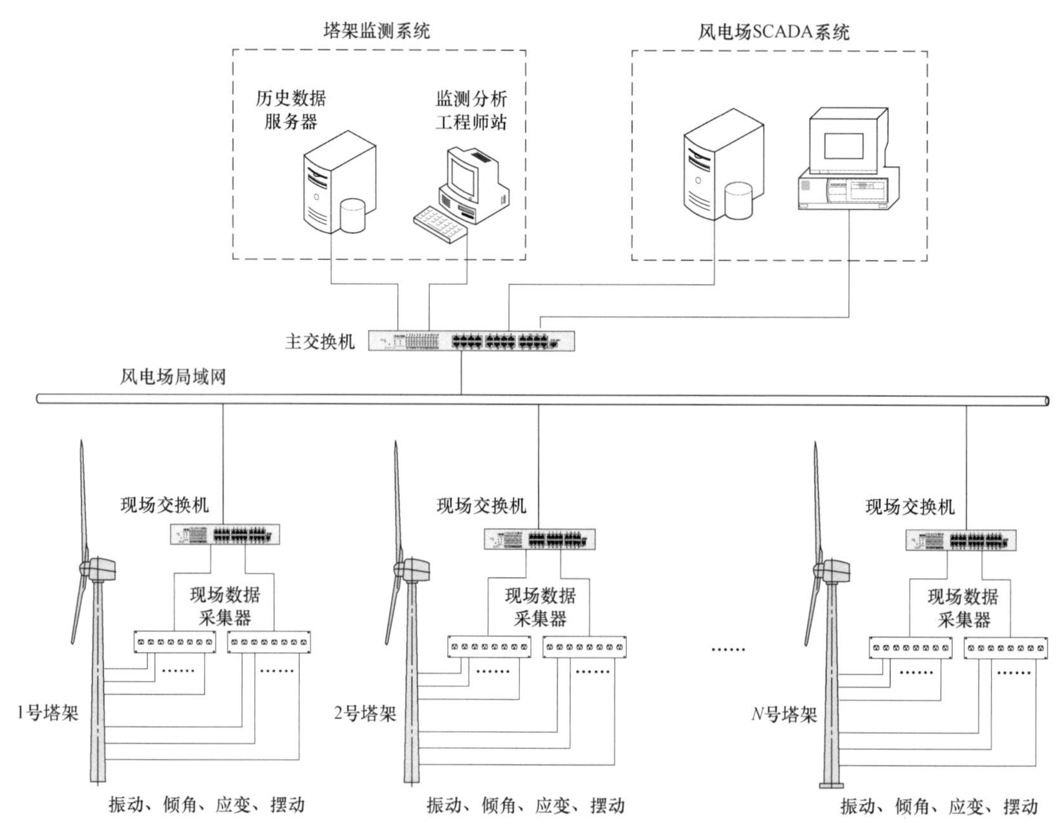

图 14－8　分布式塔筒状态监测网

3. 三维动态监测，完备的分析诊断工具与人工智能的评估方法

开发了风电机组三维显示画面（见图 8－6），可动态显示塔筒振动、倾角、摆动和应力分布。研发了完备的振动分析工具，包括数据列表、时域波形图、频谱图、塔筒中心轨迹图、时间趋势图、波德图、极坐标图、瀑布图、趋势分析图，可对不同测点和不同特征的历史趋势进行对比分析。可根据有关技术标准及现场运行经验设置塔筒状态报警阈值，为机组紧急停机提供参考。开发了基于 MySQL 的塔筒历史数据库管理系统，可按机组、工况、档案等多种方式进行数据存储，可对采集通道、安装信息、传感器类型、采集参数等信息进行设置，提供完善的图表生成和打印功能。建立了基于大数据挖掘和深度神经网络的塔筒健康状态评估与劣化趋势预测模型，结合 SCADA 运行数据，可以深度分析塔筒在正常运行、机组启停、各种风况、偏航、变桨、变速等不同工况下的动态响应、振动规律和状态变化。

14.4　主要技术指标

1. 科技查新报告

教育部科技查新工作站（L04）对《风电机组塔架状态监测与分析》进行了查新，查新结论："以 2MW 风电机组钢塔、2MW 风电机组混塔（即混凝土塔筒和钢塔筒混合的塔架）两种典型塔架为对象，通过有限个振动测点计算得到整个塔架的振动状态，并能实时显示出来；构建了分布式、网络化的塔架监测网络，实现了风电场所有塔架的集中监测与分析，并能实现远程诊断；建立三维立体风电机组模型，可以 360° 视角动态显示塔架振动、倾角和整体应力分布图；塔架状态参数和传动系统状态参数的融合分析技术"的研究，国内外未见相同的中文文献报道。

2. 第三方评价

由国家（973）计划风能首席科学家领衔的鉴定委员会一致认为："该项目提出了基于模态叠加法的塔架振动计算方法，实现了塔架整体振动状态的在线监测，突破了常规单点局部监测的振动分析模式；构建了风电场塔架状态监测网，研发了完备的分析诊断工具，解决了大型风电塔架安全性与稳定性监测问题；提出了基于人工智能技术与多源信息融合的塔架状态评估方法，形成了风电机组塔架状态监测与安全性评估分析平台，为风电机组智慧运维提供了新的技术途径。该项目完善了风电机组状态监测体系，填补了国内空白，该项目成果整体技术达到国际先进水平。"

经火电机组振动国家工程研究中心测试，结果为：① 所研制样机与系统具备完善的振动/倾角/应变/摆动测试、分析、数据存储和管理功能；② 所研制样机与系统设计在传感器接入的多样性、测试数据的输出及数据存储等方面进行了智能化、开放性设计；③ 所研制样机和系统功能完善，达到了立项书要求的系统研制目标。

3. 与公开可查的同类系统的性能比较

公开可查的同类系统主要针对塔筒倾斜度、塔基沉降量或塔筒晃度等个别参数进行监测，尚无涵盖塔架振动、倾斜、晃动、应力分布的实时监测系统。该项目在监测参数种类、传感器输入类型的多样化、三维动态分析、静动力学分析、分析工具的完备性、组网能力、多信息融合分析、大数据与人工智能技术等指标均优于同类系统。表 14－1 所示为该项目与同类系统的性能比较。

表 14－1　　塔架监测系统主要技术参数对比

系统 功能	KY6000 塔架	某公司塔筒监测系统 TTJC－6	TSMS1000 塔筒晃度系统	该项目
监测参数	倾角、铁塔沉降、接地网阻值、接地引下线接地状态	塔筒倾斜度、塔基沉降量	塔筒晃度	塔架振动（晃度）、倾角、应力分布

续表

功能＼系统	KY6000 塔架	某公司塔筒监测系统 TTJC－6	TSMS1000 塔筒晃度系统	该项目
传感器或信号类型	位移传感器	双轴倾角传感器	电容式加速度传感器	涡流/速度/加速度/光电、双轴倾角传感器、应变传感器、4～20mA
三维动态	无	无	无	有
静、动态分析	无	无	无	塔架正应力、切应力、振动模态、自振频率分析、坎贝尔图、屈曲极限
分析图谱	位移变化趋势图	塔筒静态变形	实时晃度强度曲线	数据列表、时域波形、频谱图、塔架中心轨迹图、时间趋势图、波德图、极坐标图、瀑布图、趋势分析图、应力分布三维云图
趋势分析	铁塔运行姿态变化及趋势	无	晃度变化趋势	（1）多测点对比趋势分析（互相关）。 （2）不同测点、不同特征可选历史趋势对比分析。 （3）单测点对比趋势分析（自相关）。 （4）单测点不同时段、不同测试记录历史趋势对比分析
故障预警	有	有	无	有
组网	无	无	无	分布式监测网
与 SCADA 接口	无	无	无	有
多信息融合分析	无	无	无	振动、倾角、应力与机组运行参数如何分析
大数据与人工智能技术分析	无	无	无	通过大数据挖掘研究塔架状态与机组运行之间的潜在关联，通过深度学习模型分析塔架劣化趋势
通信接口	GSM/GPRS/3G/4G 或无线	无线通信	以太网	以太网、现场总线

第15章

工程综合成效

项目自2018年10月底投产以来，风电场运行平稳，合同约定的各项目标均有效实现，各类技术经济指标处于国内先进水平，综合效益显著。运行4年来，多次接待中国电力建设企业协会组织人员考察学习，被行业专家誉为“混塔风电项目的标杆”，在行业内具有较高的评价。为深能集团后续在江苏、山东、安徽等华东地区加大投资提供了参考案例，同时也为国内低风速甚至超低风速区域大面积推广风电项目起到了示范效应。

15.1 质量、安全、成本目标

工程分为66个子单位工程、418个分部工程、488个子分部工程、1935个分项工程和2690个检验批，验收合格率100%，一次性通过验收，竣工验收质量评定等级为优良。

该项目质量、安全管理体系完整，管控措施有效，未发生一起工程质量、安全事故，过程中未发生环境事故，满足合同要求。

项目2018年10月30日实现全部50台风机并网目标，较合同工期目标提前1天完成。项目从工期、质量、安全、成本、投产运行等各项专项指标均满足总包合同约定，严格按华东院程序高标准规范化运作，并制定切实可行的管理手段和措施，充分发挥华东院总承包管理的优势，为建设单位提供了优质满意的服务，截至2022年9月，累计发电量超10.7亿kWh，年发电量高于期望值15%。给建设单位带来了良好的投资回报，获得建设单位一致好评，并与建设单位建立良好的合作关系。为华东院在新能源领域市场开拓、项目管理等收获了宝贵的经验。

15.2 工程技术经济指标

1. 技术指标

深能高邮东部100MW风电场工程总装机容量100MW，安装25台单机容量为2.0MW的2.0－115－140混合塔筒风力发电机组和25台单机容量为2MW的2.0－110－137全柔性钢塔风力发电机组。升压站保护及自动装置投入率考核期平均值为100%；升压站电气保护装置考核期正确动作率为 100%；升压站电气自动装置考核期正确动作率为 100%；无功补偿装置考核期内投运小时数 4220h/年，考核期内投运次数 6 次；风电机组自动装置投入率 240h 试运期间为 100%，考核期平均值为 100%；风电机组保护装置投入率 240h 试运期间为 100%，考核期平均值为 100%；风电机组温度保护装置考核期动作次数 0 次，考核期动作正确率 100%；风电机组振动保护装置考核期动作次数 0 次；风电机组摆动保护装置考核期动作次数 0 次；风电机组低电压（穿越）保护考核期动作次数 0 次；风电机组偏航系统考核期动作次数 0 次；全部设备的滴漏点为 0 个；全部设备的渗点为 0 个；工程投运至今，设备运行安全稳定，各项生产指标均显著优于设计值，达到国内外同期同类型机组领先水平（见表 15－1）。

表 15－1　　　　各项指标对比

指标 数值	再启动风速	考核期内最低单机可利用率	考核期内平均可利用率	考核期内实测功率曲线与标准功率曲线的比值	一年期风场等效满负荷利用小时数	年期场用电率	噪声最大的设备噪声测试值	最大的环境噪声测试值	风电机组最大接地电阻值
设计值	18m/s	90%	95%	95%	2235h/年	3%	<85dB	昼：<65dB； 夜：<55dB	4Ω
实际值	18m/s	99.41%/ 99.47%	99.75%/ 99.89%	99%	2662h/年	2.04%	74dB	昼：47.9dB； 夜：43.8dB	3.2Ω

2. 经济指标

深能高邮东部 100MW 风电场项目 25 台 140m 钢混塔筒风机和 25 台 137m 柔性塔筒风机，单机容量均为 2.0MW，图 15－1、图 15－2 所示为该项目 2018 年 11 月到 2019 年 3 月期间，运行部门提供的每月发电量和等效可利用小时运行数据。得到同等高度梯度下，钢混塔筒发电量和等效可利用小时数均显著高于柔性塔筒。

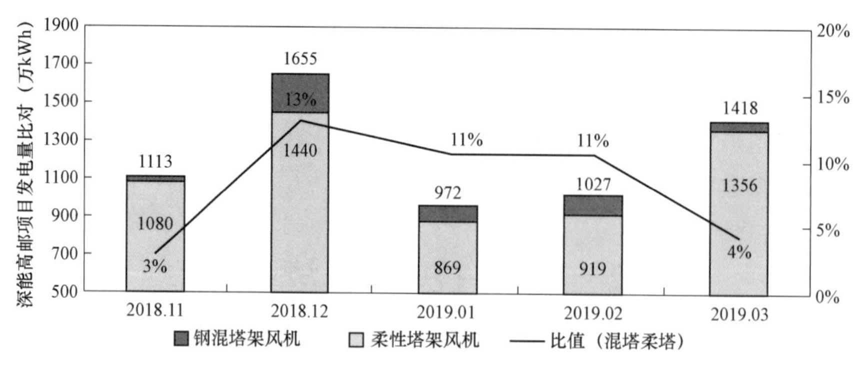

图 15－1　25 台混塔与 25 台柔塔发电量比较

3. 工程技术成效

深能高邮东部 100MW 风电场工程为解决华东地区低风速、高切变的风资源特点，选用了国内轮毂高度最高的两类机型，即 140m 混合塔架的风机和 137m 柔性塔架风机，分别布置了 25 台作为示范项目。

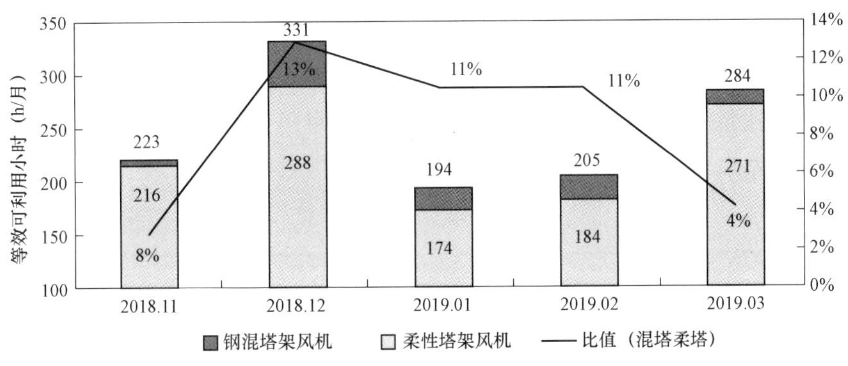

图 15－2　台混塔与 25 台柔塔等效可利用小时比较

超高塔筒的设计施工技术难度大，通过项目理论模拟、试验比对、数据分析，形成了关键的特有技术，指导后续低风速区域风电开发。具体技术如下：

（1）低风速高切变风电资源关键技术。研发了低风速资源高效利用的新型 140m 级超高装配式混合塔筒与柔性钢塔筒结构，研究采用的系统性构造措施，保证了塔筒整体结构稳定性和安全性；提出了 140m 级超高塔筒的设计方法，形成了混合塔筒技术标准；揭示了超高柔性钢塔筒的疲劳累积损伤产生机理，优化了塔筒结构。

提出了基于模态叠加法的塔筒实时状态分析方法，构建了基于大数据挖掘和深度学习的塔筒状态评估与劣化趋势预测模型，开发了三维超高塔筒实时监测与安全评估分析平台，为塔筒运行与维护提供了智能化手段。

基于现代信息技术，提出了河网地区等复杂环境下风电场微观选址的方法，建立了风电场一体化设计模型，优化了风电场机位微观布局。

经中国电力建设鉴定委员会专家一致认定，该关键技术已达到国际先进水平（见图 15－3），经济、社会与环境效益突出，具有广泛的推广应用价值。

（2）风电机组高塔状态监测评估系统。提出了基于模态叠加法的塔架实时状态分析方法及塔架振动计算方法，通过有限测点实现塔架整体振动和应力分布的在线监测，突破了常规单点局部监测的分析模式。

研制出基于高端 ARM 嵌入式系统的智能数据采集器和分析功能完备的塔架状态监测系统，可以实时监测振动、倾角、晃度、应变等关键状态参数。

提出了塔架状态参数和 SCADA 系统生产运行参数的多源信息融合方法，获得了塔架在不同工况下的动态响应和状态变化规律，为风电机组的智慧运维提供技术途径。

该项目实现了风电机组高塔的状态监测，完善了风电机组状态监测体系。基于模态叠加法的塔架实时状态分析方法及塔架振动计算方法填补了国内空白，经中国电机工程学会专家组鉴定，成果达到国际先进水平，科技成果鉴定书见图 15－4。

（3）风电工程 140m 级超高装配式混合塔筒无黏结预应力施工关键技术。采用了十字对称张拉法和一次超张拉 5%这两种方法来控制混凝土塔筒的不均匀压缩，并能有效地调整钢转换段的平整度，提高了混塔施工效率和施工质量。本工法工艺原理简单但实用性很强，经济效益和社会效益显著，经中国电力建设集团有限公司专家组专家鉴定，该关键技术达到了国内领先水平，科技成果鉴定书见图 15－5。

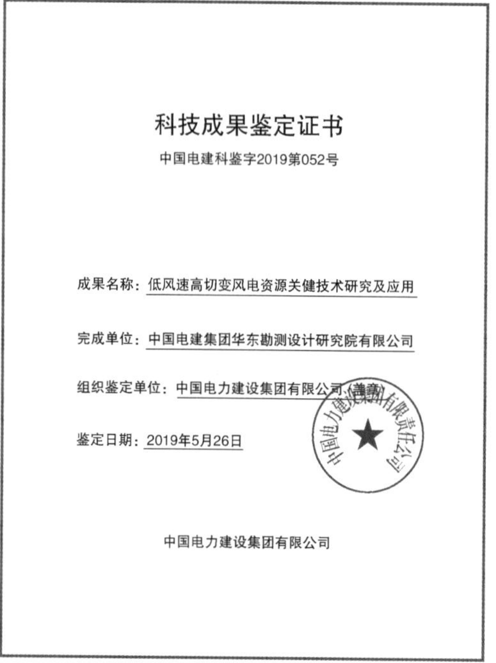

科技成果鉴定证书

中国电建科鉴字2019第052号

成果名称：低风速高切变风电资源关键技术研究及应用

完成单位：中国电建集团华东勘测设计研究院有限公司

组织鉴定单位：中国电力建设集团有限公司（盖章）

鉴定日期：2019年5月26日

中国电力建设集团有限公司

图 15－3　中国电力建设集团有限公司科技成果鉴定书

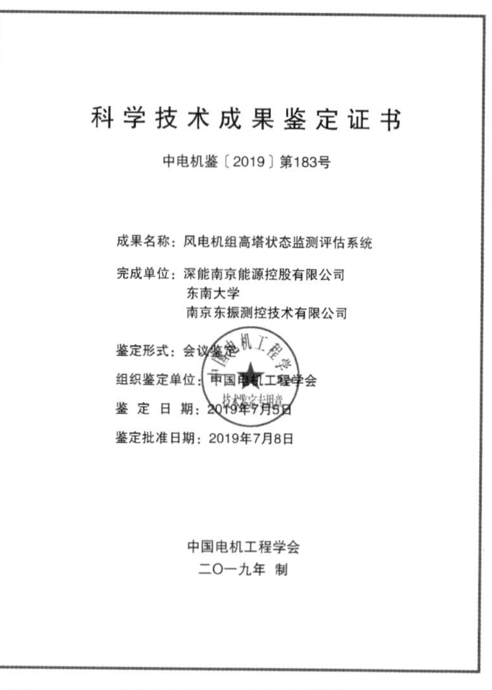

科学技术成果鉴定证书

中电机鉴〔2019〕第183号

成果名称：风电机组高塔状态监测评估系统

完成单位：深能南京能源控股有限公司
东南大学
南京东振测控技术有限公司

鉴定形式：会议鉴定

组织鉴定单位：中国电机工程学会

鉴 定 日 期：2019年7月5日

鉴定批准日期：2019年7月8日

中国电机工程学会
二〇一九年 制

图 15－4　中国电机工程学会科技成果鉴定书

（4）风电工程预应力混凝土塔筒拼缝施工关键技术。基于工厂分片预制、现场拼装的原则，研究采用了半环预制、分片运输、现场拼装的施工方案，解决了大直径整段混凝土塔节无法满足运输要求的困难。

研发了装配式环形结构的定型模板，采用“拼缝段 U 形钢筋套接、隔板分缝、单节一次浇筑”的混凝土塔节厂内预制工艺，解决了整环塔筒分半施工的难题，保证了环形结构拼接的精度和可靠连接。

形成了混凝土塔筒现场半环拼缝施工工艺，保证了混凝土结构的拼接质量。

经中国电力建设集团有限公司专家组专家鉴定，该关键技术已达到国内领先水平，科技成果鉴定书见图 15－6。

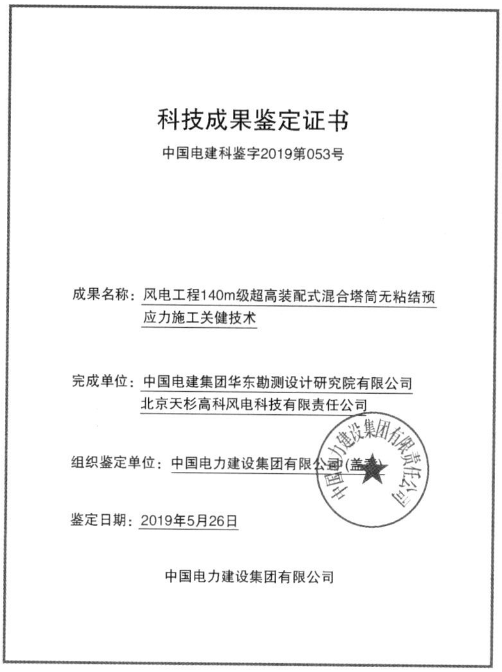

科技成果鉴定证书

中国电建科鉴字2019第053号

成果名称：风电工程140m级超高装配式混合塔筒无粘结预应力施工关键技术

完成单位：中国电建集团华东勘测设计研究院有限公司
北京天杉高科风电科技有限责任公司

组织鉴定单位：中国电力建设集团有限公司(盖章)

鉴定日期：2019年5月26日

中国电力建设集团有限公司

图 15－5　中国电力建设集团有限公司科技成果鉴定书

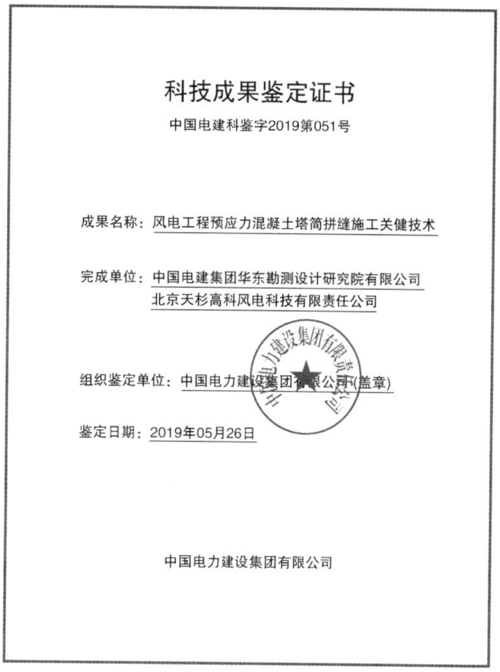

科技成果鉴定证书

中国电建科鉴字2019第051号

成果名称：风电工程预应力混凝土塔筒拼缝施工关键技术

完成单位：中国电建集团华东勘测设计研究院有限公司
北京天杉高科风电科技有限责任公司

组织鉴定单位：中国电力建设集团有限公司(盖章)

鉴定日期：2019年05月26日

中国电力建设集团有限公司

图 15－6　中国电力建设集团有限公司科技成果鉴定书

4. 档案信息技术

该项目在建设过程中对应的项目文件及归档文件的收集、整理、归档、保管、利用进行有效控制，确保该项目档案的完整、准确、系统。

该项目工程建设信息量庞大、复杂，项目部负责对工程建设信息进行收集、加工、存储、传递、分析和应用。做好施工现场建设信息记录与反馈，为工程竣工验收提供翔实资料，综上该项目资料技术已达到国内领先水平；项目风机的机型为混塔/GW115/2000 和柔塔 V110/2.0MW，另有各类相配套的设备，总体达到国内领先水平。

5. BIM 技术

通过 BIM 模型（见图 15－7），研究该项目综合布线的优化和精装修层高布置的优化的应用所带来的成果和效益。优化受三个因素的制约：信息、复杂程度和时间。没有准确的信息做不出合理的优化结果，BIM 模型提供了建筑物的实际存在的信息，包括几何信息、物理信息、规则信息，还提供了建筑物变化以后的实际存在。复杂程度高到一定程度，参与人员本身的能力无法掌握所有的信息，必须借助一定的科学技术和设备的帮助。现代建筑物的复杂程度大多超过参与人员本身的能力极限，BIM 及与其配套的各种优化工具提供了对复杂项目进行优化的可能。特殊部位看起来占整个工程的比例不大，但是占投资和工作量的比例和前者相比却往往要大得多，而且通常也是施工难度比较大和施工问题比较多的地方，对这些内容的设计施工方案进行优化，可以带来显著的工期和造价改进。

图 15－7　风机场效果模拟

通过 BIM 技术进行可施工性模拟及工序安排模拟（见图 15－8），选择最佳施工方案进行施工交底的应用。BIM 技术与传统的交底技术相比存在非常明显的差异，三维可视化交底具有操作简单以及便于理解等优势。通过三维可视化技术可以使交底工作在效率上得到有效的提升，另外通过三维可视化交底，让施工现场的人员更加全面地了解交底工作的具体工作流程，这对施工质量的提升有着非常重要的意义。

图 15－8　风机吊装过程模拟

通过 BIM 技术建立三维建筑信息模型（见图 15－9）和后期精装修有效结合的应用。在传统精装过程中，因为 2D 图纸的表现力有限以及个人能力和经验的限制，建筑构件之间、专业之间的冲突繁多，而且又不易被察觉，经常是在项目后期才能够被发现，然后花费大量的人力与物力进行修改，造成返工、成本浪费与延误工期。现在可以通过 BIM 软件对所建立的模型进行碰撞检查，导出报表之后可以清楚地看到，构件与构件之间，结构与结构之间，构件与结构之间的冲突点，有效解决了升压站内部的管线之间的冲突，方便项目各方进行工作的调整、修改以及制定，大大提高了工作效率与正确率。

图 15－9　升压站效果

通过 BIM 技术统计工程量，分析统计出工程量的精确程度，总结出通过 BIM 技术统计出的工程量的可用性。建设工程项目的核心任务是工程量管理和工程造价控制，而核心任务在于准确、快速的统计工程量。工程量统计是编制工程预算的基础工作，具有工作量大、费时、繁琐、要求严谨等特点，精确度和快慢程度将直接影响工程预算的质量与速度。

15.3　节　能　环　保

项目采用绿色能源——风能，风力发电在投产使用期间不排放任何有害气体，不污染环境。项目在设计期间采用了先进可行的节电、节水及节约原材料的措施，严格贯彻了节能、环保的指导思想，技术方案和设备、材料选择、建筑结构等方面，充分考虑了节能的要求，减少了线路投资，节约了土地资源，符合国家的产业政策，符合可持续发展战略，符合节能、节水、环保要求。

工程建设期间，严格按绿色施工策划和方案执行，开展节能设计及设计优化、推广新技术应用，采取材料再利用、使用节电设备、合理布置场地，提高综合利用效率等一系列措施，建设期间累计节约用电 2326kWh，节约用地 2 亩（$1333m^2$）。达到了预期目标。

本工程采用国家重点节能低碳技术 5 项，见表 15－2。

表 15－2　　推广使用国家重点节能低碳技术清单

序号	技术名称
1	变频器调速节能技术
2	可控自动调容调压配电变压器技术
3	LED 智能照明节能技术之一：道路照明技术
4	动态谐波抑制及无功补偿综合节能技术
5	热转印标识打印技术

工程中最大化利用原有乡村道路，减少占地，利用建筑垃圾+钢板形式进行新建道路施工，可重复使用，完成后及时恢复原貌；大体积混凝土覆盖保水养护。升压站生活污水经二次处理后用于绿化，节约用水；箱式变压器增设集油池，减少污染；水保、环保实现"三同时"，凸显"四节一环保"绿色施工理念，通过电力建设绿色施工示范工程验收。

工程投运以来，每年上网电量 23823 万 kWh，按火力发电标煤耗 315g/kWh 计算，每年可为国家节省标煤 7.66 万 t，每年可减少排放温室效应气体 $CO_2$15.73 万 t，减少灰渣 2.87 万 t，减少其他废气排放：SO_2（脱硫 80%）286t，NO_2 572t。此外，每年还可节约淡水 69 万 m^3，并减少相应的废水排放，工程节能减排效益显著。

15.4 "五新"技术应用

该工程以争创国家优质工程奖为目标，通过全面的策划与控制，在保证工程质量和安全的前提下，通过科学管理和应用新技术，最大限度地节约资源与减少对环境负面影响的施工活动，实现"四节一环保"（节能、节地、节水、节材和环境保护）的目标。其编制了《新技术应用策划》《新技术应用方案及细则》等，建设过程中电力建设"五新"推广应用三大项十二小项，见表 15-3。最终高分（92.0 分）通过电力建设工程新技术应用专项评价验收。

表 15-3　"五新"技术应用（三大项十二小项）

一、新技术	
13	分布式能源技术
37	BIM 建筑信息模型应用技术
38	固体绝缘环网柜技术
40	电能质量监测与控制技术
56	电力光纤数字通信传输技术
57	电力高速数据通信网络和 IP 网络技术
四、新装备	
144	智能 GIS 应用技术
159	静止无功补偿（SVC）
162	变电站综合自动化系统
183	互联网+工程管理应用技术
五、新材料	
193	无收缩二次灌浆材料
203	新型节能灯具

15.5 建筑业“十新”技术应用

该工程采用建筑业新技术十五项，见表 15－4。

表 15－4　　建筑业“十新”技术

序号	技术名称	部位
1	清水混凝土模板技术	升压站建筑工程
2	管线综合布置技术	升压站建筑工程
3	基坑施工降水回收利用技术	升压站建筑工程
4	粘贴式外墙外保温隔热系统施工技术	升压站综合楼
5	铝合金窗断桥技术	升压站综合楼玻璃幕墙
6	太阳能与建筑一体化应用技术	升压站
7	混凝土裂缝控制技术	风机基础、混凝土塔筒
8	高强高性能混凝土	混塔预制
9	预制混凝土装配整体式接受施工技术	混塔吊装
10	无黏结预应力技术	混塔塔体
11	组拼式大模板技术	混塔塔体
12	大直径钢筋直螺纹连接技术	升压站综合楼
13	早拆模板施工技术	混塔塔体
14	工程量自动计算技术	整个项目建设全过程
15	项目多方协同管理信息化技术	整个项目建设全过程

15.6 社 会 效 益

风电的建设与运行阶段，特别是钢混塔筒在当地建立混凝土塔筒预制工厂，钢筋、混凝土、预应力索、其他钢埋件等用量较大，不仅增加当地劳务就业，增加当地政府税收，还能带动相关产业链的发展，包括整机研发与制造、零部件研发与制造、技术服务、技术咨询，促进经济发展。而且，风电场可以开发成为城市周边的旅游资源，丰富居民的日常生活。

超高混合塔筒技术能够促进风电塔架产业链的绿色升级和产品设计升级，引领风电塔架的设计技术变革和预应力技术、预制装配式技术的升级。带动建筑行业和钢铁行业向多元化转型，推动高科技含量的绿色预制构件产业发展，为中国城市迈向世界一流的绿色环保城市添砖加瓦。

该项目采用的 140m 混合塔筒和 137m 柔性塔筒使得低风速高切变地域原本不可利用的

风资源转变为更多清洁能源，变废为宝。

在从事试验和工程应用研究的同时，培养了一批风电专业管理人才，锻炼了科研学术团队，储备了一大批有丰富工程实践经验的高素质科研人才。

15.7 应用前景

深能高邮东部风电场应用已产生可观的经济效益，未来计划推广到新开发的风电场项目中。从应用情况看风电场运行稳定，发电效率较高，具备良好的经济效益，有利于在低风速高切变区域进一步开拓市场。

深能高邮东部 100MW 风电场工程针对混凝土塔筒施工过程关键施工技术开展了相关研究，解决了预制、拼装，吊装过程垂直度、平整度控制，预应力张拉及相关工艺改进的难题，创造了我国风电行业混凝土塔筒领域的多项纪录。深能高邮项目作为首个 140m 混合塔筒的风电场批量推广工程，突破了苏中地区低风速资源不具备风电场开发建设的定论。

以继该项目之后华东院承接的诸多混塔项目，在业界取得了良好的信誉和口碑，下面列举了部分具有代表性的工程。

（1）2019 年 9 月，华东院通过激烈竞争，以技术、商务和资信排名第一的成绩，成功中标华东地区首个 140m 混塔批量项目——湖北应城有名店 80MW 风电场工程混塔设计、生产、安装总承包项目。

（2）2020 年 8 月，华东院成功承接了华东地区 140m 混塔批量项目——江苏睢宁风电场工程混塔设计、生产、安装总承包项目。

（3）2021 年 3 月，华东院承接了虞城县李老家 25MW 风电场总承包项目，风电场位于河南省商丘市虞城县，安装 7 台低风速风力发电机组，轮毂高度 166m，其中混凝土塔筒段高 110m，是全球最高批量混塔项目。

（4）2021 年 8 月，华东院成功承接山东市场首个批量混塔项目——山东武城甲马营一期风电场工程。

截至目前，华东院已成功收获河南宛能虞城李老家、国电投长垣豫华、国电投东方华成睢县、华能大庆经开区风电场、河南宛能南阳宛城、山东武城甲马营风电场共计 6 个批量混塔项目订单，继 2020 年湖北应城、江苏睢宁混塔项目之后，接连突破河南、黑龙江、山东等地高塔市场，累计承接混塔项目容量突破 500MW，业绩覆盖 5 省。

第16章

奖 项 荣 誉

工程总承包项目部通过开展前期策划、过程实施、监督与奖惩方式积极开展创优活动，在各实施阶段积极组织项目部保持与中国电力建设企业协会、中国施工企业协会、中国电力规划设计协会等关键性社会团体保持良好沟通，开展褒奖活动，项目各项荣誉数量诸多，在国家优质工程奖现场复查过程中项目取得的设计奖、QC、工法、科技进步奖、专利等荣誉成果32项，无论质量还是数量上都得到现场复查专家的高度认可，为成功实现2020年国家优质工程奖创造了良好的条件。

下文列举主要成果证明：

（1）优质工程奖见图16－1～图16－3。

中国电建集团华东勘测设计研究院有限公司

你单位工程总承包的深能高邮东部100MW风电场工程 荣获2020－2021年度国家优质工程奖。

特发此证。

中国施工企业管理协会

二〇二一年十二月

图16－1　国家优质工程奖

图 16－2　中国电力优质工程

图 16－3　中国电建集团优质工程奖

（2）优秀设计奖见图 16－4。

（3）科技进步奖见图 16－5～图 16－9。

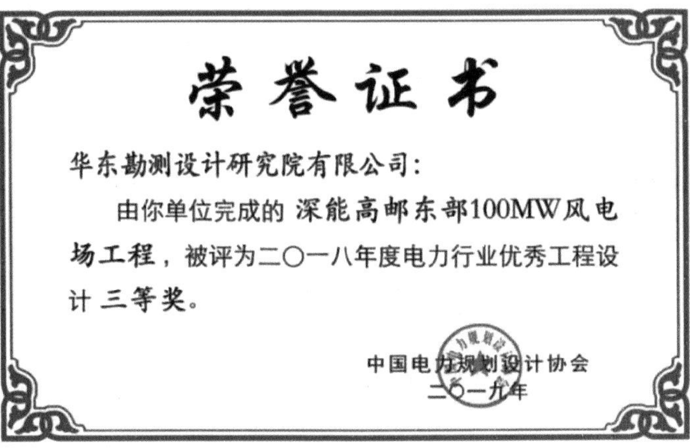

荣誉证书

华东勘测设计研究院有限公司：

由你单位完成的 深能高邮东部100MW风电场工程，被评为二〇一八年度电力行业优秀工程设计 三等奖。

中国电力规划设计协会

二〇一九年

图 16-4 电力行业优秀设计三等奖

荣誉证书

低风速高切变风电资源关键技术研究及应用

荣获2019年工程建设科学技术进步奖

一等奖

主要完成单位：深能高邮新能源有限公司、中国电建集团华东勘测设计研究院有限公司、北京天杉高科风电科技有限责任公司、东南大学、河海大学、维斯塔斯风力技术（中国）有限公司

主要完成人：李 忠、赵生校、陆 健、任金明、郭 晨、徐鸿龙、邓艾东、许 昌、许千寿、汪 敏、胡小坚、陈金军、范 亮、闫嘉鸣

二〇一九年十二月

编号：2019-J-Y-25

中国施工企业管理协会

图 16-5 工程建设科学技术进步奖一等奖

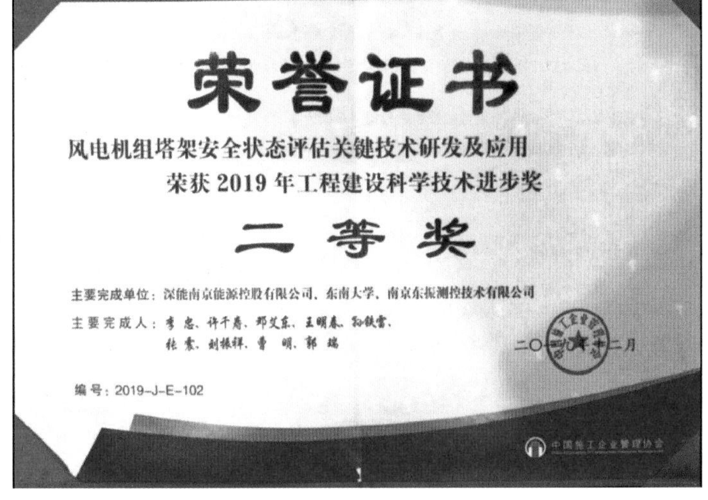

荣誉证书

风电机组塔架安全状态评估关键技术研发及应用

荣获2019年工程建设科学技术进步奖

二等奖

主要完成单位：深能南京能源控股有限公司、东南大学、南京东振测控技术有限公司

主要完成人：李 忠、许千寿、邓艾东、王明春、孙铁雷、张 豪、刘振祥、曹 明、郭 瑞

二〇一九年十二月

编号：2019-J-E-102

中国施工企业管理协会

图 16-6 工程建设科技进步奖二等奖

证书

《140m 超高风电塔架关键技术研究与应用》被评为 2019 年度电力建设科学技术进步奖二等奖

获奖单位：北京天杉高科风电科技有限责任公司、深能高邮新能源有限公司、中国电建集团华东勘测设计研究院有限公司

获 奖 者：徐瑞龙 丛欧 郝华庚 巫炜 李忠 许千寿 郭晨 汪敏

证书编号：2019-E-046

中国电力建设企业协会

二零一九年四月

证书

《风电工程混凝土塔筒施工关键技术及实践》被评为 2019 年度电力建设科学技术进步奖二等奖

获奖单位：中国电建集团华东勘测设计研究有限公司

获 奖 者：郭晨 陆健 任金明 汪敏 胡小坚 池寅凯 达文博 陈金军

证书编号：2019-E-075

中国电力建设企业协会

二零一九年四月

证书

《复杂河网地区风电场规划设计研究与软件开发》被评为 2019 年度电力建设科学技术进步奖二等奖

获奖单位：中国电建集团华东勘测设计研究院有限公司、河海大学、深能高邮新能源有限公司

获 奖 者：朱鹏 陆健 郭晨 汪敏 范亮 陈金军 许昌 郝辰妍

证书编号：2019-E-051

中国电力建设企业协会

二零一九年四月

图 16－7　电力建设科学技术进步奖二等奖

证书

《风电机组塔架状态监测及安全评估系统》被评为 2019 年度电力建设科学技术进步奖三等奖

获奖单位：深能南京能源控股有限公司、东南大学

获 奖 者：李忠 许千寿 邓艾东 王明春 孙铁雷 张震

证书编号：2019-S-054

中国电力建设企业协会

二零一九年四月

图 16－8　电力建设科学技术进步奖三等奖

中国电建科学技术奖

获奖证书

项目名称：风电工程超高装配式预应力混凝土塔筒建造关键技术

获奖等级：三等奖

获 奖 者：中国电建集团华东勘测设计研究院有限公司

奖励年度：2021 年度

发证机构：中国电力建设集团有限公司

证 书 号：2021－3－17－D01

图 16－9　中国电建科学技术奖三等奖

（4）中国电建工法 5 项见图 16－10、图 16－11。

中国电建工法证书

工法名称：风电工程预应力混凝土塔筒无粘结预应力后张拉施工工法

批准文号：中电建〔2019〕20号

工法编号：ZGDJGF159-2018

完成单位：1. 中国电建华东勘测设计研究有限公司 2. 浙江华东工程建设管理有限公司

完 成 人：1. 汪 敏 2. 池寅凯 3. 胡小坚 4. 黎燕卿 5. 黄生霞

二〇一九年一月[illegible]十八日

中国电建工法证书

工法名称：137米柔性塔筒风电机组安装工法

批准文号：中电建〔2019〕20号

工法编号：ZGDJGF188-2018

完成单位：山东电力建设第三工程有限公司

完 成 人：1. 刘少华 2. 李俊铖 3. 隋同强 4. 齐新院 5. 程书奎

二〇一九年一月二十八日

中国电建工法证书

工法名称：风电工程预应力混凝土塔筒拼缝安装施工工法

批准文号：中电建〔2019〕20号

工法编号：ZGDJGF156-2018

完成单位：1. 中国电建集团华东勘测设计研究院有限公司 2. 浙江华东工程建设管理有限公司

完 成 人：1. 胡小坚 2. 郭 晨 3. 汪 敏 4. 尹建新 5. 达文博

二〇一九年一月[illegible]十八日

图 16－10　中国电建工法 3 项

证 书

证书名称：2018 年度电力建设工法

工法名称：风力发电机组预应力塔筒空心基础施工工法

完成单位：山东电力建设第三工程有限公司

完 成 人：齐新陇、刘少华、高其鹏、匡水云、国林君

工法编号：DJGF-XN-21-2018

中国电力建设企业协会

二零一八年五月

证 书

《风电工程分片分段预制混凝土塔筒施工工法》被评为 2021-2022 年度电力建设工法

完 成 单 位： 中国电建集团华东勘测设计研究院有限公司

主要完成人： 胡小坚 徐启良 汪敏 杨建波 任金明 池寅凯

证 书 编 号： DJGF-FD-02-2022

中国电力建设企业协会

2022 年 9 月

图 16－11　电力建设工法 2 项

（5）QC 成果见图 16－12。

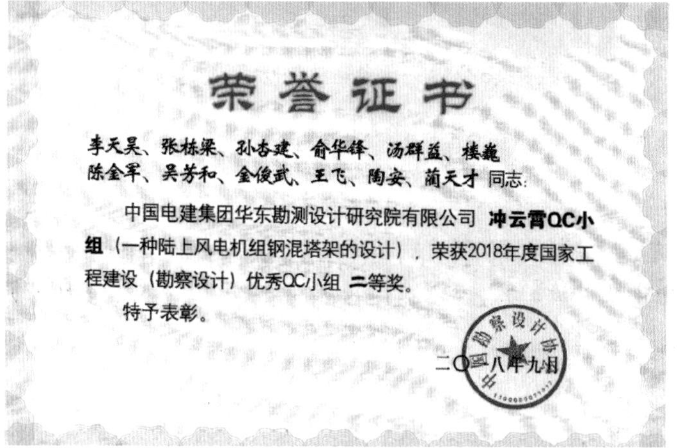
荣誉证书

李天昊、张栋梁、孙杏建、俞华锋、汤群益、楼巍

陈金军、吴芳和、金俊武、王飞、陶安、蔺天才 同志：

中国电建集团华东勘测设计研究院有限公司 **冲云霄QC小组**（一种陆上风电机组钢混塔架的设计），荣获2018年度国家工程建设（勘察设计）优秀QC小组 **二等奖**。

特予表彰。

二〇一八年九月

图 16－12　工程建设（勘察设计）优秀 QC 小组二等奖

（6）智慧工地 1 项见图 16－13。

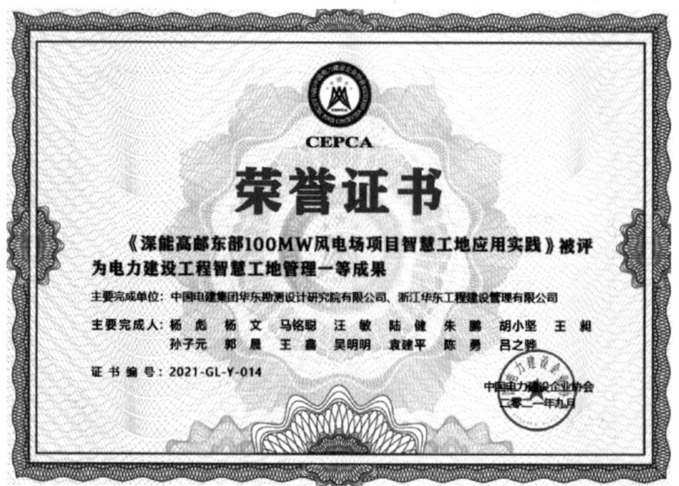
CEPCA

荣誉证书

《深能高邮东部100MW风电场项目智慧工地应用实践》被评为电力建设工程智慧工地管理一等成果

主要完成单位：中国电建集团华东勘测设计研究院有限公司、浙江华东工程建设管理有限公司

主要完成人：杨 彪　杨 文　马铭聪　汪 敏　陆 健　朱 鹏　胡小坚　王 昶

孙子元　郭 晨　王 鑫　吴明明　袁建平　陈 勇　吕之骅

证 书 编 号：2021-GL-Y-014

中国电力建设企业协会

二零二一年九月

图 16－13　电力建设工程智慧工地管理一等成果

（7）工程总承包奖见图 16 – 14。

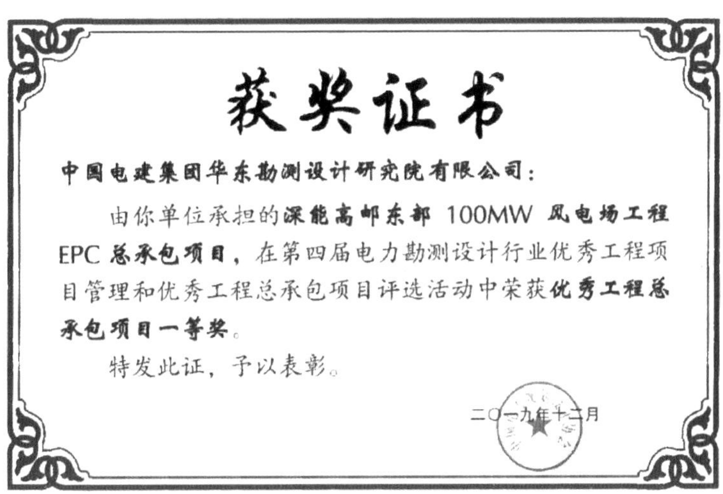

获奖证书

中国电建集团华东勘测设计研究院有限公司：

由你单位承担的深能高邮东部 100MW 风电场工程 EPC 总承包项目，在第四届电力勘测设计行业优秀工程项目管理和优秀工程总承包项目评选活动中荣获优秀工程总承包项目一等奖。

特发此证，予以表彰。

二〇一九年十二月

图 16 – 14　优秀工程总承包一等奖

（8）专利见图 16 – 15、图 16 – 16。

发明专利证书

发明专利证书

发明专利证书

图 16 – 15　发明专利 3 项

实用新型专利证书

实用新型专利证书

实用新型专利证书

实用新型专利证书

实用新型专利证书

实用新型专利证书

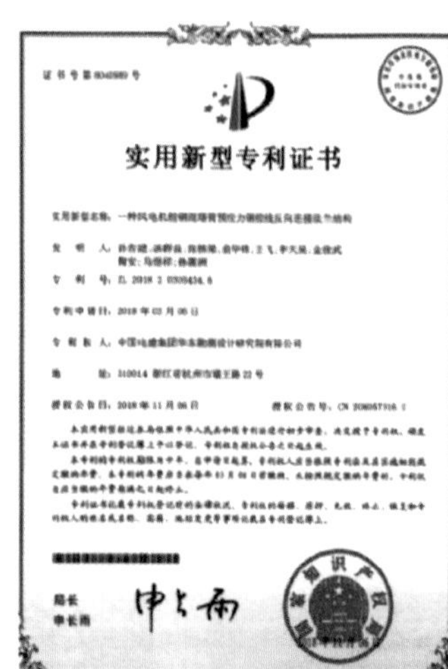
实用新型专利证书

实用新型专利证书

实用新型专利证书

图 16－16　实用新型专利 20 项（一）

图 16－16　实用新型专利 20 项（二）

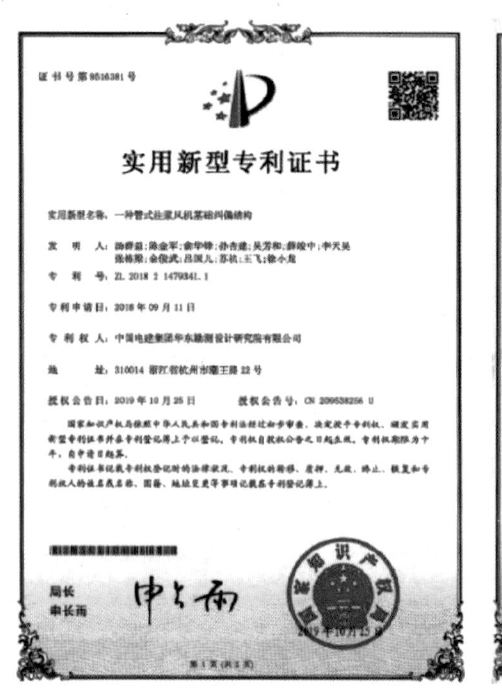

证书号第9516381号

实用新型专利证书

实用新型名称：一种管式注浆风机基础纠偏结构

发　明　人：游群益;陈金军;俞华锋;孙杏建;吴芳和;薛峻中;李天昊
张栋梁;金俊武;吕国儿;苏杭;王飞;徐小龙

专　利　号：ZL 2018 2 1479341.1

专利申请日：2018年09月11日

专 利 权 人：中国电建集团华东勘测设计研究院有限公司

地　　　址：310014 浙江省杭州市潮王路22号

授权公告日：2019年10月25日　　　授权公告号：CN 209538256 U

国家知识产权局依照中华人民共和国专利法经过初步审查，决定授予专利权，颁发实用新型专利证书并在专利登记簿上予以登记。专利权自授权公告之日起生效。专利权期限为十年，自申请日起算。

专利证书记载专利权登记时的法律状况。专利权的转移、质押、无效、终止、恢复和专利权人的姓名或名称、国籍、地址变更等事项记载在专利登记簿上。

局长
申长雨

2019年10月25日

第1页（共2页）

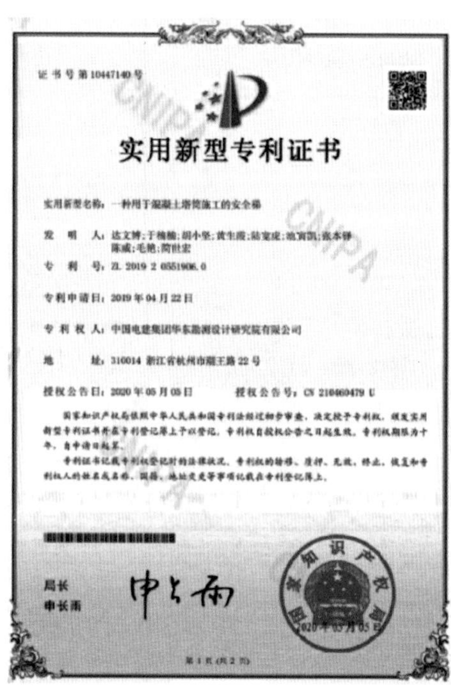

证书号第10447140号

实用新型专利证书

实用新型名称：一种用于混凝土塔筒施工的安全梯

发　明　人：达文博;于楠楠;胡小坚;黄生薇;陆宝成;池寅凯;张本铮
陈威;毛艳;简世宏

专　利　号：ZL 2019 2 0551906.0

专利申请日：2019年04月22日

专 利 权 人：中国电建集团华东勘测设计研究院有限公司

地　　　址：310014 浙江省杭州市潮王路22号

授权公告日：2020年05月05日　　　授权公告号：CN 210460479 U

国家知识产权局依照中华人民共和国专利法经过初步审查，决定授予专利权，颁发实用新型专利证书并在专利登记簿上予以登记。专利权自授权公告之日起生效。专利权期限为十年，自申请日起算。

专利证书记载专利权登记时的法律状况。专利权的转移、质押、无效、终止、恢复和专利权人的姓名或名称、国籍、地址变更等事项记载在专利登记簿上。

局长
申长雨

2020年05月05日

第1页（共2页）

图 16－16　实用新型专利 20 项（三）

（9）软件著作权见图 16－17。

中华人民共和国国家版权局

计算机软件著作权登记证书

证书号：[illegible]

软 件 名 称：复杂河网风电场一体化优化设计软件
V1.0

著 作 权 人：河海大学;中国电建集团华东勘测设计研究院有限公司

开发完成日期：2018年12月21日

首次发表日期：未发表

权利取得方式：原始取得

权 利 范 围：全部权利

登　记　号：2019SR0056517

根据《计算机软件保护条例》和《计算机软件著作权登记办法》的规定，经中国版权保护中心审核，对以上事项予以登记。

No. 03497340

2019年01月17日

中华人民共和国国家版权局

计算机软件著作权登记证书

证书号：[illegible]

软 件 名 称：风电工程预制混凝土塔筒竖缝精度自动控制系统
V1.0

著 作 权 人：中国电建集团华东勘测设计研究院有限公司

开发完成日期：2018年12月15日

首次发表日期：未发表

权利取得方式：原始取得

权 利 范 围：全部权利

登　记　号：2019SR0287328

根据《计算机软件保护条例》和《计算机软件著作权登记办法》的规定，经中国版权保护中心审核，对以上事项予以登记。

No. 03716728

2019年03月25日

图 16－17　软件著作权 2 项

（10）规范标准见图16－18。

ICS 27.180
F 11

CSEE

中国电机工程学会标准

T/CSEE 0074—2018

风力发电机组最终验收技术规程

Technical code for final inspection and acceptance of wind turbines generator system

2018-12-25发布　　2019-03-01实施

中国电机工程学会　发布

T/CSEE 0074—2018

前　言

本标准按照《中国电机工程学会标准管理办法（暂行）》的要求，依据GB/T 1.1—2009《标准化工作导则　第1部分：标准的结构和编写》的规则起草。

请注意本标准的某些内容可能涉及专利，本标准的发布机构不承担识别这些专利的责任。

本标准由中国电机工程学会提出。

本标准由中国电机工程学会火力发电专业委员会技术归口并解释。

本标准起草单位：西安热工研究院有限公司、中国华能集团公司、华能新能源股份有限公司、华能山东发电有限公司、[illegible]能源南京能源控股有限公司、新疆金风科技股份有限公司、远景能源（江苏）有限公司、国电联合动力技术有限公司、浙江运达风电股份有限公司、东方电气风电有限公司、明阳智慧能源集团股份公司、上海电气风电工程服务公司、湘电风能有限公司。

本标准起草人：邓巍、赵勇、韩斌、马晋辉、申一洲、许千寿、李国庆、张杰、叶林、董国伟、宋晓萍、许国东、庞靖宇、杨卓、孟庆顺、秦礼、胡宾、胡圣飞。

本标准在执行过程中的意见或建议反馈至中国电机工程学会标准执行办公室（地址：北京市西城区白广路二条1号，100761，网址：http://www.csee.org.cn，邮箱：cseebz@csee.org.cn）。

图16－18　团体标准

参 考 文 献

[1] 杨建波，等. 工程总承包项目履约策划与实践［M］. 北京：中国水利水电出版社. 2022.

[2]［美］Project Management Institute. 项目管理知识体系指南（PMBOK 指南）. 6 版［M］. 北京：中国工信出版集团，电子工业出版社，2017.

[3] 胡小坚，等. 深能高邮东部 100MW 风电场工程设计采购施工总承包 EPC 项目可行性报告［D］. 中国电建集团华东勘测设计研究院有限公司，2017.

[4] 胡小坚，等. 低风速平原区 140m 超高锥管式装配结构钢混塔架关键技术研究及规模化应用［D］. 中国电建集团华东勘测设计研究院有限公司，2019.

[5] 汪敏，池寅凯，姜宝芳，等. 混塔预制管理总结［D］. 中国电建集团华东勘测设计研究院有限公司，2018.

[6] 李俊铖，国林君，刘少华，等. 深能高邮东部 100MW 风电场项目风机吊装方案［D］. 山东电建集团第三工程有限公司，2017.

[7] 邓艾东，等. 风电机组塔架状态监测及安全评估系统［D］. 东南大学，2019.

[8] 徐瑞龙，等. 140m 超高风力发电塔架关键技术研究与应用［D］. 北京天杉高科风电科技有限责任公司，2019.

[9] 叶国雨，姜宇，胡小坚，等. 关于南方河网复杂地带风电场施工过程安全管理重难工作的探讨［J］. 建筑工程，2021（10）：246.

[10] 许千寿，孙铁雷，蒋旗辉，等. 深能高邮东部 100MW 风电项目施工全过程管理研究及应用［J］. 工程技术，2020（02）：340－343.

[11] 胡小坚. 混塔风电项目安全技术管理探讨［J］. 中国电力企业管理，2022（15）：93.

[12] 胡小坚. 风电机组齿轮箱故障诊断系统设计［J］. 中国电力企业管理，2022（24）：93.

[13] 许千寿，姜宇，胡小坚，等. 河网复杂地带风电场工程安全管理的探讨［J］. 工程技术，2020（06）：227－228.

[14] 胡小坚，毛艳，姜宇，等. 深能高邮风电场工程项目达标创优策划书工程达标创优策划［D］. 中国电建集团华东勘测设计研究院有限公司，2017.

[15] 胡小坚，杨坤，唐刚，等. 深能高邮东部风电项目创优细则［D］. 中国电建集团华东勘测设计研究院有限公司，2017.

[16] 胡小坚. 深能高邮东部 100MW 风电场施工工艺标准手册［D］. 中国电建集团华东勘测设计研究院有限公司，2017.

[17] 全国造价工程师职业资格考试培训教材编审委员会. 建设工程造价管理［D］. 北京：中国计划出版社，2021.